|方 隅 ◎ 编 著|

世界何在

泰山出版社 · 济南 ·

图书在版编目（CIP）数据

世界何在 / 方隅编著. — 济南: 泰山出版社，2023.1
ISBN 978-7-5519-0747-7

Ⅰ.① 世 …　Ⅱ.① 方…　Ⅲ.① 自然科学－青少年
读物 ②社会科学－青少年读物　Ⅳ.① N49 ② C49

中国版本图书馆CIP数据核字（2022）第194026号

SHIJIE HEZAI

世界何在

编　著　方　隅
责任编辑　王艳艳
装帧设计　路渊源

出版发行　泰山出版社
　　社　　址　济南市泺源大街2号　邮编　250014
　　电　　话　综 合 部（0531）82023579　82022566
　　　　　　　出版业务部（0531）82025510　82020455
　　网　　址　www.tscbs.com
　　电子信箱　tscbs@sohu.com
印　　刷　山东新华印务有限公司
成品尺寸　165 mm×240 mm　16开
印　　张　25
字　　数　320千字
版　　次　2023年1月第1版
印　　次　2023年1月第1次印刷
标准书号　ISBN 978-7-5519-0747-7
定　　价　88.00元

写在前面

在法国哲学家笛卡尔宣示"我思故我在"的近百年前，中国明朝哲学家王阳明已慷慨激昂地宣告："天没有我的灵明，谁去仰他高？地没有我的灵明，谁去俯他深？鬼神没有我的灵明，谁去辩他吉凶灾祥？"

他们并不知我思为何，我何以思，也不知我何以在，更不可能知道世界何在！但他们叩天问道的精神，足以烛明世界。

目录

壹
我是谁

与『我』无关的『下意识』…… 002

错觉的记忆 …… 005

何为幸福 …… 009

自觉与自知 …… 013

道德的来源 …… 015

感觉与感知 …… 020

意识与存在 …… 023

意识的本质 …… 031

我是谁 …… 035

贰 生命是什么

生命世界的构成与演进 ………… 046

生命的运行机制 ………… 055

生命体的能量系统 ………… 058

生命体的构成 ………… 061

细菌的世界 ………… 065

病毒的世界 ………… 071

细胞的世界 ………… 074

生命的终止 ………… 080

生命是什么 ………… 087

叁 | 动物社会的逻辑

动物群体与组织 …… 097

等级、首领与责任 …… 101

动物世界的冲突 …… 106

动物世界的建筑艺术 …… 109

动物世界的劳作 …… 113

动物世界的学习 …… 115

动物世界的信息交流 …… 118

动物世界的迁徙 …… 122

动物社会的逻辑 …… 125

肆

人类种群的扩张

现代人的迁徙 ……………………………… 135

大洪水与现代人的再迁徙 ………………… 140

游牧族群对农耕文明的冲击 ……………… 145

欧亚大陆族群地理的改写 ………………… 150

欧亚大陆中部游牧族群的崛起 …………… 155

欧亚大陆族群的外溢与新一轮移民浪潮 … 163

人类族群竞争的白热化 …………………… 168

人类族群拓展的新格局 …………………… 173

人类扩张的终点 …………………………… 177

伍 | 文明的目的地

农耕与人类文明的启程 ⋯⋯⋯⋯⋯⋯⋯⋯⋯ 184

工业革命与人的异化 ⋯⋯⋯⋯⋯⋯⋯⋯⋯ 189

智能化时代与社会的异化 ⋯⋯⋯⋯⋯⋯⋯ 193

人类的自然认知 ⋯⋯⋯⋯⋯⋯⋯⋯⋯⋯⋯ 197

语言与人类的存在 ⋯⋯⋯⋯⋯⋯⋯⋯⋯⋯ 199

物化的精神与精神的抽象 ⋯⋯⋯⋯⋯⋯⋯ 203

哲学与人类天性 ⋯⋯⋯⋯⋯⋯⋯⋯⋯⋯⋯ 209

宗教的本质 ⋯⋯⋯⋯⋯⋯⋯⋯⋯⋯⋯⋯⋯ 215

谁是主人 ⋯⋯⋯⋯⋯⋯⋯⋯⋯⋯⋯⋯⋯⋯ 221

陆 ｜ 什么是社会

人类的国家 ……………………… 231

人类的首领 ……………………… 235

人类的权力 ……………………… 240

人类的家庭 ……………………… 244

人类的村落 ……………………… 248

人类的城市 ……………………… 253

人类的战争 ……………………… 258

人类的政治 ……………………… 262

人类社会的本质 ………………… 266

柒

谁在构建世界

活性的原子与能动的夸克 …… 273

分子的世界 …… 278

光是什么 …… 282

诡异的中微子 …… 285

引力波与宇宙中的四种基本力 …… 288

希格斯粒子 …… 291

量子与量子纠缠 …… 294

反粒子与反物质 …… 297

谁在构建世界 …… 300

捌

地球之上

地球的大气层 ……………… 309

地球气候的变化 …………… 313

运动着的海洋 ……………… 316

海陆变迁与板块构造 ……… 319

地球内层结构 ……………… 323

地球磁场 …………………… 325

自转着的地球 ……………… 328

地球身边的月球 …………… 332

地球在何 …………………… 335

玖

世界何在

世界何来 …… 344

多重世界的假说 …… 348

暗物质与暗能量 …… 352

黑洞的意义 …… 356

物质世界的镜像 …… 359

宇宙大尺度结构的构成 …… 363

宇宙时空 …… 366

恒星的尽头 …… 370

世界何在 …… 373

后 记 …… 383

壹

我 是 谁

我是谁？为什么我的身体并不由我做主，而是自行其是？为什么要经由重重传导和设置才会将我身处的世界告知于我？我能看到真实的世界吗？我看到的世界真的在那吗？

一、与"我"无关的"下意识"

下意识是任何一个人都会发生的现象，而且常常发生。所谓下意识，实际是一种无意识反馈，在某种场景下，身体或情绪会不经思考做出不由自主的应激反应。

以恐惧反应为例，当你孤身行走在伸手不见五指的黑夜中的旷野上，当你小心翼翼地行走在悬崖边，你的惊恐与战栗会不请自到；当你行走在密林草丛中，任何一点声响都可能使你心惊胆战，你会不停地回头张望，也会突然做出躲避的动作；如果草丛中悉窣作响，不待观察有无毒蛇，你就会本能地跳向一边或迅即跑开。这一切与你的主观意志毫无关系。

最为典型的例证是近年来风行的VR（虚拟现实）体验，即使你清楚地知道你所在的环境十分平坦、安全，你也知道不会有任何外来危险因素来干扰目前的环境，但当你戴上VR设备，便会马上接受它所提供的模拟环境，这个环境中的一切都会让你产生直接的应激反应。如你在这一场景中跑步，遇有沟沟坎坎，你会一跃而过；遇有水塘，你会绕行；当一只猛虎突然出现时，你会惊恐万分；当你坠下悬崖时，甚至会有濒死体验。而这一切都是在你提前已知的安全环境中进行的，此时你的主观判断与主观意志并未出现。

人类所产生的应激反应主要有三种模式：一种是直接的条件刺激，前述诸例均属此类。一种是间接的条件刺激，比如，通过语言、阅读，甚至回忆与想象，都可能形成这种刺激条件。阅读侦探小说会使人神经紧张，听到鬼故事会引发内在的恐惧，回忆或想象一些危险可怕的场景同样可以使人惊恐不安，甚至看到图片中摇摇欲坠的惊险画面，内心深处也自然会涌出不安（图1-1）。还

图 1-1　摇摇欲坠的雕像

有一种是连带性条件刺激，即形成条件刺激的环境或事件的关联物所造成的刺激。

认知神经科学中有一个典型事例，先引述如下：

一天，一个年轻人坐火车去上班，与一位素未谋面的乘客攀谈起来。交谈不到几分钟，火车突然撞上了一辆汽车。火车上的一些乘客受了伤，汽车司机当场死亡。这个吓坏了的年轻人虽然只有点轻微擦伤，但他还是立刻下了火车，决定回家冷静一下。几个月后，这个年轻人在一个鸡尾酒会上见到一个非常面熟的客人，不知什么原因，他突然间觉得很紧张、浑身不自在，于是找理由走开了。后来，年轻人向酒会的主人问起那位客人，才意识到那个人就是火车发生事故时同他攀谈过的乘客。[1]

在认知神经科学领域，这一事例被视为内隐情绪学习的一个典型事例，学者们认为："这种形式的学习——一个中性刺激通过与一个令人厌恶的结果匹配从而让这个中性刺激变得让人厌恶——是恐惧性条件反射的一个例子，也是研究杏仁核在情绪学习中作用的一个最重要范式。"[2]

从事情的经过可以看出，"这个年轻人"只是觉得一位客人非常面熟，并未想起何时曾经见过，但与这位客人讲话时突然间觉得很紧张，并离开了酒会，事后，他才知道这位客人的身份。由此可知，这位客人是车祸场景的一个附属成分，他的出现激发起这位年轻人对车祸的痛苦回忆，遂选择离开。这是典型的连带性条件刺激。更为重要的是，从见到这位客人到离场，所有感觉与判断都是下意识的，整个过程都没有主观判断介入。

研究一下"下意识"运行的神经机理，有助于加深对这一现象的认识。根据认知神经科学的研究，大脑中的杏仁核是应激反应的中枢，到达杏仁核的各种外在信息有两条并行的路径，被称为低通路和高通路。[3]大脑组织中的丘脑在接收到外在刺激信号后，自发使用两种上传方式：一种是不加分析与处理，直接上传杏仁核，由杏仁核做出判断和反应，此即低通路；另一种是先将接收到的外在刺激信号传送至感觉皮质，由感觉皮质将分析整理后的结果上传杏仁核，此即高通路。[4]

两种上传方式一快一慢，各有其不可替代的功能，其中，多数的下意识举动都是通过低通路上传实现的。但是，这两种上传方式都是在我们主观之外自主完成的。

杏仁核接到各种信息后，需要做出判断和应激决策，其依据是存储的各种信息模板或识别机制。这种内存有两个来源：一是后天的学习与记忆，通过直接经验或间接经验，将有关信息模板或识别机制留存下来；二是先天遗传，直接继承种群传承中的有关基因。

有学者对澳大利亚袋鼠岛上的袋鼠进行了研究，这儿的袋鼠尽管将近一万年未曾有其他动物侵扰，但当它们面对一些食肉动物模型时，依然表现出惊恐不安，其原因就是这些动物在一万年前的相当一个时期内，都是它们的天敌。[5]一万年前的惊恐所留存的信息模板与识别机制得以存储并遗传，形成了袋鼠们先天的"下意识"。

需要指出的是，下意识的行为与"我"的主观意志无关，或者说与主观的我无关，后天的经验存储过程与先天的经验遗传过程同样与主观的我无关。

二、错觉的记忆

记忆是作为社会人的至关重要的功能，一个人若是丧失了记忆，既丢掉了自己的历史，也丧失了对未来的构想。实验证据已经表明，"回忆过去和想象未来具有高度紧密的关系，如不能回忆过去事件的人，在想象与这些事件相关的未来上也存在相似的障碍"[6]。更为重要的是，记忆丧失之后的你，甚至无法识别即时的当下，完全失去了本我，只是一个生物学意义上的生命体。

现在要讨论的是，作为社会人所赖以生存的记忆究竟是什么?·它是怎样产生的?

依照认知科学的研究，记忆可以分为三种形态，即感觉记忆、短时记忆和长时记忆。感觉记忆是感觉系统的非自主性记忆。比如，我们正在阅读，有人在身旁讨论一件事情，所讨论的内容被我们的听觉捕获，如果打断阅读，向我征询，我会回忆起不经意间所获得的信息。这种记忆是瞬时的，其存储时间至多以秒计。短时记忆又称工作记忆，是感觉系统的自主性记忆，可以以分钟计，多是应急记忆。比如，主持人上台前看一眼主持词，人们拨电话时临时默记电话号码等。长时记忆是一种综合记忆，可以用年计量，包括陈述性记忆与非陈述性记忆。陈述性记忆是可以主观地提取或还原有关内容的记忆，由情节记忆和语义记忆两部分构成。情节记忆主要是体验记忆，记忆亲身经历与体验；语义记忆主要是知识记忆，记忆由语言、文字、图案或其他渠道获取的间接信息。非陈述性记忆是一种习惯性记忆，主要体现在程序性技能、条件反射等，比如，钢琴家对键盘的记忆，运动员对动作的记忆，普通人对骑车、驾车的记忆等，均属此类。这种记忆无需主观唤起，可以自动触发。

最新研究表明，人类的记忆不是影像式储存，而是数字式储存；并非采用项目式，也没有完整的数据组合，而是采用分布式，将有关数据分散储存到各有关部位。依教科书的说法："记忆是以一个神经元发送给另一个的指令的变化的方式储存的。新的信息输入引起一种特定的神经元的群发放，并且这一模式即是那一信息的表征。"[7]

储存到大脑的信息数据会被编码整理，整理的过程也是巩固的过程，由此可创建长时记忆。当人们需要唤醒记忆时，需通过提取储存的数据进行信息重构，创建出意识记忆或熟悉的动作惯性。这一过程是完整的生理作用过程。大脑各部分分工协作，精密运转。比如，内侧颞叶负责形成和巩固新的情节记忆，参与同一情节中不同数据信息间关系的联结；前额叶参与某些信息编码和提取；颞叶负责存储情节和语义知识；皮质和皮质下结构参与技能和习惯的学习等。[8]注意，上述功能的体现是散点分布式，而非项目集中式。图1-2为前额叶皮质中对情节编码、语义或情节提取的激活状态，[9]可以充分说明这一问题。

关于记忆的基本原理已述如上，其中最根本的机制就是信息的分布式数字储存和记忆提取中信息的建构。这两个环节就是打破与重建的过程，在这一过程中，失误与虚假不可避免，而且，

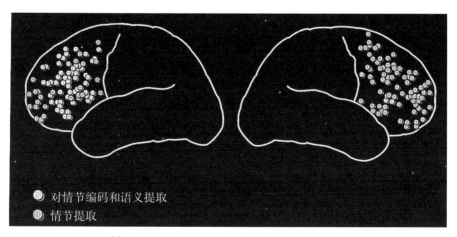

图 1-2　前额叶皮质中对情节编码、语义或情节提取的激活状态图

我们的大脑还会自作主张，自行屏蔽一些内容，主要是那些令我们恐惧或厌恶的信息。

关于这一点，认知心理学早已得出结论，20世纪50年代，乌尔里克·奈瑟尔在其《认知心理学》一书中就提出，记忆是一个建构过程，建构活动能使人在知觉上产生错误，同样能使人在记忆上产生错误。此后，关于记忆错觉的研究方兴未艾，学者们通过大量的心理实验，发现了记忆错觉的基本形式，如关联效应、词语遮蔽、干扰和误导信息的影响、边界扩展、错误结合、催眠和猜测效应等。而产生这些错觉的核心问题就是大脑在我们的主观意志之外自作主张。以边界扩展为例，有实验表明，观察者在观察一个图片后，凭记忆叙述图片内容时，记忆中的画面内容往往多于画面实际内容，其原理就是观察者将自己对画面的理解与解读一并归之于画面记忆中。[10]

类似的事例十分常见，人们在回忆或描绘某一场景或某一故事时，自觉或不自觉地要根据自己的理解进行改造。藏族英雄史诗《格萨尔王》是口口相传的巨作，但正因如此，每一位传唱人都有属于自己的不同版本。学术界往往对口述历史或众多回忆录中的内容争论不休，甚或上升到"篡改"的高度，他们尚未意识到，口述人或回忆人在记忆建构过程中的记忆错觉。

综上所述，可以得出两点基本认识：

第一，记忆不是对以往镜像式的回忆，而是包含错觉与缺失的信息构建，人类所由来的历史以及他们所赖以存在的当下，都是基于这一建构而成立的。

第二，记忆是感觉系统与大脑密切合作的纯粹生理活动过程，脱离大脑的记忆是不存在的，而大脑的生理运行状况直接决定着记忆的命运。当大脑中的海马体退化、颞叶萎缩、乙酰胆碱减少、大量细胞凋亡之时，记忆的丧失会不可避免地到来，这也是阿尔兹海默病的基本病程。此时的人已失去了作为社会人的标志，只是一个活着的生命体。

三、何为幸福

长期以来，"幸福"是所有人都关注的焦点，也是哲学的基本范畴。哲学家们围绕着何为幸福、如何谋求幸福，进行着无休止的争论，其核心观点不外两大派别：一派观点认为幸福是一个绝对的概念，对幸福的追求是人生最为根本的使命。伊壁鸠鲁就明确宣示，如果生存与快乐同其他发生冲突，甚至与真理发生冲突时，他会选择生存与快乐，放弃对真理的追求。[11]另一派观点认为幸福是一个相对概念，对幸福的追求并非人生的唯一使命，必然伴随着痛苦与烦恼。伏尔泰认为，幸福是由若干快乐感觉构成的一种抽象概念，与"秩序""正义"等概念一样，都是人们思考和臆想的结果。他说："如若把生活中散见的若干快乐称为幸福，幸福果然是有的；如若说只有久欢长乐或一连串持续而多变的愉快感觉才叫做幸福，这种幸福在这个地球上是没有的：请到别处去寻找吧。"他还指出，追求幸福过程中的痛苦代价与获得的幸福同等重要，他说："受孕怀胎的妇女必须分娩，这是一场痛苦；男人需劈柴裂石，也并不舒服。"但这是感受生活幸福之不可避免的过程。[12]

中国古代哲学家们也就这一命题展开了大量讨论，其中最为著名的是庄子与惠子的一段对话：庄子与惠子在濠水桥上游赏，看到河中穿行的鱼儿，庄子说："鲦鱼出游从容，是鱼之乐也。""鲦鱼"即穿梭自如之鱼。惠子反问："子非鱼，安知鱼之乐？"庄子说："子非我，安知我不知鱼之乐？"惠子又说："我非子，固不知子矣；子固非鱼矣，子之不知鱼之乐全矣。"[13]这段对话涵括了幸福范畴的基本概念，即身乐、他乐和第三人之乐，这些也是近代西方哲学界的重要命题。

在哲学家们高谈阔论之时，医学家们也逐渐走进大脑深处，发现了快乐的生理机制，当然，这不是主动为之，而是对抑郁症研究的副产品。

抑郁症患者数量众多，异常痛苦，有相当一部分患者会选择自杀。相当一个时期以来，人们认为抑郁症是由心理问题或者思想意识问题导致的。近几十年来，研究者发现了两种神经递质与抑郁症相关，一种是多巴胺，一种是5-羟色胺。多巴胺可以调节大脑多个功能区域接收到的刺激，可以促使动机形成，若多巴胺水平偏低，会导致抑郁症或帕金森综合征。5-羟色胺又称血清素，可以调节性欲、食欲、睡眠、疼痛、情绪、血压、体温等，其水平低时会引发抑郁，水平高时可让人乐观与镇定。

人们由此发现了可以使人快乐的物质，进而又弄清楚了这两种神经递质要通过大脑下丘发挥作用，此处被称作"快感中心"或"奖赏中心"。一些食物富含多巴胺或血清素，适量食用可以起到补充多巴胺或血清素的作用；酒精、尼古丁、可卡因等也可刺激神经系统中多巴胺含量的增加。

近年来，有学者进一步揭示了生理神经水平的抑郁症成因，提出：大脑中海马体下方有一个小型核团，称外侧缰核，它充当着"反奖赏中心"的角色。此处介导着诸多负面情绪，如恐惧、紧张、焦虑等。当人们受到负面情绪影响时，外侧缰核神经元被显著激活，对奖赏中心产生较强抑制作用，导致快感缺乏。正常情况下，奖赏中心与反奖赏中心有一种平抑机制，经过一个时间段，各种异常会恢复常态。但在发生病变或遇到外来异常刺激时，外侧缰核活性会异常增加且难以平抑，必然负向调控多巴胺与5-羟色胺系统，从而导致抑郁。这一过程的神经机理是外侧缰核神经元改变了放电方式，由常规的单向放电变为簇状放电，使得"反奖赏中心"的神经元功能放大，有效抑制了"奖赏中心"（图1-3）。最新研究发现，氯氨酮可以阻断这种放电方式的改变，压制反奖赏中心的活跃，从而加大奖赏中心的活跃水平。注意，氯氨酮是毒品K粉的主要成分。[14]

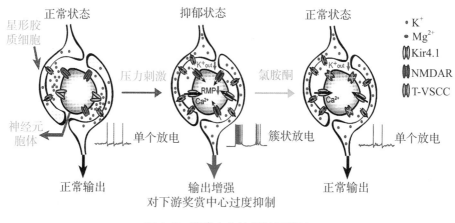

图1-3 奖赏中心被抑制示意图

神经科学的发展引发了连锁效应，一些基于此的新学说层出不穷，甚至产生了神经哲学、神经经济学等。一些哲学家提出，既然快乐的生理机制已经明确，人们为什么还要在此过程中浪费时间，为什么不去直接而大量地制造快乐，最大限度地满足人们对快乐生活的追求？更有的科学家认为，应当生产快乐机，通过刺激大脑奖赏中心使人们获取快乐，每日只需要刺激半小时，就可以获得极大快乐——人生幸福。[15]

对于类似的论说，哲学界的学者们义愤填膺、旗帜鲜明地进行批判。

　　郑也夫先生曾引述当代生物学家的一个实验："研究者将电极放在三只老鼠的下脑丘，老鼠面前放置三个杠杆，压第一个释放食物，压第二个释放饮料，压第三个释放迅速而短暂的快感，老鼠很快分辨出三个杠杆并只选择第三个，直到饿死。"郑也夫先生痛切指陈："这实验告诉我们，一味沉溺快乐的追求将带来灭顶之灾。读者可能会说，这实验不恰恰说明动物的行为完全是追求快乐吗？但这不是自然状态下的老鼠。这状态实际上相当于吸毒，是反自然的，一种欲罢不能的特殊境地。我以为过度地鼓吹快乐追求，也是高度反自然的，无异于提倡吸毒。"[16]

　　包利民先生则通过反证法，将"快乐机"的快乐逻辑推导到终点，他这样描述道："世界将进入'最好'或至善（the Good）状态，通俗地说就是美丽新世界。在那个世界里可以见到成千上万一字排开的缸中脑，宅男们——不，宅脑们——互不交接，都永远沉醉在自己的'快乐'中。大地之上，阳光之下，防弹玻璃钢的普特南牌坚硬缸罩里面是一个个静静的大脑。四肢和内脏因为没有必要，用进废退，都已经消失。梅洛·庞蒂的身体现象学在剥离了身体和世界的大脑这里完全失效；事实上，负责意识等qualia类功能的大脑皮层因为没有必要启用，也急剧萎缩。永生的庞大下丘脑部分不时充血发红，此起彼伏，如万亩罂粟花摇弋生姿，只是已经无人观赏。人类历史长期的解决各种'麻烦'的努力终于彻底成功，历史终结。"[17]

　　哲学家们的判断再清楚不过，但这能否改变人们无休止的快乐追求？毒品或者"快乐机"或可被常人所认识，但整个人类对快乐的追求永远不会停止。以艺术追求为例，漫威人物充斥荧屏，漫画作品层出不穷，简单便捷的快乐刺激方兴未艾，谁还会围炉夜话，谁还去追寻与痛苦和苦难相伴的一点一滴的快乐与幸福。这难道不就是缓释型毒品快乐机吗?

四、自觉与自知

"自知之明"与"当局者迷"是两个耳熟能详的对应概念,长期以来,人们都认为自己不乏自知之明,而他人往往是当局者迷,因而,当局者迷最大的使用频率是对他人的评价。真实情况如何呢?具有自知之明的往往不是自己,当局者迷的主人恰恰是几乎所有的"我"。

原因在于人类的每个人都有与生俱来的认知偏移。以死亡为例,这是一个人尽皆知的命题。从理智上讲,每个人也都清楚自己的死亡只是时间问题,但是谁都不会正面直视这一问题。哪怕是参加死者的告别仪式,也不会把殡仪馆中的死者与自己联系起来,绝不去设想自己也会躺在那儿由人凭吊。

以色列巴尔伊兰大学的心理学家亚伊尔·多尔-齐德曼曾设计了一场认知测试,该测试要求志愿者盯着大屏幕上闪现出的人脸看,志愿者和其他人的面孔依次闪现,上方配有不同单词。当屏幕上的面孔有规律地反复闪现多次后,开始插入无规律排列的面孔。一般情况下,当无规律画面出现时,大脑会有惊讶反应。但是,若将配有死亡、葬礼字样的志愿者面孔插入,大脑却不发出惊讶信号。齐德曼认为,这是大脑在排斥自身与死亡的关系,关闭了有关系统。

齐德曼进而认为,这是一种原始的遗传机制,是人类的生物性本能。他说:"大脑不承认死亡与我们有关。我们有这种原始机制,这意味着当大脑收到将自我与死亡联系起来的信息时,某个声音就告诉我们,它不可靠,因此我们不应该相信它。"他还说:"屏蔽掉未来终有一死的想法对我们活在当下至关重要。这种保护可能在我们生命的早期就开启了，随着心智发育，我们渐渐认识到人人都终有一死……一旦你有了这种展望自己未来的能力，你就意识到，你到某一时刻会死，而你对此无能为力。这违背了帮助我们活下去的整个生物学原理。"[18]

其实，人类自古以来，一直在进行着主观努力。比如，古埃及将死者做成木乃伊，追求前往另一个世界的梦想（图1-4）；各个宗教中几乎都有对另一个世界的追求，等等。而且，不只是对待死亡，在对待所有问题上，人们都有两套不同的认知系统，一套是自我认知系统，一套是他者认知系统，也可称为第一人称视角和第三人称视角。

研究发现，人类的两套认知系统存在着明显的"乐观偏差"。当启动自我认知系统时，会发生对自我的乐观认可，认为好事总是降临在自身，死亡、重病与己无关，而且，在对自己的评价上也往往过于美化，高估自身能

图1-4　古埃及木乃伊（大英历史博物馆藏）

力与社会认可度；当启动他者认知系统时，则会产生认知偏差，认为祸事总会发生在他人身上，他人不可避免地会身患绝症，会死亡，他人的能力、水平也远不如我，等等。

学界认为，人类的这种乐观偏差是先天的，由大脑神经系统所决定。滕召军等学者即明确提出："通过调整大脑对外界信息加工的信念，可以改变人类对于经历积极事件和消极事件的决策。其实，在很大的程度上正是由于人类固有的大脑神经基础（前额叶）促使个体总是存在乐观偏差，通过长期的自然选择的作用，人类的大脑已经进化了这种乐观偏差的神经基础，使得乐观偏差成为一种普遍的社会心理现象。"[19]

认知神经科学已经揭示了决定乐观偏差的神经机理。有关研究认为，人类的自我认知与他者认知使用的是两个不同的神经系统，尤其是自我认知有独立神经系统的支持，可以优先提取丰富的自传体记忆、只可意会不可言传的心理状态以及内部生理信号，这一神经系统所依托的高级前额叶区域，使人们可以选择性地关注其积极面，排斥其负面反馈。对他者的认知则无法通过直接进入其心理和生理状态而获得，要经由我们的推测进行构建，我们可以直接提取的只是他们外在的语言与非语言信息，在构建过程中往往会加大负面偏向。[20]

基于上，可以认为，认知世界中的"我"存在于主观概念中，认知世界中的"他者"存在于我所感知的客观世界中。这是全人类的通则，是一种普遍的社会心理现象。既如此，由认知所构建的我与他者的社会是否还是真实客观的社会存在呢？

五、道德的来源

人类道德的来源或许是最为古老也最为持久的一个哲学命

题，而且一直是针锋相对的两大派别所长久争论的问题。

战国时期的孟子与荀子是中国历史上关于这一范畴的两大派别的代表人物。孟子主张道德的先天性，认为人皆有恻隐之心、羞恶之心、辞让之心和是非之心。孟子还举出带有实验性质的例证，他说："当人突然发现有孩童将要掉入井中，都会有惊怵恻隐之心，都会伸出援手。这并非与儿童父母相熟，亦并非要谋求乡党朋友的赞誉，更非怕背负恶名而为之，而是源于内心中本已有之的恻隐之心。"他进而提出："由是观之：无恻隐之心，非人也；无羞恶之心，非人也；无辞让之心，非人也；无是非之心，非人也。"[21]

荀子旗帜鲜明地主张没有先天的道德，人生而好利，"故争夺生而辞让亡焉"；生而嫉恨，"故残贼生而忠信亡焉"；生而好声色，"故淫乱生而礼义文理亡焉"。所以，必须在后天以法律规范之，以礼义教化之，才能形成整个社会的道德。[22]

西方思想家在这一问题上的争执同样相持不下。亚当·斯密与托马斯·杰斐逊坚定地认为道德是天生存在的。亚当·斯密在《道德情操论》一书的开篇即明确提出，怜悯与同情生来与俱，"这种情感，就和人类天生具备的其他原始情感一样，绝不只为品行高尚之人独有，虽然他们的情感可能更加敏锐细腻"[23]。

托马斯·杰斐逊在给彼得·卡尔的信中写道："道德感，或者说良知，就像一个人的大腿和胳膊一样，是他身体的组成部分。每个人都被赋予了道德感，只是有的比较强，有的比较弱，就像每个人四肢的力量也有大小之分一样。"[24]

近代以来，哲学界与心理学界的多数学者坚决否认道德的先天性，与持先天性观点的学者发生了持续论战。到目前为止，道德是否具有先天性的求证虽然在逐步推进，但收效并不显著，仍然陷在逻辑论证的泥淖中。以当代颇具代表性的两位学者为例，美国学者迈克尔·斯洛特是道德情感主义的创立者，他对道德先天性的逻辑推理原点是"移情"，亦即人类天生的同情心。他说："当我讨论道德的时候，我不讨论不自然的特征，但在我看来，移情是自然的，没有超越自然，我不讨论超越自然的东西。我的目标就是要把先天和自然统一起来。"[25]新西兰学者乔依斯在论证道德先天性时，将逻辑推论的原点确定在"进化"。他认为，人类天生的道德感是因自然选择作用而产生的演化结果，亦即可促进人们之间合作的道德感在自然选择中被保留下来，成为以基因为基础的适应性状。[26]

这些论断只停留在逻辑范畴层面，并未超出前人，在论战中难以立于不败之地，实际上未能从根本上解决问题。

其实，解决道德是否具有先天性这一问题，还应当靠实验与认知神经科学。实验心理学领域一直在使用一个两难性的实验性难题，先引述如下：

一个是"换轨闸难题"：一辆失控的电车正疯狂冲下铁轨，在它前面的铁轨上绑着5个人。你可以扳动换轨闸，让电车开到另一条铁轨上。但不幸的是，那条铁轨上也绑了1个人，如果电车换轨，就会致他死命。那么你是应该扳动换轨闸，还是什么都不做？

另一个是"天桥难题"：一辆失控的电车正疯狂冲下铁轨，在它前面的铁轨上绑着5个人。此时你正站在铁轨上方的天桥上，旁边还有一个大块头的陌生人。你截停电车的唯一方法就是把那个陌生男人推下天桥，让他挡在电车前面。虽然他会因此死于非命，但是却能救另外5个人的生命。（另外，你自己跳下去是没用的，因为你块头不够大，拦不住那辆电车。）那么你应该把那个男人推下桥，还是什么都不做？[27]

实验结果反复表明，不论在什么文化背景和什么种族的人群中，对于第一个难题选择扳动轨闸的都占89%左右，对于第二个难题选择什么都不做的也都占89%左右。[28]对造成同样结果的两种手段，为什么会有如此悬殊的答案，学者们一直争论不休。

美国耶鲁大学的心理学家布卢姆另辟蹊径，致力于婴幼儿的认知实验，获得了大量实验结论。兹选取其中两例：

实验一：一个一岁大的婴儿，"他刚看了一场玩偶戏，戏中共有三个角色。中间那个拿起一只球，传给右边的小伙伴，右边那个接过球后又把它传了回去。然后中间那个又把球传给左边的小伙伴，但是左边那个接过球后就带着球跑了。这出戏落幕之后，'好人'和'坏人'都被带下戏台，放在这位一岁的小男孩面前。它们面前各有一件完全相同的奖品，小男孩可以选择一个拿走。这个小男孩的选择同研究人员的预期完全一样，也和实验中绝大多数刚开始学习走路的幼儿完全一样——他拿走了'坏人'面前的奖品。但他觉得还不够'解气'，只见他向'坏人'探过身去，给它头上来了重重一击。"[29]

实验二："幼儿和母亲一起待在某个房间里。一位成年人走进房间，怀里抱满了东西，挣扎着想要打开一扇柜子门。房间内并没有人望向幼儿、怂恿他帮忙，或者直接向幼儿求助。但是，居然有差不多一半的幼儿决定伸出援手——他们会主动站起来，摇摇晃晃地走过去，为那个遇到麻烦的大人打开柜门。"[30]

布卢姆用大量的实验证明道德感与道德判断是与生俱来的，并非后天学习的结果。更为重要的是，他还将这一问题源头的探寻多元化，对各种理论进行了系统分析与讨论。他最终的结论认为，道德的先天性是人类社会进化与选择的结果，并旗帜鲜明地声称："我自己是个适应主义者。"与此同时，他对近些年颇为流行的镜像神经元理论加以否定，认为"仅凭镜像神经元还不足以解释我们的语言能力，以及复杂的社会推理能力。"[31]

对于布卢姆的工作，我们怀有敬意；对其结论，我们难以苟同。限于篇幅，此处不展开讨论，我认为有必要了解一下镜像神经元理论。这一理论是20世纪90年代在对猕猴的认知实验中发现的，后又延伸至人类认知神经领域。被称作认知神经科学之父的加扎尼加曾对其做过概括性介绍，他说："镜像神经元不光是理解行为的神经基础，也是理解情绪的神经基础。人类在脑岛有镜像系统，它通过内脏运动反应（运动系统中控制平滑肌纤维、心脏肌肉和腺体等非自主活动部分的反应），促成了对他人情绪的理解和体验。这样的系统在无意识中从内部复制行为和情绪，很有可能就是我们把握他人如何感受和行为的机制，它在一定程度上说明了解释器将他人行为和情绪理论化的原因。"他进一步解释道："这就是所谓的模拟理论：你通过察觉情绪刺激（如看到他人脸上的恐惧表情）来感觉，你的身体会自动模拟给予响应（你自动模拟恐惧的表情，令得内脏运动系统给你来了一波肾上腺素，模拟了该情绪），从而引起你的注意并认可（当然你也可以不注意，不认可）。如果它真的吸引了你的注意，你的解释器会对该情绪感受做出解释。"[32]即使你只是看到一幅痛苦的图片，比如，钢钎插入大脑的图片，你也会心生痛感（图1-5）。[33]

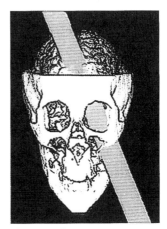

这张电脑重构图展示了铁钎怎样穿过人的大脑。铁钎正好从左眼下面进入然后从头顶出来。它损毁了内侧前额叶大部分区域。

图1-5 钢钎插入头颅示意图

上述阐释的核心要义

就是"感同身受"，当他人面临困苦时、需要帮助时或高兴兴奋时，我们大脑中内置的镜像神经元就会回馈到神经中枢，形成模拟反应，由此促成或制约我们的外在表现。

在电车的两个难题中，换轨闸是间接杀人，因杀一人可挽救5个人的生命，所以多数人选择这一答案；将人从天桥推下是直接杀人，而且会目睹此人之惨状，所以，尽管也是杀一人可挽救5人，但多数人否定这一选择。

关于婴幼儿的两个实验同理。其实，在成人世界中，类似的事例也同样常见，当有人遇有困难或危难，多数人会自然而然地伸出援手。其原因如孟子所言，并非相熟，并非沽名，更不是怕背负恶名，而是天生具有恻隐之心。

至此，有一个问题就值得人们深思了，在每个人步入社会的成长历程中，社会会带给人类什么？是让人类的道德本能发扬光大，还是扭曲甚至退化？这实际上又是对人类社会与人类文明的拷问。

六、感觉与感知

以往的人们认定世界是真实客观的存在，主观世界则是人类意识对客观世界的映像。随着现代科学技术的发展，人们忽然发现，客观世界的客观性受到了挑战，客观世界与主观世界之间并非界限分明，而是相互观照的两个方面。人类所认识的世界或许并非真实客观的存在，只是人们的大脑演算建构的结果。

英国学者詹姆斯·勒法努曾敏锐地指出：人们有一种自然而然的感觉，即树木之碧绿与天空之湛蓝，可透过打开的窗户直奔我们的双眼；但是，那些奔向视网膜的光线粒子并无颜色，如同使我们耳膜震动的声波并无声响，进入鼻腔的气味分子全然无味。它们都只是穿行于空中的亚原子粒子，它们并无重量，亦非视觉可及。[34]

人类眼中之所以有斑斓多彩的世界，并非世界真正如此，而是因为人类的视网膜上所拥有的特殊细胞，在接受一定波长的光线粒子时，可以转译为红、黄、蓝三色，再经由大脑的结合与构建，细分为230万种不同的颜色。但是，人类的视网膜只能接受特定波长的光线粒子，相对于从紫外波段到红外波段宽阔的范围，我们所接受到的只是其中的一小部分。

人类并非直接将这些光线粒子照单全收，原型映照，而是经由大脑的转译、重组。人类所得到的世界，就是大脑转译、重组的结果，可以归之为主观世界。这个世界有其相对独立性，有时甚至不依赖于视网膜所接受的信息。比如，同一个风景，不同的接收视角也会形成不同的图像（图1-6）。

图 1-6　同一风景的不同视图

图 1-7 转桌子错觉

罗杰·谢泼德曾设计了一幅同等大小桌子的方位对比图案，名为"转桌子错觉"（图1-7）。[35] 图中的桌子为长条形，尺寸大小完全相同，一张竖放，一张横放。看到这幅图的第一个印象却是两张桌子差异颇大，一个为方形，另一个为长方形。这就是大脑对视觉信号转译重组的结果。如果你理性地测量一下图上的两张桌子，当然会得出大小一致的结论，但当你再看图上的桌子时，仍会觉得这是两张差异颇大的桌子。这就是大脑工作的独立性，完全不受主人理性逻辑的支配。

值得注意的是，在人类感知世界的过程中还存在着两个方向的时间差。一个是负方向的时间差，即人类所感知到的世界都是既往。人类可以观测到138亿光年外的星系，但在人类看到它的那一刻，它就已是138亿年前的存在；人类空中的太阳光芒四射，在它的光芒抵达人类视野的那一刻，它已是8分钟前的存在。即时的它是否还在？人类无法知晓。人类身边的所有物体在映入眼帘的那一刻所代表的存在状态都是这样的"既往"，只是彼此距离相近，这种时间差被忽略不计。

另一个是正方向的时间差，即人类感知到的世界都是未曾发生的"未来"。神经科学研究表明，在接收到各种外界信号后，大脑转译重组的逻辑算法是超前计算，它为人类组合的世界不是此时此刻，而总是1/5秒后的状态，[36]亦即世界将要出现尚未出现的状态。由此形成超前的正方向的时间差。

两种时间差可以重合、并存，但无法抵消，人类自始至终都生活在并非此时的虚幻世界中。

还值得注意的是，人类的视觉以及其他所有感觉都是有限的，即使借助发达而庞大的探测装置，人类也只能感知世界的极小一部分。到目前为止，人类能感知的世界只占总体世界的5%左右，还有27%的暗物质和68%的暗能量尚未可知。比如，被称为幽灵粒子的中微子，便是极难捕获的一种存在。在宇宙大爆炸之初，物质只能以电子、光子和中微子等基本粒子的形式存在。时至今日，中微子依然无处不在，从外星系到太阳系，到我们的身体，无时无刻不在生成着大量中微子，无时无刻不在经历着中微子的穿越，而人类对这些都浑然不觉，即使动用探测装置也无法捕获。

这就告诉人们，对于整体世界而言，他们几乎是一个盲人，起码是高度弱视，人们只是身处感知的孤岛，这个孤岛又是亦真亦幻，外面的世界十分遥远，更是幻界一般。

七、意识与存在

意识与存在的关系问题是人类哲学史上一个永恒的命题，其中的核心所在是"意识"究竟是什么？

有史以来，人类对意识的探讨一直没有取得实质性进展，哪怕在科学技术已快速发展的今天，依旧有人感叹：我们对自己大脑的认识远不如对宇宙的认识。200年前，叔本华就提出，意识是难以解开的世界之结，当代美国哲学家丹尼特则说，人类的意识应当是最后一个未解之谜。有学者甚至悲观地认为，人类对自我意识的探究实质上是自我指涉，即自身对自身存在的感知进行解读，换言之，就是以意识本身去解释意识，必然陷入"多德尔悖论"。具体而言，要找到一个自我包容的可以推导出一切数学的公理集合是无解的，简单地说，这种解析即使有结果，也无法确定结果的真假。[37]

为真正深入了解这一问题，需要认真梳理前人的种种论断，从前人踏出的方向繁多的路径中寻求借鉴，找出一条最接近真相的认识路径。

迄今为止，哲学家们对于意识的研究形成了四大流派，即存在论、独立精神论、二元论和决定论。

存在论的发起者是古希腊哲学家普罗泰戈拉，他宣称："人是万物的尺度，存在时万物存在，不存在时万物不存在。"[38]这是在讲万物依人的意识而存在，若没有人的存在，没有人的意识，万物便不复存在。

近代爱尔兰哲学家贝克莱是存在论的发扬光大者，他说"天上的星辰，地上的山川景物，宇宙中所包含的一切物体，在人心灵以外都无独立的存在；它们的存在就在于其为人心灵所感知、所认识"。他解释道："这个能感知的能动的主体，我们就叫它作心灵，精神或灵魂，或自我。"[39]

中国古代哲学中存在论的重要代表人物是明代哲学家王阳明，他坚定地主张理在心中，万物由理而生。他说："天没有我的灵明，谁去仰他高？地没有我的灵明，谁去俯他深？鬼神没有我的灵明，谁去辩他吉凶灾祥？"[40]

独立精神论把精神当作可以独立存在的实体，此论的早期代表学者是古希腊哲学家柏拉图，他在《斐德罗篇》中写道："人应当通过理性，把纷然杂陈的感官知觉集纳成一个统一体，从而认识理念。这就是一种回忆，回忆到我们的灵魂随着神灵游历时所见到的一切；那时它高瞻远瞩，超出我们误以为真实的东西，抬头望见了那真正的本体。"[41]

近代法国哲学家笛卡尔发展了这一思想，更明确地提出"我思故我在"是可以排除一切存在性前提的逻辑结论，他说"我可以设想我没有身体，可以设想没有我所在的世界，也没有我所在的地点，但是我不能就此设想我不存在，相反地，正是从我想到怀疑其他事物的真实性这一点，可以非常明白、非常确定地推出：我是存在的"[42]。近代意大利学者克罗齐则进一步提出："精神就是整个实在，除了精神没有其他真实的存在。"[43]亦即精神就是世界，世界是一种发展着的精神。

中国古代哲学中的独立精神论可以禅宗之《坛经》为代表，该经所述慧能顿悟之言云："何期自性本来清净！何期自性本不生灭！何期自性本自具足！何期自性本无动摇！何期自性能生万法！"[44]此自性就是脱离世界独立存在的精神存在。

二元论者承认意识与存在的平行存在，但在两者的关系上又有区别。比如，近代德国哲学家叔本华的生存意志主义认为，"世界是我的表象"[45]，这是对巴克莱学说的继承；但他又认为，作为表象的世界是由主体与客体两个半面构成的，存则共存，亡则俱亡，不可分离。他还认为，作为表象的世界只是存在的现象，存在的本质是意义，所以他又说："世界是我的意志。"[46]自然界一切事物及其演进都是意志的体现。这种意志是时空之外非理性的宇宙精神。

又如，法国现代哲学家萨特将存在区分为自在的存在与自为的存在，前者是意识之外的客观存在，后者是意识存在，两者互相依存。两者之间的纽带是意识的虚无化功能，意识触及某一对象之时，也就是把其他对象虚无化，使这一对象从存在的背景中显现为现象之时。总之，自为作为虚无是处于自在之中的存在，它通过对自在的虚无化使自己成为一种存在，同样自在也因自为而成为世界，如果没有作为自为的意识的虚无化，自在本身就没有目的和意义，也就不成其为世界。

中国古代二元论哲学家在二者关系问题上，多持合一或融通说，如，《庄子·齐物论》中明确提出人与自然的合一，亦即意识与存在的合一："天地与我并生，而万物与我为一。"[47]《庄子·逍遥游》中又提出："若夫乘天地之正，而御六气之辩，以游无穷者，彼且恶乎待哉！故曰：至人无己，神人无功，圣人无名。"[48]此处之"无己"，并非真的"无我"，而是"万物与我为一"。又如，南朝哲学家范缜力主"形神一体"，认为形即神也，神即形也。明代哲学家王夫之倡言"身心合一"论，此即意识与存在的二元融通，他既承认心志之存在，又坚定地认为心志存在于各器官之中，通过各器官发挥作用，不存在超越人体的心志。

决定论者认为存在决定意识，意识只是存在的特定表现形式。对于存在决定意识最为完整精炼的表述是恩格斯在《自然辩证法·导言》中的一段话，恩格斯给出的论证前提是：世界是物质的，物质是永恒的循环运动着的。在这一前提下，恩格斯指出："诸天体在无限时间内永恒重复的先后相继，不过是无数天体在无限空间内同时并存的逻辑补充——这一原理的必然性，甚至德雷帕的反理论的美国人头脑也不得不承认了。这是物质运动的一个永恒的循环，这个循环完成其轨道所经历的时间用我们的地球年是无法量度的，在这个循环中，最高发展的时间，即有机生命的时间，尤其是具有自我意识和自然界意识的人的生命的时间，如同生命和自我意识的活动空间一样，是极为有限的；在这个循环中，物质的每一有限的存在方式，不论是太阳或星云，个别动物或动物种属，化学的化合或分解，都同样是暂时的，而且除了永恒变化着的、永恒运动着的物质及其运动和变化的规律以外，再没有什么永恒的东西了。"[49]

恩格斯的这段宏阔精彩的论述，对存在决定意识作出了最有力、最准确的阐释。在恩格斯看来，只有物质世界是永恒的，意识只是在一个短时间内找到适于生活的条件，然后又残酷地被消灭的物质所产生的最美的花朵。物质世界是否永恒可以稍后讨论，由这一论述我们可以明确的是意识的限时性，亦即人类的意识只是如短暂的花朵一般的存在，"思维着的精神"所面临的就是"必然性毁灭"。

回顾哲学史上存在与意识的讨论历程，不难发现一个明显的缺失，那就是对作为意识的机器——大脑的忽略。意识的一切活动都离不开大脑机能，对意识的研究同样不能忽略意识与大脑的关系。20世纪50年代，被称作"认知革命"的关于认知科学的一系列新学说开始涌现，形成了第一代认知科学，随后哲学家们也纷纷介入，引发了一系列讨论。讨论的焦点是意识的"先天性"问题。到目前为止，意识的"先天性"已经得到较为普遍的认可。如，理查德·塞缪尔斯的"原初论"认为，先天的认知结构不是通过心理过程获得的，如果对某个认知结构找不到解释其获得的途径，便可认为是原初的先天认知；[50]布洛克的温和先天论认为，生物不可能在不具备任何相应机制的情况下进行学习，至少存在某种先天学习机制，使学习成为可能，因而先天学习机制是确实存在的。[51]也有学者坚持先天论并不存在，坚定地认为人类的一切认知都来自后天的学习与社会的影响；还有的学者认为认知不是孤立的某一方面或某种机制的行为，而是嵌入环境中的智能体的实时的适应性活动，换言之，也就是大脑与环境的互动，包括主观、客观以及其中的动力系统三组要素。[52]

先天论当然不是空头的范畴的讨论，讨论过程中，学术界进行了大量认知实验，这是我们关注的重点。到目前为止，对于先天论研究中关于先天学习机制的实验最为引人注目。该机制又称"核心知识系统"，是人类与生俱来的生物本能，有关实验的情况可以以数学认知实验来说明。

数学认知实验告诉我们，人类具有先天的数字感知能力，或者叫感知记忆能力，对于5位数以下的物体数量可以有准确感知，对于5位以上至较大数的物体数量可以有近似感知。以图1-8为例，对于少于5条鱼的画面，多数人可以一目了然地认定其准确数量；对于多于5条鱼的画面，多数人要通过计量方可认定其准确数量。

以图1-9为例，上面画面中有17条鱼，下面画面中有20条鱼，从图案看，差别并不明显，但在实验中可以发现，多数人不需要对两个画面中的鱼分别计数，便能分辨出哪个多，哪个少。法国认知心理学家在没有数字概念的亚马孙曼都拉丘人中进行的类似实验表明，曼杜拉丘人的分辨能力与受过良好数学教育的人群基本一致。这从另一个侧面验证了先天的数字感知能力的存在。[53]

在意识先天性研究中，对于语言认知的研究更有深度，也更有逻辑说服力。在该领域最有代表性的是乔姆斯基对语言能力来源的研究。20世纪50年代，乔姆斯基提出了语言能力先天生成说

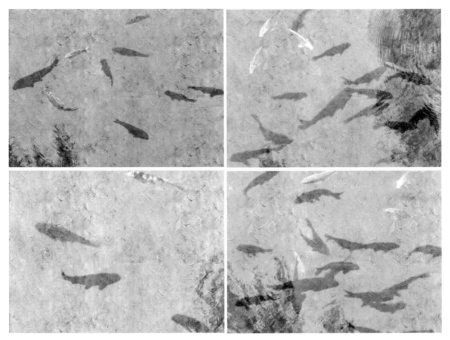

图 1-8　简单数字认知　　　　　图 1-9　复杂数字认知

后，面对各种讨论，乔姆斯基及其学派不断完善，不断充实，形成了较为系统的理论体系。其核心观点是语言功能生物特性说与语言器官说。

他认为："内在化的知识一定是受某种生物特性的严格限制。每当我们遇到类似的情况，如果知识是构建在有限的、不完整的语料之上，而在每个人身上表现为统一、同质时，那么，我们可以做出结论，认为一些初始的制约因素在决定构建于大脑之中的认知系统方面发挥重要作用。"[54]

他还认为："人类的语言机能完全可以被看作是一种'语言器官'，就像科学家们谈论的视觉系统、免疫系统或者循环系统一样，是身体的一部分器官。我们继续假定语言机能同其他器官一样，其基本特征都是对遗传基因的反映。至于这种反映是如何实现的，目前这种研究的前景尚不明朗。但是我们可以通过其他方法来研究那种有基因决定的语言机能的'初始状态'。显然每一种语言都是两种因素交互作用的结果，即初始状态和获得经验的过程。我们可以把初始状态看作是一种'语言获得机制'。它'输入'经验，'输出'语言，这种'输出'表现在心智/大脑内部的变化。"[55]

乔姆斯基的两个基本观点，分别涉及先天与本能，前一个观点所强调的"生物特性"与"初始的制约因素"，实际上指出了语言功能的先天性；后一个观点所强调的"语言器官"如同"视觉系统、免疫系统或者循环系统一样，是身体的一部分器官"，则指出了语言功能的本能性。

关于本能研究的有说服力成果主要集中在认知神经科学领域，该领域研究表明，睡眠中的大脑仍会进行学习的记忆与巩固。实验表明，在学习空间行为任务时，大脑中的位置细胞会被激活，在学习之后的睡眠中，这些位置细胞依然会被激活，表明神经元可能在睡眠中"重放"学习过的任务。进一步的研究表明，在睡眠时，大脑中的海马细胞不仅会在空间分布中重现，而且会按照和学习时同样的神经元的激活顺序重放，这实际上是一种重复与巩固。[56]

认知神经科学的研究还表明，大脑在静息状态下仍有较高水平的能量消耗，其中，内侧前额叶及其相关的脑区较之其他区域更高，而内侧前额叶具有心理加工与信息判断功能，这说明即使在你未去进行主观思考、未曾关注外部信息，也不曾有任何动作行为的情况下，大脑仍然在进行"自我参照加工"，在分析评判各种信息，在规划下一步的方向等。[57]

对于意识先天性与意识本能的研究，可以使人类更好地认

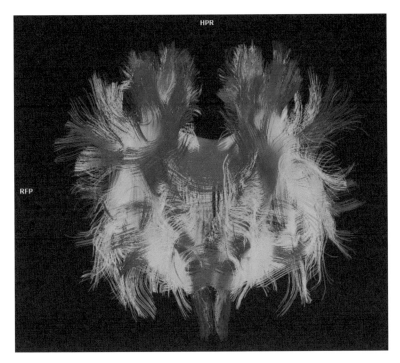

图 1-10　复杂的脑白质纤维束（山东省立医院提供）

识意识与存在的关系，进而对人类所在的世界有一个真正客观
的把握（图1-10）。

八、意识的本质

在哲学家们围绕意识与存在的关系争论不休的时候，物理学
家借助于现代物理学的重大进展，立足量子物理学对意识本质进
行了别开生面的探讨。

对这个问题，要从双缝干涉讲起。早在19世纪初，英国学者
托马斯·杨就进行了著名的双缝干涉实验。他准备了一张背景纸
和一张间隔纸，在间隔纸上开出两条相近的平行的缝隙，当光线
透过这两条缝隙投射到背景纸上后，会形成一系列相互交替的明

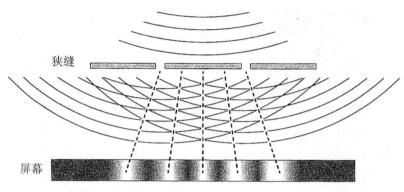

狭缝

屏幕

虚线显示光波加强的位置，在屏幕上形成亮斑

图1-11　杨氏双缝干涉实验示意图

暗条纹（图1-11），这表明同时穿过两个缝隙的光是相互干扰的，证明了光是一种波。[58]

进入20世纪后，物理学界利用这一原理探讨了单个电子的双缝实验，结论是同样会出现干涉条纹，表明一个光子同时穿越了两条缝隙。更令人惊诧的是，如果对其进行观测，则光子只会穿越其中一条缝隙，自然也就不会形成干涉条纹。

这一结果所引发的震荡至今仍在，爱因斯坦曾坚决予以否认，他甚至说："如果真是那样的话，我宁愿做补鞋匠或者赌馆伙计，也不当物理学家了。"

也有相当一部分物理学家以此为基点，展开了更为深入的研究。德国物理学家维尔纳·海森堡提出了"测不准原理"，认为每一个量子粒子都具有双重属性，即位置与动量，动量即质量×速度。我们不可能同时测定粒子的双重属性，比如，如果你测定了某一粒子的动量，必然难以确定其位置，它可能在宇宙的任何地方。奥地利物理学家埃尔温·薛定谔则提出了波动力学学说，并将微观世界发现的双缝干涉放大到宏观世界，进行了猫的推导实验。具体程序是将一只活着的猫放在一个密闭的盒子中，用一个放射性材料的量子粒子作为开关。当粒子发生衰变时，会引发致死性气体的释放，猫便会死亡。此实验的关键在于这个粒子发生衰变的可能性是50%。在这种条件下，盒子中的猫生与死的可能性各占50%，如果不打开这个盒子，人们便无从知道结果如何，这就是量子的叠加态。一旦我们打开这个盒子，此猫非活即死，叠加态消失。这就是"薛定谔的猫"实验。[59]

从粒子的双缝实验到薛定谔的猫实验，可以清楚地发现作为监测者的意识对量子系统的干预与改变。在此基础上，薛定谔提出了他对意识的系统认识。概而言之，主要有以下几点：

第一，世界是我们的感觉、知觉和记忆共同的产物，如果摒弃人的主观意识寻求一个真正不依赖于意识而存在的客观世界，你会发现世界是"无色、冰冷、无声"的世界，因为颜色与声音、冷与热是意识的产物。[60]以此推论，世界的大小、高低、远近以及所有外在的形态也将混沌不清，因为它们也都依赖意识生成。

第二，每个人的世界都是自己意识的产物，但每个人的世界都相同吗？是否有一个与我们每个人的感知不同的真实世界？如果有，每个人对真实世界的感知是否一致？这个问题的答案就是所有意识或知觉的统一，它们的多重性只是表面现象，实质上只存在一种意识，即最高意识，其原理如同每个人都只具有单一意识一样，哪怕是人格分裂者，在同一时间内也只表现出单一人格。[61]

第三，存在和感觉是同一个世界，两者无法分开，它们间的屏障并没有因近代物理学实验的进展而坍塌，因为这个屏障并不存在。但是意识又有明显的双重性：一方面，它是外在世界的创造者，我们必须通过它进入我们所在的世界；另一方面，在我们经由它所进入的世界中，并没有它自身的存在空间，你也无法在任何地方看到它。对这一问题，薛定谔还特地举出了一个例子，他说："亲爱的女读者，请回忆当你带给孩子一件新玩具时，他向你传送的明亮愉快的目光，然后让物理学家告诉你，事实上没有任何光来自眼睛。眼睛惟一可被客观探测到的功能是不断被光照射并接受光量子。这是一个奇怪的现实！其间似乎缺少了什么。"[62]其间似乎缺少的当然就是人的意识。

第四，意识是即时的存在，即意识总是处在现在。对意识来说，没有曾经和将来，只有包括记忆和期望在内的现在。鉴于时间的反向运动可能存在，意识不会被时间摧毁，因而是一种永恒。[63]

随后不久，英国物理学家罗杰·彭罗斯在量子理论进一步发展的基础上，建构了意识活动的微观理论，主要观点如下：

第一，意识由三部分构成。一是消极性表现，包括对颜色、和谐的感知，记忆的应用等；二是积极性表现，包括自由意愿以及自由意愿驱使下的活动等；三是理解力。

理解力是人工智能无法仿制的一种纯意识行为，不具备可计算性。比如，功能强大的计算机可以是一个很好的棋手，但它的一切选择都在设定的程序内，它自身不具备理解力。又如，没有一个计算规则系统可以描述自然数的特征，但是，你只要给孩子们看一下不同数量的物体，他们很快就会从中抽象出自然数的概念。因此，非计算性应该是所有意识的特征。[64]

第二，意识的非计算性特性由量子引力的运动所致，非计算性是量子引力中的重要特征，神经细胞中被称为微管蛋白的蛋白质构成的微小管状物是基本平台，在微管内部存在着某种大规模的量子耦合活动，这种活动具备量子非定域性效应，亦即量子纠缠效应。对于这种效应在量子力学里出现，不能用事物之间完全分离的方式理解，要理解为正在发生某种全球活动。[65]

第三，意识是全球性的事物，因此，任何反映意识的物理过程也将具备基本的全球性特征。[66]

将量子学说的意识论同前篇恩格斯对存在与意识关系的表述相比较，不难发现，两者不但并不矛盾，而且还互为补充。恩格斯从物质与精神的宏观关系中把握意识的本质；量子学说的意识论是从个体与微观的视角把握意识的本质。这一视角只限于意识存在期间每一个具体的人的意识感受。在这一视角下，世界就是每个人不同的意识的产物，不存在所谓的客观世界。但这一核心论断好像又回到了历史中，《华严经》即言："一花一世界，一叶一菩提。"叔本华曾具体阐释了"他"与世界表象的关系："他不认识什么太阳，什么地球，而永远只是眼睛，是眼睛看见太阳；永远只是手，是手感触着地球；就会明白围绕着他的这世界只是作为表象而存在着的；也就是说这世界的存在完全只是就它对一个其他事物的，一个进行'表象者'的关系来说的。"[67]

那么，恩格斯的存在论与量子学说以及叔本华的意识论孰是孰非呢？无是无非。从抽象于自然与人类的视角出发，恩格斯是正确的；从人类以及一切生命体的视角出发，量子学说与叔本华也是正确的。

九、我是谁

我是谁？就人类的常识而言，根本不成问题，我就是我，一个能思考的高级智慧生命。但为什么这却是哲学史上最为持久的不解之问呢？根源在于我们下意识感觉到的我和冷静下来认真感知到的我并非同一概念。前者范畴中的我当然是身心合一的高级生命，但冷静下来认真感知后，又可发现，我其实只是一个十分有限的精神存在，这个"我"在于身体之中，在于世界之中，也在于自我认知之中，但又不在身体之中，不在世界之中，也不在自我认知中，是无影无踪的一种自觉，就像一个小小的生灵，在跳动，在思考。

从这个小小生灵的角度，人们会发现，虽然我必然地在于我的身体之中，但绝非合二为一，更非此彼相代。身体只是我与生俱来的机器或工具，它的生死由来我说了不算，它的配置功能我说了不算，它的运转系统我同样说了不算。我说了算的只是对它一小部分工具的使用，比如，借用五官接收外界信息，使用大脑的一部分进行理解与思考，利用四肢完成一些动作行为，等等。

身体自身就是一个独立的生命运行系统，根本不受"我"的控制，比如，身体内部各器官的运转，完全由自主神经系统控制，从心脏跳动，到血液流动、胃肠动力、唾液汗液分泌等，都由交感系统与副交感系统控制（图1-12）。[68]即使大脑的运行与工作也完全不受制于我，而是拥有独立的工作系统与运行机制。

相反，我对我的身体的使用反倒受到种种约束与限制，有时甚至会成为"他"的提线木偶。比如，从我在孕育中开始，基因开关就为我设置了数理软件、语言感知软件以及一系列思维工具，我在未来一生中职业的选择、命运的路程都与之密切相关；又如，我在自我感知中所谋求的幸福、遭受的痛苦以及种种的心情与感受，都必须经由"他"的神经生理系统方可成立，而且，"他"还会把本不为我所感知，只是"他"神经生理系统运行中的一些错漏转嫁到我的感知中，使我产生莫名其妙的幸福或痛苦感。"他"系统中多巴胺或5-羟色胺值的一点小小的波动，就会

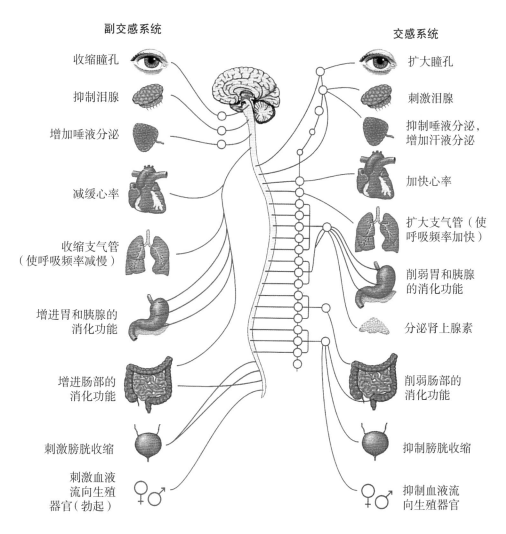

图 1-12 交感神经示意图

在我这儿形成巨大反响。

在我对"他"的器官工具的借用上，也并非尽如人意，常常会因神经短路、阻隔让我无可奈何；更常常会有一次又一次的"下意识"，实则是"他"越过我而直接指使本该由我使用的器官做出行动；还有一些行为，看似是我的指令，实则是"他"的反应，而我只是补充上一个理由而已。

　　从这个小小生灵的角度，人们还会发现，我所在的世界只给我打开了一扇小小的门缝，让我能感知到其中的一部分，绝大部分地带已被屏蔽，并不对我开放。即使我能感知的世界，也经由为我提前设定的器官功能进行了充分的扭曲与异化，并非世界本体。如果没有我的感知，真实的物质世界或许就是一种无色无味、无大无小、无冷无热的存在，就如同我所无法感知的反物质世界那样。

　　从这个小小生灵的角度，人们又会发现，即便对于我们自身的认知，也被设置了若干干扰，让我无法真正地认识自己。比如，由生到死的历程中，必定有海量记忆存储，这些记忆是我确定自我存在的最为重要的参考。人们已经知道，若失去了记忆，也就失去了自我，但很少有人关心，若能让你回顾的只是被编辑甚至篡改过的记忆，会是一个什么样的自我。不论何时，当你重拣记忆时就会发现，幼时的记忆荡然无存，此后的记忆也只是片段，错乱的记忆时而出现，让你无法认识自己的存在。

　　又如，在人们对自身的感知中，自我认知系统与他人认知系统存在明显偏差，自我认知系统回避死亡与灾难，有明显的乐观偏差，不仅使我意识不到将要到来的死亡，还把自我感觉不断美化、拔高，让我充满自恋。如此，我不可能对自我有客观真实的认识。

　　既如此，这小小的生灵究竟是什么？是灵魂吗？当然不是，他有感觉力与理解力，可以驱动部分大脑与部分器官为其所用，是一种实在。是人吗？当然也不是，作为人的身体他说了并不算，只是人的一个有限的使用者，人是相对完整、独立的生命系统。那么，我是谁？彭罗斯给出了量子力学的答案，将具有意识的我与我的意识还原为一种量子力学现象，并认为我是全球性量子事件的一部分或者全部。判断其正确与否，为时尚早。

注释：

［1］参见（美）葛詹尼加（Gazzaniga，M.S.）等著，周晓林、高定国等译：《认知神经科学：关于心智的生物学》，中国轻工业出版社，2011，第319页。

［2］（美）葛詹尼加（Gazzaniga，M.S.）等著，周晓林、高定国等译：《认知神经科学：关于心智的生物学》，中国轻工业出版社，2011，第320页。

［3］参见（美）葛詹尼加（Gazzaniga，M.S.）等著，周晓林、高定国等译：《认知神经科学：关于心智的生物学》，中国轻工业出版社，2011，第323页。

［4］参见（美）葛詹尼加（Gazzaniga，M.S.）等著，周晓林、高定国等译：《认知神经科学：关于心智的生物学》，中国轻工业出版社，2011，第321页。

［5］参见（美）迈克尔·加扎尼加著，闾佳译：《谁说了算？：自由意志的心理学解读》，浙江人民出版社，2013，第39页。

［6］王密、耿海燕：《从关联性记忆错觉的毕生发展看记忆的适应性特质》，《科学通报》2010年第4～5期。

［7］（美）葛詹尼加（Gazzaniga，M.S.）等著，周晓林、高定国等译：《认知神经科学：关于心智的生物学》，中国轻工业出版社，2011，第291页。

［8］参见（美）葛詹尼加（Gazzaniga，M.S.）等著，周晓林、高定国等译：《认知神经科学：关于心智的生物学》，中国轻工业出版社，2011，第312页。

［9］参见（美）葛詹尼加（Gazzaniga，M.S.）等著，周晓林、高定国等译：《认知神经科学：关于心智的生物学》，中国轻工业出版社，2011，第307页。

［10］参见杜建政：《记忆错觉研究综述》，《心理科学》2000年第1期。

［11］参见（古希腊）伊壁鸠鲁、（古罗马）卢克来修著，包利民等译：
《自然与快乐：伊壁鸠鲁的哲学》，中国社会科学出版社，2004，
第39页。

［12］李晓东编著：《哲学是这样走来的：你应该知道的哲学史上50个经
典命题》，京华出版社，2007，第175～176页。

［13］王先谦：《庄子集解·秋水》，中华书局，2012，第148页。

［14］图文均参见胡海岚：《难治也有治——记快速抗抑郁脑机制研究》，
《前沿科学》2019年第1期；张旭：《引领未来抑郁症研究和药物
开发》，《前沿科学》2019年第1期。

［15］参见黄有光：《宇宙是怎样来的？》，复旦大学出版社，2011，第
108～111页。

［16］郑也夫：《阅读生物学札记》，中国青年出版社，2004，第58～
59页。

［17］包利民：《挑战神经自然主义：从"本体论自杀"反思其价值预设》，
《复旦学报（社会科学版）》2014年第6期。

［18］伊恩·桑普尔：《大脑如何让我们逃避人终有一死的真相》，https：
//baijiahao.baidu.com/s?id=1684839412934360349&wfr=spider&for=
pc，2020-12-01。

［19］滕召军、刘衍玲、刘勇等：《乐观偏差的认知神经机制》，《心理
科学进展》2014年第1期。

［20］参见（美）葛詹尼加（Gazzaniga，M.S.）等著，周晓林、高定国
等译：《认知神经科学：关于心智的生物学》，中国轻工业出版
社，2011，第525～527页。

［21］焦循：《孟子正义》，中华书局，1987，第233页。

［22］王先谦：《荀子集解》，中华书局，1988，第434页。

［23］（美）保罗·布卢姆著，青涂译：《善恶之源》，浙江人民出版
社，2015，第52页。

［24］（美）保罗·布卢姆著，青涂译：《善恶之源》，浙江人民出版

社，2015，"引言"第8页。

［25］李家莲：《论斯洛特道德情感理论中的"先天"》，《伦理学研究》
2018年第6期。

［26］参见王荣麟：《道德是天生的吗？——乔依斯"道德先天论"辨析》，
《复旦学报（社会科学版）》2014年第2期。

［27］参见（美）保罗·布卢姆著，青涂译：《善恶之源》，浙江人民出
版社，2015，第158～159页。

［28］参见（美）迈克尔·加扎尼加著，闾佳译：《谁说了算？：自由意
志的心理学解读》，浙江人民出版社，2013，第158页。

［29］（美）保罗·布卢姆著，青涂译：《善恶之源》，浙江人民出版
社，2015，第3页。

［30］（美）保罗·布卢姆著，青涂译：《善恶之源》，浙江人民出版
社，2015，第8页。

［31］（美）保罗·布卢姆著，青涂译：《善恶之源》，浙江人民出版
社，2015，第38～39页。

［32］（美）迈克尔·加扎尼加著，闾佳译：《谁说了算？：自由意志的
心理学解读》，浙江人民出版社，2013，第151页。

［33］图参见（美）葛詹尼加（Gazzaniga, M.S.）等著，周晓林、高定
国等译：《认知神经科学：关于心智的生物学》，中国轻工业出版
社，2011，第521页。

［34］参见Le Fanu, *Why Us?*，（New?York：Random House，2010），
p.199。

［35］参见（美）迈克尔·加扎尼加著，闾佳译：《谁说了算？：自由意
志的心理学解读》，浙江人民出版社，2013，第73页。

［36］参见（英）比尔·布莱森著，闾佳译：《人体简史》，文汇出版
社，2020，第54页。

［37］参见杨雄里、肖晓：《探索脑的奥秘》，上海科技教育出版社，2021，
第54页。

［38］陈志坚编著：《哲学简史》（欧洲卷），线装书局，2006，第33页。

［39］（英）乔治·贝克莱著，关文运译：《人类知识原理》，商务印书馆，1973，第20～22页。

［40］王守仁：《王阳明全集》，上海古籍出版社，1992，第124页。

［41］北京大学哲学系外国哲学史教研室编译：《西方哲学原著选读》（上卷），商务印书馆，1981，第75页。

［42］北京大学哲学系外国哲学史教研室编译：《西方哲学原著选读》（上卷），商务印书馆，1981，第369页。

［43］谭鑫田等主编：《西方哲学词典》，山东人民出版社，1992，第259页。

［44］惠能：《六祖坛经》，岳麓书社，2016，第26页。

［45］（德）叔本华著，石冲白译：《作为意志和表象的世界》，商务印书馆，1982，第25页。

［46］（德）叔本华著，石冲白译：《作为意志和表象的世界》，商务印书馆，1982，第27页。

［47］王先谦：《庄子集解·齐物论》，中华书局，2012，第19页。

［48］王先谦：《庄子集解·逍遥游》，中华书局，2012，第4页。

［49］中共中央马克思恩格斯列宁斯大林著作编译局编译：《马克思恩格斯选集》（第三卷），人民出版社，2012，第864页。

［50］参见Samuels, Richard, "Nativism in Cognitive Science, " Mind& Language, No.17（2002）: 233–265。

［51］参见Block, N., "Introduction: What Is Innateness?, " Readings in the Philosophy of Psychology, Volume 2, ed. Ned Block（London: Methuen, 1981）, pp.279–281。

［52］参见顾璟、李平：《先天性的原初论》，《自然辩证法通讯》2015年第6期；张博、葛鲁嘉：《具身认知的两种取向及研究新进路：表征的视角》，《河南社会科学》2015年第3期。

［53］参见吴朝阳：《天生的数学能力》，《中国科学教育》2017年第10期。

［54］顾向明：《天赋假说：乔姆斯基的语言能力观》，《湖北第二师范学院学报》2017年第3期。

［55］顾向明：《天赋假说：乔姆斯基的语言能力观》，《湖北第二师范学院学报》2017年第3期。

［56］参见（美）葛詹尼加（Gazzaniga, M.S.）等著，周晓林、高定国等译：《认知神经科学：关于心智的生物学》，中国轻工业出版社，2011，第288页。

［57］参见（美）葛詹尼加（Gazzaniga, M.S.）等著，周晓林、高定国等译：《认知神经科学：关于心智的生物学》，中国轻工业出版社，2011，第525页。

［58］参见（英）布莱恩·克莱格著，张千会、杨桓、唐禾等译：《量子时代》，重庆出版社，2019，第4～5页。

［59］参见（英）布莱恩·克莱格著，张千会、杨桓、唐禾等译：《量子时代》，重庆出版社，2019，第15～16页。

［60］参见（奥）埃尔温·薛定谔著，罗来鸥、罗辽复译：《生命是什么》，湖南科学技术出版社，2007，第93页、第119页。

［61］参见（奥）埃尔温·薛定谔著，罗来鸥、罗辽复译：《生命是什么》，湖南科学技术出版社，2007，第129～132页。

［62］（奥）埃尔温·薛定谔著，罗来鸥、罗辽复译：《生命是什么》，湖南科学技术出版社，2007，第123～124页。

［63］参见（奥）埃尔温·薛定谔著，罗来鸥、罗辽复译：《生命是什么》，湖南科学技术出版社，2007，第136页、154～157页。

［64］参见（英）罗杰·彭罗斯等著，李宁、林子龙译：《宇宙、量子和人脑》，中国对外翻译出版公司，1999，第92页、第95～96页、第107～109页。

［65］参见（英）罗杰·彭罗斯等著，李宁、林子龙译：《宇宙、量子和人脑》，中国对外翻译出版公司，1999，第121～124页。

［66］参见（英）罗杰·彭罗斯等著，李宁、林子龙译：《宇宙、量子和

人脑》，中国对外翻译出版公司，1999，第124页。

［67］（德）叔本华著，石冲白译：《作为意志和表象的世界》，商务印书馆，1982，第25页。

［68］参见（美）葛詹尼加（Gazzaniga，M.S.）等著，周晓林、高定国等译：《认知神经科学：关于心智的生物学》，中国轻工业出版社，2011，第75页。

贰

生命是什么

生命是什么？迄今并无准确答案。人们只是知道，所有生命同根同源，都可以分解为碳、氮、氧、氢、钙等化学元素，而且构成之比例也极为相似，如苜蓿与人在化学元素构成比例上便有99.96%的相似度；人们也知道，若再分解下去，所有生命体又与天体万物一样，是由原子乃至各种夸克组成的，并无半点差别；最近的分子生物学研究又告诉人们：所有生命拥有着相当一部分共同基因传承，它们其实是基因的载体，是基因意志的外在表现。

一、生命世界的构成与演进

生命世界虽然在地球形成20亿年左右才开始显现，但迄今为止，已形成了一个十分庞大、复杂的世界体系。依常规划分，可以分为古细菌界、真细菌界、原生生物界、真菌界、植物界和动物界。另外，还有对其是否为生命体尚无定性的病毒。

古细菌界包括产甲烷细菌、极端嗜热细菌、极端嗜盐细菌等，从极端高温、高压环境到动物消化道内都有分布；真细菌界包括真细菌、蓝藻、放线菌、支原体、衣原体等，几乎是一种无所不在的存在；原生生物界包括真核单细胞藻类、黏菌和原生动物，计有3.5万多种，广泛分布于水体、土壤以及生物体内部。

上述三界的共同点就是它们都是单细胞生命体，历史古老而久远。根据其内在结构，又可分为两类：古细菌与真细菌为一类，均属原核生物。它们没有细胞核，也没有其他细胞结构，迄今为止，依然是地球上种类和数量最为庞大的生命存在。原生生物属于真核生物，具有细胞核与线粒体，也具有完整的细胞器结构。它们既不属于动物，又不属于植物，也不同于真菌，但又具有三者的某些特性，游离于这三界之中。

真菌界、植物界与动物界都属于真核生物，三者间的根本区别是生存方式的不同。真菌的生存方式是分解，即通过分解其他生物的残骸获得能量；植物的生存方式是自养，即通过光合作用合成有机物来满足自身对能量的需要；动物的生存方式是异养，即通过摄取外来食物获得能量。[1]

真菌界包括真菌与地衣两大门类，虫草、蘑菇、木耳、灵芝等均为真菌门，地衣门则依其外形分为壳状地衣、叶状地衣与枝状地衣。真菌的繁殖方式或有性或无性，以产生出的孢子为繁殖单位。

　　植物界包括低等植物与高等植物两大门类。低等植物主要由藻类组成，多为水生，无根、茎、叶分化，生殖器官由单细胞构成，在有性生殖过程中，不产生胚胎，而是直接萌生为新的植物体。高等植物主要由苔藓植物、蕨类植物、裸子植物和被子植物组成，多为陆生，有明确的根、茎、叶分化，生殖器官由多细胞组成，受精卵成胚胎后方可生长为植物体。

　　在高等植物中，被子植物是最成熟的植物形态，开花与结果是其突出特征，开花使授粉机遇增多，结果使胚胎受到良好保护。而且，被子植物还有其特有的双受精模式，胚胎可以获得双亲的遗传性养料，可增强生命活力。该类植物目前约有25万种，占整个植物界的半壁江山。

　　动物界种类繁多，可分为30多门，较为常见者有海绵动物门、腔肠动物门、扁形动物门、环节动物门、软体动物门、节肢动物门、棘皮动物门以及脊索动物门等。其根本特征是可以自由运动，细胞无细胞壁。其中，脊索动物是动物界最为成熟的动物形态，其根本特征有三：一是具有脊索以支持身体；二是具有背神经管；三是具有鳃裂，亦即咽部两侧与外界相通的裂孔，高级陆生动物只在胚胎时期有鳃裂。

　　脊索动物又分为尾索动物亚门、头索动物亚门和脊椎动物亚门。前两者均为海洋动物，种类较少；脊椎动物则广泛分布于海陆各处，阵容庞大。脊椎动物门下包括圆口纲、软骨鱼纲、硬骨鱼纲、两栖纲、爬行纲、鸟纲和哺乳纲。哺乳纲下的哺乳动物是进化程度最高的动物。

　　生命世界的概况已述于上，人们还需要了解的是，如此庞

大繁杂的生命世界不是一蹴而就的，而是经历了漫长的演进之
路（图2-1）[2]。对于这条演进之路，有四个重要路径是必须
关注的：

第一条路径是原始生命的生成之路。自46亿年前开始，地球

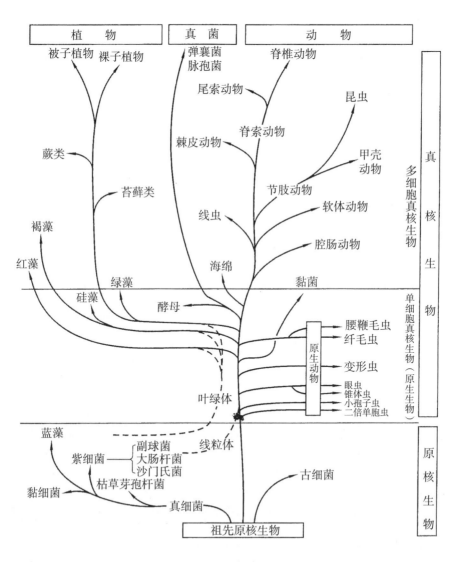

图 2-1　地球生命进化示意图

上的物理运动与化学运动便在剧烈动荡中延续，无机小分子逐渐生成有机小分子，有机小分子逐渐生成生物大分子，又形成多分子体系，有了蛋白质与核酸。至迟在距今38亿～35亿年前，出现了原始细胞生命。

第二条路径是单细胞生命的进化之路。自原始细胞生命出现到多细胞生命的产生，单细胞生命在地球的水体中孤独前行了30亿年左右，而且最初的十几亿年时间内，只有原核生物一个生命类型；到距今20亿年时，才出现了真核生物；在10亿～8亿年前，真核生物大量出现。

第三条路径是植物的演进之路。大约在9亿～7亿年前，海洋中出现了多细胞藻类，此后，藻类植物在海洋中繁盛了3亿年以上；自4亿多年前开始，植物登上陆地，进入蕨类植物时期；随后，又陆续出现了裸子植物与被子植物。

第四条路径是动物的演进之路。动物的出现晚于植物，大约在7亿～5亿年前出现了多细胞无脊椎动物；至4亿年前出现了最早的脊椎动物——鱼类；到5亿～3亿年前，海洋动物开始向陆地进军，形成了两栖类动物；随后又出现了爬行动物，自爬行动物又先后生成了鸟类与哺乳动物。[3]

以上寥寥勾画中，人们只能看到一个粗疏的生命世界，至于其内在结构以及演进规律，还需要以此为背景，继续探寻。

面对庞大而复杂的生命世界，人们往往无所适从，不知如何把握其内部构成。其实，有一个最简明的划分方式可以解决这一难题，即一分为二。现代生物学研究表明，生命世界中各生命体之间最大的差异不是人与各种动物的差异，不是动物与植物的差异，也不是各种动物、植物以及猴头、木耳等菌类间的差异，而是原核生物与真核生物间的差异，这一差异将生命世界划分为界限分明的两大阵营。

原核生物阵营仍保持着数十亿年前的体系与面貌，基本为单细胞菌类，广泛分布于地球各个区域，其所分布的区域之广是原生生物所无法企及的。据深海科考调查，深海海水中，就广泛分布着海洋底栖古菌群和海洋古菌群。它们中的相当一部分耐高温、高压，生存在洋底极端环境中，能够在85～122℃水温中生长，且对最低水温的要求不低于50℃。生活在大洋洋壳中的古菌群以无机自养代谢为主。据测算，这种代谢所形成的初级生产力与海洋沉积物中有机异养代谢的生产力相当。[4]

真核生物的最初形态也是单细胞菌类，经过10亿年左右的积累后，它启动了一次又一次的进化爆发，形成了一个丰富多彩的生命世界体系。从我们的人类，到各种陆生、水生动物，到一草一木，都在这个世界体系中。

但是，真核生物的起点在哪儿？它是如何出现的？一直未有确切结论。迄今为止，较为流行的结论是真细菌被古细菌吞食后，两者发生内共生关系，成为一个新的细胞共同体，真细菌演化为细胞内的线粒体和质体，由此逐步形成了一种全新的真核细胞。[5]

这种全新的真核细胞就是所有真核生命的起点，所有真核生命都是由此生发、演进而来的，从这个意义上可以说，整个真核生物体系是发自同一根基的统一的生命体。不管我们愿意承认，还是羞于承认，人类与所有动物、所有植物都来自同一个起点，在生物学意义上没有本质区别。

真核生命世界的整体性在迅速发展的基因工程中得到了很好验证。基因工程研究表明，从人类到细菌有着共同的基因传承，从基因序列到蛋白编码，共性随处可见。当然，在进化过程中，基因的差异也不可避免。分子生物学根据基因的共性与差异关系，构建起真核生命世界的基因图谱（图2-2）[6]。从这张图可以看出，在基因序列上，人类虽然与玉米、水稻等植物同出一源，但早早便各奔东西，分处两个侧枝；人类与鱼类、蚊蝇类共处一个侧枝，其中，与鱼类共属一类的时间更久。

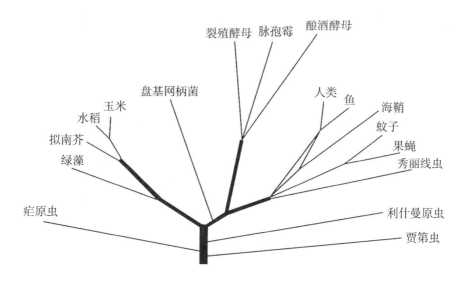

图 2-2　真核生命世界的基因图谱

　　动物世界胚胎的发育过程也重复了各种动物的共祖关系以及它们演进的历程。以鱼类，两栖类的蝾螈、龟，禽类的鸡，哺乳类的猪与人为例，上述生命的最早形态都是一枚受精卵，这其实与高等植物的种子胚胎是一致的。在发育过程中，它们都经历了相当一个时段的共同模式，至"种系特征"发育阶段后，开始体现脊椎动物的特征，都出现了鳃裂、尾巴，大大的头部，弯曲的身体。至此时为止，仅凭肉眼无法判断鱼类、两栖类胚胎与猪、人、鸡胚胎的区别。在随后的生长阶段中，才可逐渐分辨出各自

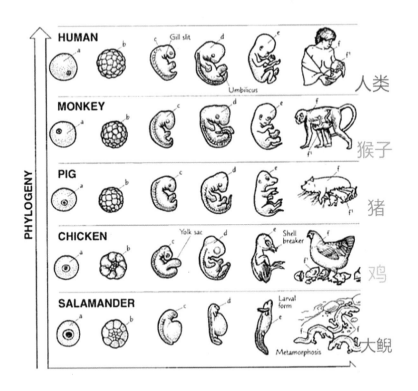

图 2-3　部分动物胚胎示意图

的差别（图2-3）。[7]

　　其实，演化过程不仅体现在胚胎的外在形态上，还体现在胚胎的内部，整个胚胎进行着生命进程的由内及外的真正的演化。比如，鸡的胚胎在生长过程中会先后出现三种不同的排泄物，即氨、尿素和尿酸。这三种物质恰恰分别是鱼类、两栖类和爬行类的排泄物，表明鸡的胚胎在生长过程中，重复了其由来的路径。

　　又如，在人的胚胎发育过程中，肾脏的变化路径与鸡胚胎的十分类似。在胚胎形成的前期，有三种形态不同的肾脏先后出现：第一种是类似于无颌鱼的肾脏，这种肾脏纵贯全身，将废物通过血液分离，排入体腔后由尾部泄出；第二种是类似硬骨鱼的肾脏，这种肾脏是一个纵贯背部的管路系统，自身具有一定的处理、排泄废物的能力；第三种是与其他哺乳动物的肾脏相似的肾脏，这种肾脏只是下腹部的一个具体器官，在胚胎发育3个月左右时形成。这一过程实际重复了人类祖先从无颌鱼到硬骨鱼到哺乳类动物的演进过程。

由上述可以清楚地看到，人类只是真核生命之树树冠中的一片小小的树叶，人们不仅与各种哺乳动物同源，而且也与海中的鱼类、空中的飞禽拥有同一祖先；人们不仅与苍蝇、蚊虫来自同一祖源，还与万千植物有着共同的根系。不管人类拥有多么强大的对世界的主宰力、对各个生命同类的操控力，人类都只是这个生命世界中的一员，并非另类，更非高高在上的存在。

上述简单的叙述只能让我们明白这样一个简单的道理，在人类所在的生命世界的演进中，还有更多的问题需要探索。

比如，上述对生命之树的叙述立足于传统的垂直基因传递学说，由此得出三域生命树与二域生命树的模型。但近年来的基因研究进展又发掘出水平基因转移的机制。基于此，可以构建网状的全域生命树（图2-4）。[8]随之而来的问题就是人类身在其中的这棵生命之树，是否存在完整统一的生命机制，亦即它是不是一个完整的生命体？近代以来，对各类生命形态间外在关系的研究已很丰富，但多是从生态环境的角度讨论其外在的依存与共

图 2-4　生命树有关理论示意图

生，对其内部机制缺少深入的研究。

又如，为什么在生命演进史上只有过一次跨物种的伟大交融，即古细菌与真细菌的交融？两者交融后形成的真核世界永远处在分离之中，在各种生命形态极大丰富的同时，原始基因被不断稀释，各种属之间的生殖隔离几成铁律，不同种属间无从交融，基因稀释又是演化的必然，这种生命不归路的设计者究竟是谁？

再如，每一种脊椎动物的胚胎成长为什么都要重复其种属的进化路径？意义何在？是不是每一个个体胚胎在人类所感知的数月时光中已经经历了微观世界亿万年的演化历史，而且是活生生的生命历史？

还如，什么是进化？物竞天择的进化能改变生命体外在的性状，能改变其内在规定吗？蝙蝠飞在空中，终究不是鸟类，仍然是哺乳动物；鲸鱼游弋在海中，也成为不了鱼类，也仍然是哺乳动物。鲸鱼本是掠食性哺乳动物——中兽，经过游走鲸、原鲸的演化，终于成为海洋霸主，但其内在机理与基因结构并未发生根本改变（图2-5）。[9]

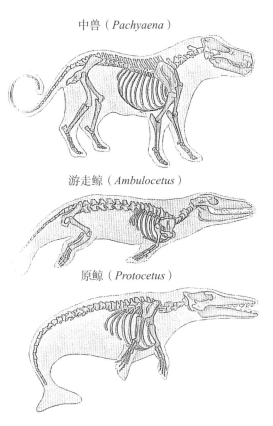

中兽（*Pachyaena*）

游走鲸（*Ambulocetus*）

原鲸（*Protocetus*）

图2-5　鲸鱼演化示意图

　　如是等等，问题的答案或许难以找到，但是，由这些问题，可以探索通向终极目标之路。

　　二、生命的运行机制

　　生命世界纷杂多样，生命运行机制也千差万别，但其基本原则是一致的，都是由工作系统、内环境平衡系统与免疫系统组成的。以高级生命形态的人类为例，可以清楚地把握上述三大系统共同构建的生命运行机制。

　　工作系统是维持生命运行、实现生命主体外在需求的系统，主要由皮肤系统、运动系统、消化系统、循环系统、呼吸系统、泌尿系统、神经系统、生殖系统以及内分泌系统等器官系统承担。每个系统都由一系列器官组成，各器官分工明确，密切衔接，规则有序地各自运行着。以呼吸系统为例，该系统由鼻腔、气管与支气管和肺三部分组成，前两者为导管，呼吸功能的实现由肺完成，主要作用是吸入氧气，呼出二氧化碳。当吸入的氧气到达肺泡后，肺内的氧气分压高，氧气会进入血液与血红蛋白结合生成氧合血红蛋白，由血液向全身输送；若身体组织内的二氧化碳分压值高于氧气，二氧化碳会与血液中的血红蛋白结合生成氨基甲酸血红蛋白，经由肺泡中的毛细血管时，会分解释放出二氧化碳，由肺呼出。如此循环往复，保障着身体内部的氧气需求，排出废弃的二氧化碳。

　　内平衡系统是维持生命体内各种环境平衡稳定的系统。生命体内部属于相对密封的负压系统，其内在环境的稳定与平衡直接影响着生命的运行机制。该系统工作的承担者主要是神经系统与内分泌系统两大器官系统。其工作目标是保障体内的温度平衡，理化因素平衡（如酸碱平衡、血钙平衡），蛋白质、糖与脂质的代谢平衡，等等。其工作原理是神经系统主导下的激素作用。当体内出现不平衡状况后，会通过神经系统将信息上传至下丘脑；作为内分泌系统的总管，下丘脑会向下垂体发出指令；下垂体生成激素后，会经血液系统到达相关的内分泌腺；内分泌腺生成富含激素的体液，仍经血液系统抵达相关器官或组织部位，刺激其进行调节（图2-6）。

以体温的调节为例，人为恒温动物，体温通过自身调节，常年保持在一个恒定的水平。当天气寒冷时，身体会将冷刺激信号上传至下丘脑，下丘脑形成促甲状腺释放素，促甲状腺释放素会刺激脑垂体生成甲状腺素，

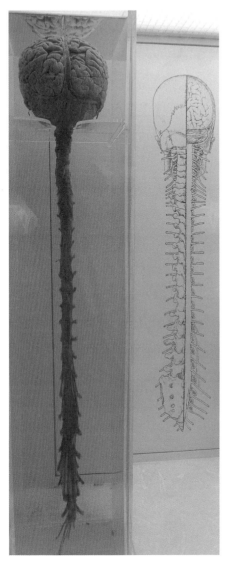

图2-6　人的神经系统（大英自然博物馆藏）

甲状腺素随血液进入肝脏等，使糖与脂质氧化分解速度加快，提升身体内的热量；同样，当天气炎热时，便会形成反向调节机制，产生出汗、喘息等反应，加速体温下降。

中医理论所阐发的经络体系对身体中"气"的运行与调整，也是属于对内平衡系统的一种调整。

免疫系统是生命体的自我防护系统，主要由外在理化防护和内部生化防护两个子系统构成，前者包括皮肤、黏膜以及皮肤与黏膜的分泌物，后者包括先天性免疫体系与后天性免疫体系两个部分。

外在理化防护中，皮肤、黏膜是阻挡细菌与病毒入侵的物理屏障，皮肤腺体所分泌的脂质和酸性物质，以及身体表层所出现的汗水、乳汁、泪水和唾液中的溶菌酶，对于细菌与微生物都有重要的抑制与杀伤功效。

内部生化防护主要由各种免疫细胞完成。免疫细胞种类繁多，主要有吞噬细胞与淋巴细胞两大类，吞噬细胞中有专职吞噬细胞和巨噬细胞，淋巴细胞有T淋巴细胞、B淋巴细胞、抗原呈递细胞、NK细胞等。

各种免疫细胞工作方式各有特色，比如，吞噬细胞、NK细胞与巨噬细胞都具有先天性的识别入侵者的能力，发现入侵者后，吞噬细胞会吞入微生物并将其粉碎、消化，NK细胞重点是进攻被病毒感染的细胞并消灭之，巨噬细胞可以捕捉吞噬几乎所有的外来细菌与病毒。这一系列工作模式构建起先天性免疫体系。

巨噬细胞保留了较多的低等单细胞动物的特征，特别是其吞食能力。在吞食细菌与病毒之后，它将其大部分在自身降解，一些未能降解的抗原分子经其加工后形成抗原呈递细胞，这些细胞被提供给T淋巴细胞，T淋巴细胞接收其抗原后，迅速增殖产生细胞毒性T淋巴细胞，其中会分泌一种蛋白质，称穿孔素，可以有效识别并击杀被入侵的细胞与进入其中的细菌或病毒。

T淋巴细胞在接收巨噬细胞移交的抗原后的增殖过程中，会同时生成记忆细胞，当再次遭遇外来侵入时，会直接识别并灭杀之，由此，形成了后天性免疫体系。

上述生命的运行机制只是举例言之，可以说是简而又简。由此产生的问题是，在生命运行过程中谁是主导者？即使在人类自身的生命运行中，"自主"的我好像置身事外，毫无意义，难道如此有序的生命运行就是这么自然而然地随意进行的吗？如果不是，如果找不到它的主人，是否应当找一下它的设计者？你或许可以将其归之为自然进化，但这毕竟不是最终答案，人们可以再问下去：自然进化又是谁来主导的呢？可以答曰："大自然、自然规律。"如果再问下去呢？

三、生命体的能量系统

生命体的根本特征是与外界的交换，能量是交换的动力与成果，因而能量系统是生命体至关重要的组成部分。在能量系统中，能量生成是最为重要的环节，其中光合作用是生命界诸能量生成的基础所在。

光合作用是太阳光在植物上所发生的化合反应，植物中的叶绿体是光合作用的厂房，在这座厂房中，有三条彼此相关的生产线：一条是水解生产线，通过阳光对水的分解，产生出氧气和还原型物质NADPH，与之同时，光能也转化为ATP（三磷酸腺苷）中的化学能；另一条是葡萄糖生产线，在ATP驱动下，NADPH可以将二氧化碳还原合成葡萄糖；再一条是能量储存线，在葡萄糖生产过程中，ATP与NADPH中活跃的化学能会同时转化为稳定的化学能，储存在葡萄糖的化学键中。

生命体中所有有机物质都直接或间接地来自葡萄糖，而细胞之活力与动力也是如此。没有光合作用，便没有植物，没有植物便没有各种动物赖以生存的氧气，也没有各种食草动物生存的前提，自然也不会有肉食与杂食动物的存在。

　　除了光合作用，生命体能量系统中最为关键的就是能量交换体系，亦即生命体与自然界的能量交换系统与功效。

　　在能量交换系统中，不同物种的交换方式各不相同，我们只以高等植物与高等动物为例言之。

　　高等植物与外界的交换物主要是水、矿物质和二氧化碳，对前两者的吸收基本通过根系进行，运送则通过植物体内的蒸腾机制实现。植物根部存在根压，地面部分则因叶片水蒸气的散发形成蒸腾拉力，在根压与蒸腾拉力的共同作用下，植物内部始终存在着自下而上的蒸腾流，带动水分与矿物质的流动。另外，二氧化碳存在于空气中，可以经由植物表层气孔被其吸收。

　　高等动物与外界的交换物主要是氧气、水和食物。对氧气的需求必须经由自主呼吸获得，对水和食物的获取则要经进食获得。进食之后，在消化系统经历一系列复杂有序的消化过程。

　　以食物为例，自食物进入口腔，消化便已启动，唾液中含有丰富的淀粉酶，可以对淀粉水解、糖化，当然只是部分数量与部分过程，对脂肪、蛋白与多数淀粉的消化均须在胃肠中进行。

　　胃液中的主要成分是盐酸和胃蛋白酶原等。盐酸主要负责胃内环境管理，比如，保持胃蛋白酶原活性所适宜的酸碱值、激活胃蛋白酶、抑制细菌活动与食物发酵等，还可以改变蛋白质的性状，便于胃蛋白酶对蛋白质的消化。胃蛋白酶的主要作用是将蛋白质分解为较小分子的肽片段，便于下一环节的消化。

　　小肠是主要的消化场所，分泌有胰液、肠液和胆汁。胰液中含有多种酶，分别消化不同的成分物。如，胰蛋白酶能将蛋白质水解，使其转化为低分子量多肽；胰脂酶可以将脂肪分解为甘油和脂肪酸；胰淀粉酶可以将淀粉与糖有效分解为麦芽糖。肠液中也富含多种酶，其中，糖酶中就有专门分解麦芽糖的麦芽糖酶、专门分解乳糖的乳糖酶以及专门分解蔗糖的蔗糖酶，其分解的最终成果都是葡萄糖。胆汁中富含胆汁酸盐，可以增加胰脂酶的活力，改变脂肪性状，促进脂肪的消化。

至小肠为止，消化过程告一段落。对各种已消化物质的吸收主要在小肠中进行。在已完成的消化工作中，对食物中的各种物质进行了有效分解后，小肠方可直接将营养吸收并传送至生命体各器官。如，糖类转化为以葡萄糖为主的各种单糖后，可以进入小肠毛细血管，通过腹静脉、肝脏、下腔静脉进入心脏；脂肪在分解为甘油与脂肪酸后，可以进入肠淋巴管，通过胸导管进入上腔静脉，进入心脏；蛋白质也需转化为氨基酸后，被毛细血管吸收，经门静脉进入肝脏，也有一部分可以经由淋巴系统进入血液循环。

消化物进入大肠后，部分水分与无机盐被其吸收，进入体内循环系统，其余部分则经由直肠、肛门排出体外，完成整个循环过程。

由生命的能量系统，可以发现生命世界的一些内在特性，简而言之：

首先，整个生命世界只有一个脆弱的支点，即叶绿体，这个小小的分子承载着整个生命世界的能量之本，若发生变异或其他任何一点变动，将会给生命世界带来灭顶之灾。

其次，生命世界中任何一个生命体的内在系统都是环环紧扣的，任何环节、任何组成部分都是必不可少的存在，整个生命世界也是如此，其中的机制与机理是人类所难以掌握的。20世纪90年代，美国雄心勃勃地打造了模拟地球生物圈的"生物圈2

号", 按照人类已知的生物圈生态循环系统进行全景模拟, 但仅仅一年多时间, 这个生物圈就成为死亡圈, 根本无法实现自身循环, 其中的原因值得深思。

再次, 整个生命世界是一个开放的有始有终的世界, 每一个生命体都是如此, 前后相通, 吐故纳新, 一切都在运行过程中, 不可能存在一个封闭、静止的生命世界。[10]

最后, 生命世界的法则永远是分解与合成, 不会是整体的移植、吸收与拼装, 这也是有机世界与无机世界的根本区别。

四、生命体的构成

讲到生命体的构成, 人们会毫不犹豫地回答, 生命体是由细胞构成的。是的, 这个答案不错, 但仅仅如此回答还很不够。生命科学研究已经表明, 生命体并非仅由细胞构成, 而是由细胞和微生物共同构成。以人体为例, 人体由60万亿个以上的细胞组成, 在这60万亿个以上的细胞中, 细菌细胞的比例高得出乎意料。美国国家人类基因组研究所埃里克·格林教授认为, 人体内每一个细胞都寄存着10个细菌细胞, 其重量总和占人体总重量的1%~3%。[11]值得注意的是, 人体细胞的85%为红细胞。这种充斥在血液中的细胞没有细胞核与线粒体, 从严格意义上讲, 并非细胞。基于此, 诺贝尔生理学或医学奖获得者莱德伯格在2000年提出了人体是超级生物体的概念。他提出, 我们的身体中90%的细胞是与我们共生的微生物细胞, 这些微生物基因组的总和被称为人体微生物组。[12]

若是从生物基因组的角度出发, 对此会有更多新发现。据研究, 人体的几乎所有部位都生存着数量不等的细菌群落, 其中以肠道最为集中，生存着1000种以上的细菌种群，细胞总量高达10^{14}个。这些细菌种群有着丰富的基因编码，存在着300万个以上的不同基因，这是人自身基因组编码基因数量的100倍。[13] 如果从基因数量看，人只有1%的自己，99%是"他者"。

更为重要的是，细菌与人类自身并非各不相扰，而是互相依存，互相影响。比如，细菌所产生的酶是人类自身所产生酶的500倍以上，细菌以此帮助人类分解食物，提供了大约10%的热量。它们也在这一过程中得到自己所需要的营养物质。又如，肠道细菌依赖人体无法消化的食物成分以及肠道表皮产生的黏液与表皮细胞而生存，肠道细菌在代谢过程中产生的许多具有生物活性的物质也会被人体吸收，并进入血液。研究表明，我们血液中大约1/3的小分子化合物是肠道细菌的代谢产物。一些细菌代谢物对于人体是有益的，具有抗炎、镇痛、抗氧化或者加强肠屏障功能的作用；也有一些细菌代谢物具有细胞毒性、遗传毒性或者免疫毒性，这些毒素可能在抑郁症、癌症或糖尿病的发生发展中起到作用。人体摄入的任何物质，包括食物和药物成分，都由人体和肠道微生物共同代谢和转化，所以肠道菌群可以影响人体的健康。[14]

基于此，生物学界认为，"人体生态环境中共生着数量庞大的微生物群落，包括数千种微生物，10万～100万亿个微生物细胞，是人体躯体和生殖细胞总和的10倍；并含有2千万个独特的微生物基因，基因数量超过人体基因数量100倍。此外，微生物提供了人类进化所不具有的特殊代谢特性，微生物组的变异潜能远大于人体组织。因此，人体共生菌群被誉为人体第二基因组，而如果把人体和人体共生的微生物视为一个在基因构成和代谢功能上的混合体，这个混合体则称为

'超生物体（superorganism）'"[15]。也就是说，人类其实是两个基因组的共同产物，是自身基因组与人体中微生物基因组的结合。

当然，人体微生物中并不仅仅是细菌，还有真菌、变形虫、藻类以及一些原生动物，还有可以产生甲烷气体的古生菌。此外，大量的病毒也寄生于人体体内，与人体细胞、各种微生物细胞发生着密切的寄生性接触。据研究，在人体中寄生的病毒主要集中在肺部和肠道，仅生活在肠道中的病毒就拥有14万种完整基因组。

在上述细胞层面的观察中，我们可以清楚地看到人类与各种微生物的生命共同体关系，既有区别，又彼此融合，这也是所有生命体的结构特性。

如果再向下一个尺度，从化合物的层面观察生命体的结构，便会发现其内在的统一性远大于差异性。

从化合物视角出发可以看到，人体是由两大类化合物组成的，即有机物与无机物。有机物包括糖类化合物、脂类化合物以及蛋白质、核酸等；无机物包括水与各种无机盐化合物。

糖类是最为重要的有机化合物之一，在植物体中，可占其干重的85%～90%；在菌类微生物中，可占其干重的10%～30%；在人与动物体中，可占其干重的2%以内。糖类在生命体中的主要功能是提供能量和组织结构材料，比如植物所需的纤维素、动物结缔组织以及软骨滑液的材料等。

脂类是细胞构成的重要成分，也是细胞中的能量储备，主要集中在植物种子和动物脂肪组织、肝脏、大脑中。脂类中的磷脂和糖脂是组建细胞内生物膜脂双层结构的基本材料；脂类可以直接参与生物体的代谢，可以促进脂溶性物质的吸收，如维生素A、D、E、K以及胡萝卜素等。另外，脂类又是生命体重要的能源提供者，同等质量的脂类能量较之蛋白质与糖类高出一倍以上。

蛋白质是多种氨基酸聚合而成的生物大分子，含有碳、氢、氧、氮、硫、磷、铁等多种元素。蛋白质是所有生命的物质基础，从各种菌类、植物到动物，其结构材料的主体都是蛋白质，病毒也要在寄生细胞内蛋白质的作用下才可生存。蛋白质还是所有生命组织功能和代谢活动的承担者，若没有蛋白质，所有生命活动都无法进行。

核酸也是生命体中极为重要的生物大分子，分为脱氧核糖核酸（DNA）和核糖核酸（RNA）。核酸通过在遗传中的作用决定着每一个个体生命的特性，每一个个体生命都拥有不同的核酸结构，所以生命世界中没有两个完全相同的生命体。核酸作为遗传物质与蛋白质密不可分。比如，DNA控制着蛋白质的合成，决定着蛋白质的遗传特性；同时，它又无法脱离蛋白质的控导。两者互相依存，互相制约，促成生命个体的生长、繁殖、遗传和变异，是生命世界至关重要的存续要素。

无机物中的水是生命体中最广泛的存在，也是占比最大的内容。有些动物，如水母，含水量可达99%；植物初生时含水量为70%。就人体而言，胎儿期含水可达90%，成年人体含水量为65%左右。人体各器官组织含水量并不相同，其中，大脑组织与血液的含水量超过80%，心脏、皮肤、肌肉、肝脏的含水量均超过70%。

无机物中的各种无机盐在生命体中有两种存在方式，一种方式是与蛋白质结合，组成不同的化合物，一种方式是溶于水中。人体体液中的主要无机盐离子的占比相对平衡，保障着人体生命环境的正常稳定。以钠离子为标准含量，设其为100%，则氯离子为83.97%，钾离子为3.99%，钙离子为1.78%，硫酸根离子为1.73%，镁离子为0.66%等。值得注意的是，这种比例近似于海水成分结构。

如果继续深入下去，从化学元素的视角出发，则生命结构更为简化，所有生命体都可以分解为比例不同的化学元素。比如，人体的元素组成公式是：

48.43%碳+23.70%氧+12.85%氮+6.60%氢+3.45%钙+1.60%硫+1.58%磷+0.65%钠+0.55%钾+0.45%氯+0.10%镁+X。

X即上述11种元素之外含量更少的各种元素，如铁、锰、钴、铜、锌、硒、碘、铬、硅等，各自含量均在0.01%以下，总占比也只有人体的0.04%，但作用不容替代，任何一种微量元素缺乏或失衡，都会影响生命体的整体生存环境与生命运行机制。

到了这一构成层面，各生命体的本质已无区别，只是所组成的元素比例不同而已。如苜蓿中前11位元素的构成与人体一样，而且所占总量也达到99.96%，组成公式如下：

45.37%碳+41.04%氧+3.30%氮+5.54%氢+2.31%钙+0.44%硫+0.28%磷+0.16%钠+0.91%钾+0.28%氯+0.33%镁+X。

此公式中，X亦为0.04%，与人体构成一致。在这一层面，无机世界与有机世界已无区别。

若再继续深入，生命结构与整个物质世界都会归于同一存在，即夸克。至此，一切讨论都无意义。[16]

五、细菌的世界

细菌为单细胞原核微生物，依其形状可分为杆菌、球菌与螺旋菌。这种小小的生命体如同微尘，总是处在人类的视野之外，以至我们只是简单地以有益或有害区分之，除了专门研究者有针对性地对某些细菌的研究外，人们很难对它们进行整体性认识。

从生命演进的历史看，细菌是地球上最早出现的生命体之一，而且历亿万年仍生生不息，构成了一个庞大的细菌世界，分布范围从陆地到海洋，从8.5万米的大气层到万米海水之下的洋底，甚至在数千米下的岩石圈也是其栖息地（图2-7）。有研究者在2014年推测陆地深地微生物细胞数量应该在$0.5 \times 10^{30} \sim 5 \times 10^{30}$，总碳量为$0.14 \times 10^{17} \sim 1.35 \times 10^{17}$ g，占全球生物量的2% ~ 19%；也有的研究者认为，大陆深地总生物量为$2 \times 10^{29} \sim 6 \times 10^{29}$个细胞，海洋深地生物量为$5 \times 10^{29}$个细胞，全球深地生物量总和大概为$7 \times 10^{29} \sim 11 \times 10^{29}$个细胞。[17]

更为重要的是，细菌与人类以及其他生命形式一直相伴而生，从未分离，比如，常驻人体的主要菌群就有数千种以上，如葡萄球菌、类白喉杆菌、绿脓杆菌、非致病性分枝杆菌等常

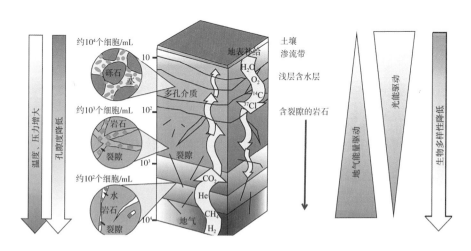

图 2-7   深地微生物生存示意图

驻皮肤、鼻咽腔、外耳道，表皮葡萄球菌、肺炎球菌、奈氏球菌、甲型链球菌、丙型链球菌、乳杆菌、梭形杆菌、白色念珠菌等常驻口腔，大肠杆菌、产气杆菌、变形杆菌、绿脓杆菌、葡萄球菌、粪链球菌、破伤风杆菌、无芽胞厌氧菌等则常驻肠道。而且，人类所在的各种微环境中，细菌更是无所不在。因而，与其说细菌寄生在我们之中，或者说细菌栖身于我们身边，不如说我们栖身于亿万年来的细菌世界中，我们是寄居者，是过客，细菌是我们的创造者与分解者，它们才是生命世界的基底与主流。

从生命运行的角度可以发现，细菌世界拥有两大优势特性，即强大的活力与组织力。

细菌世界的活力有四个表现：一是顽强的适应能力。多数细菌能在-196℃至0℃的温度下维持生命运动，大洋中的一些硫细菌可以耐受250℃的高温。在高压、高酸、无氧条件下，也有一些细菌可以生长。二是强大的交换能力。在与外界进行物质交换、吸取营养与能源方面，细菌是生命界的翘楚。就其相对体量而言，表面面积十分庞大，周身都可以与外界交换，所以其进食与消化能力无与伦比，如大肠杆菌每小时消耗的糖可达到其体重的2000倍，这一数字如要人类完成，需要500年的时间。三是不可思议的繁殖能力。细菌的繁殖能力与动植物不在一个数量级上，以大肠杆菌为例，每昼夜可繁殖72次，从理论上说，仅需一天时间，一个细菌便可成为4722吨左右的菌群；两天之后，其重量可增至4000个地球重量；三天之后，其重量可以达到可观测到的天体的总重量。四是活跃的基因变频能力。细菌基因序列简单开放，可以方便地互相交换基因，也可以轻松地改变自身基因，因而具有很强的遗传变异性，这也是其生命活力的重要体现。

细菌世界的组织力有三个表现：一是明确的群体性特征。谈到细菌，人们多不屑一顾，视之为无知无智的低等生命，甚至连愚昧之词都不适用。其实，它们所形成的群体有着明确的组织特性。细菌在繁殖过程中会以细胞为中心，形成有规律的子细胞集团，即菌落。不同的细菌会形成不同类型的菌落，这些菌落有较强的自组织性，又有较强的排他性，是一种相对完整的组织形态。

二是有力的排他性与自清理功能。菌落内部以及菌落间会形成稳定的组织关系，一旦异己进入或平衡被打破，它们会进行强有力的排斥与清理。细菌中多存在限制性修饰系统，用于识别异己；流产感染系统，用于灭除异己；外源基因表达沉默系统，用于关闭异己基因的表达，等等。英国学者比尔·布莱森在《人体简史》中曾形象地描述道："光是热情的接吻，就能让10亿个细菌从一张嘴转移到另一张嘴，此外还包括大约0.7毫克蛋白质、0.45毫克盐、0.7微克脂肪和0.2微克'其他有机化合物'（也就是食物残渣）。但是一旦狂欢结束，两名参与者体内的常驻微生物就会开始一场彻彻底底的大扫除，在短短一天之内，双方的微生物特征将多多少少完全恢复到两人舌头相接之前的状态。偶尔会有一些病原体潜伏下来，这就是你染上疱疹或感冒的原因，但这属于例外情况。"[18]

三是能动的组织免疫性。细菌在发展过程中形成了高效、能动的组织免疫性，遇有异己入侵，它们在清除阻击之余，会生发出一系列防御机制，由个体基因交换与遗传向组织扩展，形成一定范围的群体免疫。以细菌对抗生素的防御而言，细菌的耐药性已成为严峻的医学危机，有学者估计，若无良好的对策，二三十年内现有多数抗生素将无任何效力。细菌抗药性的获取往往是多个途径合作协同的结果，常见模式有四种：

1. 靶蛋白修饰。细菌在遭到抗生素攻击后，可以通过改变自身抗生素靶位点基因中个别碱基，造成单个基因突变，使抗生素丧失靶位。

2. 活性位点替代。在面对曾经遭遇的抗生素时，细菌会形成一种类似于抗生素曾进入的结构，诱使抗生素进入其中，阻止其活性激发。

3. 主动外排泵。在内部能量支持下，细菌可以识别异己并捕获、外排，从而泵出体外，使抗生素在细胞内达不到要求的浓度，从而失去灭活力。

4. 生成水解酶。在与抗生素的对峙中，细菌可以生成抗生素水解酶，化解抗生素的活性。2009年出现的超级细菌肺炎克雷伯菌含有的碳青霉烯酶，可以水解几乎所有的正在应用的抗生素。[19]

千万不可低估细菌世界的两大优势特性，其中大部分优势是人类所不具有的，更为重要的是，不能因其渺小而低估其在整个生命世界的地位与作用。其实，单就体量而言，细菌也绝非可有可无的宵小之辈。有研究表明，如果把地球上所有微生物码放成堆，再将地球上所有动物码放成堆，前者的高度相比后者高出25倍。

若是系统考察细菌世界的作用，便会发现，自细菌世界产生起，它就影响与制导着所有生命赖以生存的地球，影响与制导着人类历史的进程，也影响与制导着每一个人。

细菌世界对人类历史的影响，是近年来历史学界的一个热点话题，出现了一批有分量的研究著作，历史学家们已经充分注意到细菌世界与人类社会共生共存与相互影响的关系，注意从这样一个视角下讨论人类社会的进程。是的，这种讨论可以使人们真正理性地认清细菌世界与人类社会的关系，可以使人类知道，小小的鼠疫耶尔森菌可以在6世纪造成1亿多人口的死亡，可以影响到拜占庭帝国的安危；还可以在14世纪造成5000万欧洲人的死亡，影响了中世纪欧洲体系的安危等。但仅止于此是远远不够的，人类还要知道，这种小小的杆菌至今为止仍然毒力充沛，广泛分布于自然界中。虽然人世间相当一个时期未有大范围的鼠疫流行，但其在动物世界的流行并未止息。比如，在青藏高原上的旱獭疫源地，犬类感染鼠疫耶尔森菌的抗体阳性率达70.91%，只是它们对此有着超强的耐受性，多为无症状。更重要的是，到目前为止，仍未有适宜的鼠疫疫苗。随着耶尔森菌的进化，一旦大面积爆发，后果不堪设想。这又告诉人们，人类在与细菌世界的关系上，并未真正占据上风，绝不能把对方的静默理解为失败。[20]

对于细菌世界对人的影响，生理学界与医学界也进行了较为充分的研究，人体中的细菌也有着自己的生命体系，与人体生命系统互相依存，互相作用。比如，人体肠道中的常驻菌群与肠道免疫系统共同构筑起一道免疫屏障，对外来侵入的细菌排斥与抑制；这些常驻菌群还可以消化人体无法消化的物质，合成维生素、短链脂肪酸等物质提供给人体。更为重要的是，常驻菌群还可以通过肠道影响神经内分泌与迷走神经，进而影响人的心理与行为方式。

六、病毒的世界

对于病毒，人们往往谈虎色变，而且一概斥之为有百害而无一利。是的，人类80%以上的传染病因病毒而起，人类历史上的多次重大瘟疫事件的元凶也是病毒。病毒不仅传染性强、致病快，相当一部分还拥有难以理解的毒性，具有高强致死率。更为重要的是，到目前为止，对于病毒导致的疾病仍然无药可治，最好的方式只是预防与免疫。然而，人类对病毒又了解多少呢？人类不知道病毒起自何时、如何发展，人类不知病毒的内在机理，人类找不到进入病毒的入口，人类甚至无法确定病毒是否为生命体。

因此，能够被多数人接受的对病毒的描述都是粗线条的表征现象。比如，在高校生命科学课程教材中这样为病毒定义："那么什么是病毒呢？至今还很难下一个确切的定义。一般来说，病毒是介于生命与非生命之间的一种物质形式，是一类超显微非细胞生物，每一种病毒只含一种核酸，它们只能在活细胞内营专性寄生。在细胞之外时，病毒不能复制，不表现生命特性，只以无生命的化学大分子的物质形式存在，但进入宿主细胞之后，它可以控制细胞，使其听从病毒生命活动需要，复制核酸合成蛋白质等组分，然后再进行装配增殖，表现它的生命形式。"[21]

常规研究表明，病毒只是蛋白与核酸的结合，而且每种病毒只包含一种核酸；有的病毒甚至只有核酸而无蛋白，如类病毒；还有一种核酸病毒只能寄存于植物病毒粒子内，被称为类类病毒；也有的病毒只有蛋白质而无核酸，被定义为可在细胞内复制的小分子无免疫性疏水蛋白质，这就是可以导致疯牛病的朊病毒，对这一病毒的机制与机理尚不清楚。

如果仅止于此，会认为病毒很简单，而且往往将其视为病毒粒子或病毒颗粒，似乎这已经是最基本的生物分子单位。但是，若继续深入，人们会发现，病毒内部同样也是一个复杂的世界。

近年来对新冠病毒的研究已经表明，该病毒存在着复杂丰富的基因组，其基因组主要由6个开放的阅读框与辅助基因组成，其中，含有3万个左右的核苷酸，编码9860个氨基酸。该病毒的主蛋白酶M^{Pro}具有复杂的内部结构，其三维晶体结构的每一个非对称单元中都含有一条多肽链，每一条多肽链都由三个结构域组成，两条这样的多肽链又形成二聚体（图2-8）。组成多肽链的三个结构域又分为两组：一组由结构域Ⅰ与结构域Ⅱ组成，两个结构域由6条反向平行的β-链形成β-桶状结构；另一组是结构域Ⅲ，该结构域是由5个α-螺旋形成的球形簇，并通过一个环状结构与结构域Ⅱ相连。[22]

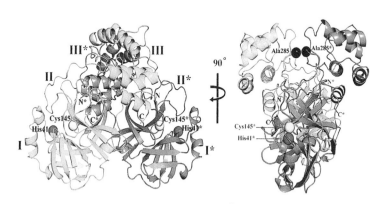

图 2-8　新冠病毒主蛋白酶 M^{Pro} 内部结构图

病毒中的基因组保障了其旺盛的复制能力和活跃的变异性，这是我们认识病毒的关键所在。有学者认为，病毒基因的多样性远远超过所有其他生物基因多样性的总和，病毒是地球生命世界中基因库的关键储存者。

　　病毒的生存特性决定了它必然是不同个体、不同物种基因的传递者。据统计，仅海洋中的病毒每年就可以在不同物种间完成一万万亿个基因的传递，人类基因组中也有10万条片段来自病毒，占所有人类基因组的8%。[23]

　　法国巴黎巴斯德研究所的帕特里克·福泰尔对病毒在生命进化过程中的作用进行了系统研究。他认为，在生命进化过程中，病毒基因一直源源不断地进入细胞基因组，进化史上的重大转折点，比如DNA的起源、细胞核的起源、细胞壁的起源，甚至还有生命之树的分化等，都可能与病毒基因的进入有关。他还认为，人体中的合胞素-2基因对胎盘的形成至关重要，这一基因就与病毒基因有着直接关系。当逆转录病毒感染生殖细胞后，便可能将其DNA嵌入该细胞基因组，形成"人内源性逆转录病毒"（HERV）。病毒中存在着推动病毒与细胞融合的基因，此类基因进入早期动物基因组后，会生成有助于细胞融合的蛋白质，逐步改变生殖细胞结构，形成胎盘与子宫妊娠。另外，人类初期胚胎中存在着一种病毒片段，对胎儿具有保护与控制作用，尤其是在阻断病毒对胎儿的侵扰方面起着重要作用，这一病毒片段就产生自内源性逆转录病毒HERV-K。最新的研究已经证实，人类的胚胎在着床前就使用先天继承的逆转录病毒启动子表达。[24]

　　有关研究表明，病毒只有进入细胞后才表现出生命特征，在细胞之外时不表现生命特征，只以无生命的化学大分子形式存在。

　　但是，若换一个视角，则可发现未进入细胞时的病毒也是"活体"生命。据推算，地球生物圈中数量最多的存在就是病毒，已知种类已有5000种以上，全部种类当有百万种以上，而且，细胞外的病毒更广泛存在于地球的各个空间。有学者曾言，一杯海水中就可能有上亿个病毒，海洋中病毒的总量可达 10^{30} 个。[25] 这些病毒并非寂静的化合物，它们随时可以主动进入海洋生物的细胞中。1999年，美国科学家在格陵兰岛2000米以下的地下冰芯样品中发现了14万年前的番茄花叶病毒，其状态仍很稳定，基因组仍能被检测到。2012年，俄罗斯和美国科学家在西伯利亚30～40米的冰层下发现了3万多年前的西伯利亚阔口罐病毒，至今仍有复制和感染能力。[26] 这些实例足以说明细胞之外的病毒世界也是一种生命世界，只是我们还未认识其奥秘而已。

七、细胞的世界

细胞是生命世界中最基本的生命单元，单细胞生命体与复合细胞生命体是两个基本的存在方式。单细胞生命体是指单个细胞所构建的独立的生命体，包括细菌、绝大部分微生物及原生生物；复合细胞生命体是指由多个细胞共同构建的独立的生命体，包括所有动植物及其他相关生物。

在复合生命体即动植物中，每个细胞也都是一个较为完整的生命单元，有着自己的生命活动，其最大的特点是分工明确，各司其职，共同组建起动植物个体内的生命共同体。就分工而言，人体内的细胞多达200多种，各类细胞具有很强的专业性，比如，肝细胞处理各类物质，肾细胞排泄废物，感光细胞收集光信号并转化为电信号，神经细胞可将这些信号向大脑传递，各种肌肉细胞保障着身体不同部位的肌肉活动，等等。就形状而言，各类细胞差别很大，比如，红细胞是圆盘形的，骨细胞是圆锯齿状的，纤维细胞是长条状的，神经细胞则是骨细胞状的头部与长形身体的组合，有的

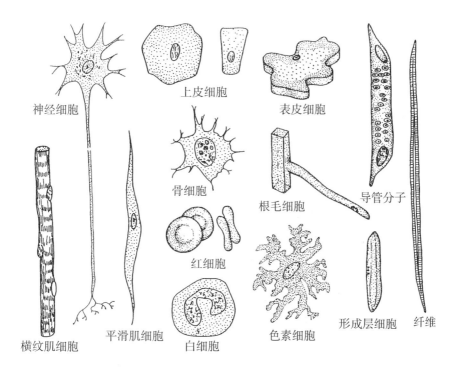

神经细胞　　上皮细胞　　表皮细胞

骨细胞　　根毛细胞　　导管分子

红细胞

横纹肌细胞　平滑肌细胞　白细胞　色素细胞　形成层细胞　纤维

图 2-9　细胞类型图

神经细胞可达1米以上（图2-9）。[27]

　　细胞的内部结构十分复杂，由三大部分组成，即细胞膜或细胞壁、细胞核和细胞质。细胞膜负责细胞体内部的离子平衡与渗透压平衡，负责跨膜运输以及吞入、排泄与传递，还负责识别与免疫等。细胞核是细胞的中枢，大部分的遗传物质DNA、RNA都在其中，细胞活动秩序及其生长与分化也都由其控制。细胞质位于细胞膜与细胞核之间，主要由胞基质和各种细胞器组成。胞基质是流动着的液态胶体，为各种细胞器提供工作与生存环境；细胞器则是各种功能性亚细胞，其中有负责能量配置的线粒体、负责有机物合成的内质网、负责蛋白质装配的核糖体以及负责蛋白质加工与配送的高尔基体，还有溶酶体、液泡、微体以及细胞骨架系统，等等（图2-10）。[28]

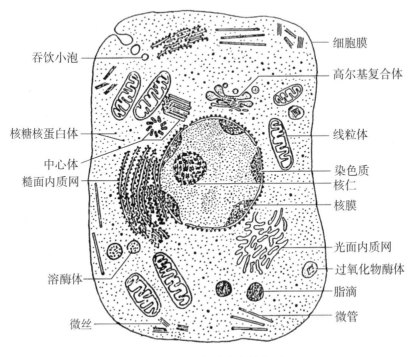

吞饮小泡 —
细胞膜
高尔基复合体

核糖核蛋白体 —
中心体 —
糙面内质网 —
线粒体
染色质
核仁
核膜

光面内质网
过氧化物酶体
脂滴
微管

溶酶体 —
微丝 —

图 2-10　细胞内部结构图

　　生物物理学家通过高精度的光学显微成像，为人们展现出细胞内的即时动态景象。通过对细胞内成像的考察发现，不仅细胞胞基质是流动的，胞基质中的大部分细胞器也都处在流动之中，细胞内有着发达繁忙的运输体系。这个运输体系很像轨道交通，细胞内有200多种马达蛋白，如同车头，可以牵引货物，细胞骨架如同轨道，内质网如同机车工厂，细胞内的各种营养物质、生物大分子以及细胞器都在这一运输体系中配送至各处（图2-11）。

　　运输过程中有一些固定的规则，比如溶酶体的运送方式与内质网密切相关，与内质网接触，如同得到车票，可以在细胞骨架进行远距离输送，否则只能就近移动。又如，一些细胞器可以不

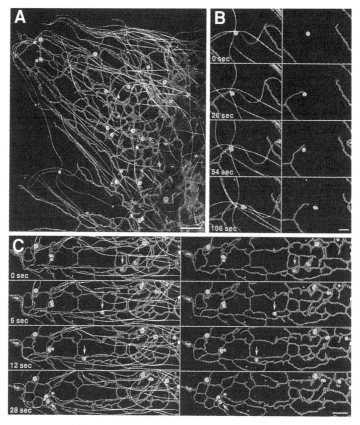

　　A 为细胞整体图像，B 为没有与内质网接触的溶酶体不沿微管运输，
C 为与内质网保持接触的溶酶体沿着微管长距离运输。图中绿色为溶酶
体，紫色为内质网，黄色为微管，标尺 A-3 微米，B-1 微米，C-2 微米。

图 2-11　细胞器内动态运输图

　　依赖自备马达蛋白，而是可以搭乘其他货物的"顺风车"进行长
途输送，等等。[29]

　　细胞是基本生命形态，与其他生命形态相比，它有两大特性
值得高度关注，即细胞的全息性和细胞中基因传承的恒久性。

　　细胞的全息性是说各生命体中任何一个细胞都可能复制出该
生命体。比如，所有植物的任何部位组织都可以被单独切下，
培养成整株植物；各种低等动物的细胞组织也具有这一能力。

但是，高等动物细胞的全息性难以体现在自然生长中，除生殖细胞、干细胞外，其他细胞在自然生长过程中只能依其已有属性生长，如肝细胞只能生长为肝脏，骨细胞只能生骨。若以人工方式进行诱导，则仍可以培育出细胞所属的完整生命体。比如，将一只羊的乳腺细胞中的细胞核植入去核的羊卵子中，成功地复制出了世界上第一只克隆羊"多莉"。

细胞全息性原理在于所有体细胞中都包含着该生命体全部蛋白质信息的DNA序列，因而每个体细胞都具有合成所有蛋白质的可能，也就可能成为生命体内的任何一种细胞。但是，在进化过程中，由于高等动物细胞的分工日益细化，功能不断专门化，细胞分化与生长中便形成了自动控制与选择机制。在细胞分化中符合其功能方向的基因被激活，其他基因则被关闭，所以肝脏上长不出胡须，皮肤上也生不出牙齿，一切都在生命系统的自我把握中。

细胞基因传承的恒久性是指在细胞更替与代际传承中，其内部的基因得到最大限度的保留。比如，所有人类共享99.9%的DNA，这是生物学界公认的数字。这种共享表明，尽管自现代人产生已有十余万年，但不同人种、不同民族、不同个体的人所拥有的基因仍基本一致，足以表明基因传承的稳定性。又如，生物学界公认的另一个数据是，在人类基因中，只有8.2%的人类DNA在起作用，其他部分或被称为"垃圾DNA"，或被称为"黑暗DNA"。原因在于，在生命的整个进化过程中，基因传承具有恒久性与完整性。有学者曾说："DNA以非凡的保真度传递信息。它每复制10亿个字母只产生一个错误。"[30]所以，我们身体中91.8%的"垃圾DNA"应当就有相当一部分来自我们的爬行类祖先、鱼类祖先，甚至细菌祖先。事实上，到目前为止，仍有50个以上的基因是所有细胞生命体所共有的。

　　与细胞中基因传承的恒久性形成鲜明对比的是，个体细胞的生命往往十分短暂。比如，皮肤上皮细胞的寿命为27～28天，小肠上皮细胞的寿命多为2～3天，血液中的白细胞寿命为7～14天，肝细胞寿命稍长，为500天左右。在各种细胞中有一个例外，即大脑与脊髓中的神经细胞，寿命可达数十年，而且神经细胞自形成至死亡从一而终，不会产生新的神经细胞。据统计，人体中每分钟会有1亿个细胞死亡。

　　当然，不必担心，在每分钟1亿个细胞死亡的同时，也会生成1亿个左右的新生细胞，生成方式是旧有细胞的裂变。人体中的细胞处在不断的死亡、裂变与新生中，每2～4年，人体细胞将更新一代。但是，细胞不会永远地裂变、更新下去，根据弗列克系数定理，人体细胞平均可更新的长度是50代，每代2.4年，合计为120年。这是从细胞定理上推论出的人的理论寿命。[31]

　　细胞更新代数不是随机的，其制约因素是细胞内染色体上的端粒。每条染色体两头的末端即端粒，染色体每复制一次，端粒就会相应缩短，当端粒全部耗尽后，染色体便无法复制，细胞自然也就无法分裂与更新。不过，端粒还有一个控制者端粒酶，它可以重建失去的端粒。人类的每个细胞中都有端粒酶基因，但正常情况下，只有精细胞和卵细胞分裂时才会被激活，重建细胞分裂中失去的端粒，保障下一个生命体内细胞周期的完整性。[32]

　　在细胞更新中，还有一种特殊细胞一直备受关注，它就是"干细胞"。尚未分化的胚胎细胞就是干细胞，各类多细胞生命体中都保持着一定数量的干细胞，这些细胞处于未分化或低分化状态，能够根据不同器官组织的需要分化出需替换的细胞。就目前的研究成果看，人体各主要器官与组织中都存在着干细胞，可以及时修补缺损，维持器官组织的正常运转。

基于此，人们又致力于研究利用干细胞技术，打破生命体本身的限制，提取与增殖干细胞，直至诱导生成所需器官与组织。但是，对于干细胞的认识还远远不够，甚至对于干细胞的生命周期也未有充分研究，因而，不知前景是否可期。[33]

八、生命的终止

无论是个体生命还是生物物种，自产生起就不可避免地走向终点，对于任何一种生命而言，生属偶然，死却是无法改变的必然。

就细胞而言，无论是分裂后的再生细胞，还是其母细胞，都有十分明确的生存时间与分裂次数限制。以人体细胞分裂的次数为例，取出胚胎成纤维细胞进行培养，细胞分裂的极限次数为50次左右；取出青少年人体的成纤维细胞进行培养，细胞分裂的极限次数为30次左右；取出成年人体的成纤维细胞进行培养，细胞分裂的极限次数仅为20次左右。由此可以看到，细胞的寿命来自胚胎，或者说来自受精卵，一旦生命启动，其周期的规律性与单向延展性是不可打破的。细胞如此，多细胞组成的各种生命体自然也是如此。而且，在细胞所带来的生命自然周期中，还要面对自然环境与生命体内外环境的种种不可知的事件干扰。因而，由细胞生命周期推论出的生命体生命周期只是理论可能，就实际情况而言，往往要低于这一推论。

个体生命有着生老病死的恒定规律，生物物种甚至更大范围的生物种群也是如此。但是，对于具体生命周期的研究却相对不足，人们只是泛泛地认为蚂蚁物种与树木种群的平均寿命可达数千万年，有些哺乳动物物种的平均寿命只有几十万年，如果将所有生物物种统一测算，平均寿命大约为100万年。[34]美国学者迈克尔·博尔特团队根据充分的化石记录数据，对地质时期动植物的生命周期建模分析，得出了一系列重要结论。比如，在对古动物西莫拉斯特化石的统计分析后，得出这一类犬科动物生命周期曲线（图2-12）。根据曲线可知，这种动物出现于白垩纪，第三纪早期达到峰值，300万年前走向灭亡。又如，在对无颚类脊椎动物化石统计分析后，给出了其周期曲线，可知该类动物出现于3.7亿年前，主体在3.5亿年前灭绝。这两类动物的曲线图有着明显的共性，走势都呈现出对称性与突变性，两个曲线都以指数规则开头，达到高峰期后又迅速回落。这应当是各生命种群共有的周期规律。[35]

迈克尔·博尔特又将这一模型推而广之，应用于整个哺乳动物种群的周期分析（图2-13），结果出现了偏差。模型中实线所标曲线是根据模型推导出的哺乳类动物生命周期曲线图。由此曲线可知，哺乳动物在中生代达到高峰后，有一个较为漫长的下降期，将在大约9亿年的时间里最终灭绝。但从化石资料的实际曲线看，并非如此。到哺乳动物周期曲线高峰为止，化石资料曲线与模型推导曲线基本吻合，但高峰之后的下行曲线却出现了明显不同，模型曲线是缓和下降，化石资料曲线是急速下降。[36]

为了进一步求证这一曲线的真实性，他又以北美大陆为例进行区域性分析，结果发现，在过去30万年的四个记录中，北美哺乳动物分别是33个、34个、25个和10个科。他因此认为，哺乳动物正在以极快的速度走向灭绝，而且这个事件的规模和速度是以大灭绝的比例发生的。[37]

近十余年来，关于大灭绝的研究方兴未艾，许多学者坚定地认为，大灭绝即将到来或大灭绝已经启动，并名之为"第六次生物大灭绝"。在这场浩劫中，人类也难逃厄运。他们所提出的

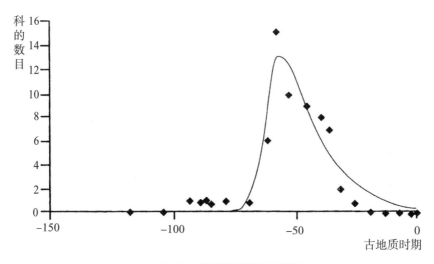

图 2-12　西莫拉斯特科周期图

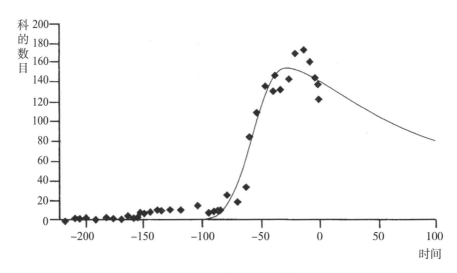

图 2-13　哺乳动物周期图

原因也较为一致，即随着人类活动的拓展而带来的地球生态的恶化。多数研究者认为："物种和种群的消失及栖息地丧失与过度开采、生物入侵、环境污染、气候变化等多重因素有关，而根本原因在于人口过量增长和过度消费，人类应对此加以控制。"[38] 此外，有一些学者也提出了一些其他原因，如小行星撞地球、大规模火山爆发以及核战争等。这些事件所带来的同样是环境的恶化。真相果真如此吗？除此之外，我们能否再思考两个问题？

第一个问题：环境的灾难性变化在地球生命史上多次发生，为什么总有一部分生物顺利存活并获得更大的发展空间，创造了新的生命爆发式繁荣？

第二个问题：全球性气候变暖是人类活动所带来的温室效应，还是地球环境的周期性变化？地质史上一直在重复着冰期、间冰期与大暖期的轮回，目前人们所关注的全球性气候转暖是人为原因还是自然规律？

在上述两个问题之余，人们还要注意，各物种的灭绝原因除了自然环境变化等外因外，根本原因必定是自身内在原因，而这个原因恰恰被人忽略。

21世纪初，齐涛在《我们从何而来》一书中曾较为深入地探讨恐龙灭绝的内在原因，兹引述如下：

"要探求恐龙灭绝的直接原因，首先要消除一个误区，即恐龙一定是灾难性灭绝的误区。在我看来，恐龙的灭绝是物种灭绝，是每一个物种都会面临的命运。事实上，自生命诞生以来，便一直处在新物种的不断产生与旧物种的不断灭亡过程中。在恐龙时代以前，我们已知的大规模的集群灭绝便有蓝菌的灭绝、底栖叶状体植物的灭绝、早期多门类无脊椎动物如三叶虫的灭绝、海洋无脊椎动物的灭绝、菌石的灭绝，等等。到目前为止，也无时无刻地不在继续着动物、植物与微生物物种的灭绝。问题的关键在于，人们对于这些灭绝似乎熟视无睹，而对于地球上最为强大的动物突然之间的集群式灭绝又给予了非常的关注，这样恐龙的灭绝越来越成为非正常的灾难性灭绝，人们也越来越热衷于寻找这一灾变的种种答案。误区就这样发生了。

"既然恐龙是正常的物种灭绝，我们对灭绝原因的探求也应当沿着正常的路线进行，亦即首先从物种内部的变化入手。

"如同个体生命的生生死死一样，任何一个物种也都处在生死变化之中，不可能万古常青，就强大的恐龙家族来说也是如此。在长达1亿多年的历程中，恐龙的发展远高于其他爬行类，从繁殖速率到体躯进化，从生存能力到适应能力，都达到了一个新的境界。但是，也正是在这种长期的膨胀中，其内在的机制也开始走向异化。首先，目前的研究已经表明，恐龙是群居性爬行动物，而且随着大陆的分裂与移动以及海陆山川的变革，其活动的相对空间日益局促。其交配与生殖都是在小种群内进行，长此以往，必然导致种群基因库变异量低，物种遗传系统所提供的变异量减少，退化现象越来越严重。其次，在恐龙后期的演变中，内在机能的退化与体躯的膨胀基本是同时进行的，从神经系统到内分泌系统、生殖系统都没有跟得上其外在的变化，从而陷入了种种的不协调之中。有的古生物学家认为它们得了内分泌症，不无道理。不过，最使其致命的还是雌性恐龙的受孕率大大降低，雄性恐龙越来越没有能力为雌性恐龙提供受孕机会，这使大量恐龙蛋无法孵化为幼龙，而沦为一批又一批的化石。另外，恐龙尽管身躯庞大、称霸一时，但其1亿多年的生命史中一直没有越过低等爬行动物的门槛。在其身上一直有两个致命的症结：其一是卵生。卵生动物有两个难以克服的生存障碍，即初生期的成活率低与对孵化条件的过于依赖。对于体躯庞大的恐龙而言，这两个障碍的影响又远过于其他小型爬行动物。其二是恐龙属于变温动物而非恒温动物。这种类型的动物体温更多地依赖外界调节，它们与恒温动物的基础代谢也明显不同，同样体重的两种动物在同样体温下，恒温动物每个细胞产热能量较变温动物要高出4倍。在这种情况下，恐龙需要较高的基础代谢率。

"恐龙的内在机能既然如此，当地球面临着重大环境变化时，它们就无法适应。比如，既然白垩纪之末全球性的气候变冷、海水退却、季节的冷暖交替更加发展，再加之意外的小行星或彗星撞击的灾难，恐龙的消亡也就成为必然。那些内在机能循环良好、能抵御或适应环境变化的爬行类或其他类的动物却延续了下来。当然，相伴恐龙同时消亡的还有一大批爬行类和其他已经退化得无法适应环境变化的种群。"[39]

时至今日，一些物种的灭绝也是如此，比如，1936年灭绝的袋狼，其基因图谱明确表明，在其灭亡前夕，遗传多样性已十分低下，自我繁殖与修复能力更是微不足道，整个种群已丧失了活力，难以为继。又如，大熊猫也是如此，其濒危的重要原因是内在的退化，而非其他。

当今人类对自身未来命运极其关注，但关注重心仍在外在环境的改变上，似乎如果没有外在环境的改变，没有外来威胁，人类就会永远存在下去。这当然是不可能的，外来环境的改变与外来威胁固然可以导致人类的灭绝，但人类最大的敌人还是人类自身，是人类自身的退化，这一点与动物世界的其他成员并无不同。

对于作为哺乳动物种群的人类退化研究尚不多见，我们可以以对人类生殖能力的研究为例进行观察。2012年发布的一项研究结果表明，"人类的精子数量正以惊人速度减少，在10年里减少最多高达38%"；"一项历时10年、在200多名男子身上进行的研究显示，平均浓度从2001年的7200万个游动精子/mL下降到2011年的5200万个游动精子/mL。以前的研究证实，不到4000万游动精子/mL的浓度难以使人怀孕。如果年轻男子的精子浓度以平均每年2%的比例下降，他们的精子短时间内就会达到4000万个/mL的危险水平"。[40]

2017年7月25日，路透社与英国广播公司等多家权威媒体发布了刊登在英国《人类生殖学快讯》上的一则研究报告，该报告通过对1973～2011年间欧洲、北美和澳大利亚男子精子状况跟踪研究认为，不到40年内，上述地区男子的精子浓度下降了52.4%，精子总量下降了59.3%。[41]

当然，除上述原因外，人类作为哺乳动物种群中一员的退化是必须正视的更重要的原因。

最后，人们还需要知道，万物同源，万物同理，地球上所有动植物和大部分微生物都来自同一母体，即原核生物。无论是智慧如人，还是凶悍如虎；无论山野草丛，还是参天树木，都是由彼进化的结果。如细胞分裂定律一样，进化最多的，也是分裂次数最多的是那些居于进化树末梢的动植物的顶端构成，它们必定是最先完成进化使命，走向灭绝的一类。当然，只要生发于原核生物的所有生命，都会遵循生命周期的必然性，陆续凋亡，连同其最早的生命根基原核生物，一道走进生命的终点，那时的地球，又会恢复往昔的寂静。

当然，没有了人的感觉，"寂静"也不会存在。

九、生命是什么

本以为对于生命的定义应当没有什么争议，但当我认真查寻过后，却发现，关于这一问题的表述似乎并不存在，从普通教科书到专业的研究著作，所给出的都是生命的基本表征或基本规律。比如，《生命科学概论》就说："生命的定义很难下，但生命具有以下一些基本的规律。"[42]随后，罗列出新陈代谢、生长发育、遗传变异等规律。再如，此前多次引用的生命科学研究新著《前沿生命的启迪》中，专门论述生命范畴，该书将生命视同为生物，认为："生物具有新陈代谢、遗传、变异、生长、发育和感应性等特征，但生命体最基本的特征就是能够进行自我更新和自我复制，能把生命的特征代代相传，使其将固有的特性稳定地遗传下去。"[43]

"薛定谔的猫"主人埃尔温·薛定谔对这一问题也颇有兴致，出版了《生命是什么》一书，从物理学的视角给出了生命的定义。他提出："生命有机体似乎是一个部分行为接近于纯粹机械的与热力学相对立的宏观系统，所有的系统当温度接近绝对零度，分子的无序状态消除时，都将趋向这种行为。"[44]他进而阐释道："自然界中正在进行着的每一事件，都意味着这件事在其中进行的那部分世界的熵在增加。因此，一个生命有机体在不断地产生熵——或者可以说是在增加正熵——并逐渐趋近于最大熵的危险状态，即死亡。要摆脱死亡，要活着，唯一的办法就是从环境里不断地汲取负熵……有机体就是靠负熵为生的。或者更明白地说，新陈代谢的本质就在于使有机体成功地消除了当它活着时不得不产生的全部的熵。"[45]

加拿大两位医学专家理查德·贝利沃和丹尼斯·金格拉斯对

上述论述进行了较为通俗的释读，他们认为："从物理的角度来看，生命体是一个开放的热力学系统，也就是说这个系统在不断地与外部环境进行能量交换。"他们又以细胞为例，具体描述道："细胞功能的维护也是需要源源不断的能源供应，以应对外部环境的混乱局面，而这种持续的努力最终也只会导致细胞走上绝路。生命是一种个体与外部环境间非平衡的状态，是与万物趋向平衡的自然倾向逆势而行的状态。根据热力学定律，死亡代表着对这种自然界平衡的回归，因而是不可避免的。"[46]从上述阐释，我们可以比较清晰地领会薛定谔为生命下的定义。但是细细推敲一下，便可发现，这仍然是现象式的定义，描述的是生命的存在形式，并未揭示生命的本质。

生命究竟是什么呢？我们还是回到生命本身，从其内部机制上去寻找问题的答案。

由此前几部分的叙述，可以对生命体的内部构成以及生命体系有一个初步了解。在此基础上，还需要把握两个问题，一个问题是生命体系中各生命体的外在联系，另一个问题是生命体系中各生命体的内在联系。

地球生命千差万别，生死交替，丰富多彩。与之同时，所有生命都处在同一生命体系中，各生命体相互竞争又相互依存，保持着高度的平衡性。一次次的灭绝事件往往都是对这一生命体系失衡的再调整与再平衡。目前，人们已经充分认知的生物多样化以及对生态环境的高度重视，体现了人类对地球生命体系中各生命体外在联系的认识水平。在一些媒体发布的"十大世界末日事件"中，蜂群崩溃成为导致世界末日的元凶。这是由于人们认识到蜂群的作用并非仅仅为人类提供蜂蜜，传授花粉是它更重要的价值体现。全球有30%以上的食物来源与其密切相关，比如葵花、苹果、杏、棉花和大豆等，而这些农作物或经济作物的消亡，不仅会极大地影响整个生态系统，更会造成粮食供应紧张以及由此而来的政治动荡。

长期以来，人类对地球生命体系中各生命体的内在联系重视不够，近一个时期以来，基因研究的进展大大改变了这一状况，使我们可以充分地了解各生命体的内在联系性。

各生命体间的内在联系性主要体现在基因的同源重合与相似，有研究表明，人类RETN的核苷酸序列与猕猴、小鼠、树鼩、大鼠、猪、牛的同源性分别为95.4%、65.4%、65.4%、66.4%、81%、81%，氨基酸序列的同源性分别为91.7%、55.6%、55.6%、53.7%、75.9%、72.2%。[47]这种基因的同源重合并不仅存在于动物间，甚至在其他所有细胞生物间都广泛存在，日本京都大学生物科学研究科的研究结果表明，果蝇与鸡和人类基因组的相似度都达到60%，香蕉与人类基因组的相似度为50%，酵母与人类基因组的相似度为26%。[48]

在此基础上可以发现，所有生命体中最基本的活性元素并不是细胞，而是无所不在、永恒存续于生命体中的基因。它应当就是揭示生命本质的钥匙。

就现有关于基因的研究而言，基因有以下几个鲜明特征：

第一，基因是分布最广泛的活性元素，普遍分布于细胞与病毒中。其中，病毒中存储的基因最多，其数量是其他所有基因组总和的9倍。原因在于存储方式的不同，各种动植物及菌类等所有细胞生命都只使用双链DNA存储，病毒则使用了所有可能的基因储存系统，计有7种左右，因而储存空间与储存数量自然大大超过其他。[49]

第二，基因在细胞生命中的分布具有很大的随机性，数量与

16条染色体

一条巨大染色体

图2-14 酵母基因中的染色体

进化程度、生命复杂化程度并无必然关系。比如，人体细胞中有46条染色体，而一种简单的植物七指蕨细胞中的染色体可达94条；又如，即使基因组相似的酿酒酵母与裂殖酵母，其单倍体细胞中也含有明显不等的染色体，前者达16条，后者仅3条。2018年发表在《科学》杂志上的一项研究表明，人类还可以将酿酒酵母中的16条染色体合并为一条，而且，几乎不影响其基因表达（图2-14）。这对于人类认识基因具有重大意义。[50]

第三，基因自病毒与细胞产生便已出现，在数十亿年的传承中，不断流失，也不断再造，但那些决定生命体命运的基因一直广泛分布于各生命体中，并未遗失。比如，有一个普遍基因负责生产一种名为16S核糖体RNA（16S ribosomal RNA）的分子，该分子是将氨基酸连接在一起以生产蛋白质的分子机器——核糖体的关键部分。每种由细胞组成的生物，无论是人类、细菌还是植物，都有这个基因。[51]又如，DAD1是关于细胞凋亡的重要基因，研究者们发现，人体上的该基因与仓鼠、爪蟾中的高度同源，同源性大于90%；另外，研究者们还在线虫中找到了DAD1的同源基因Ce-dad-1，该基因与哺乳动物DAD1基因的同源性大于60%，并与水稻等作物中的cDNA基因序列部分同源。[52]

第四，基因从表面上看，依赖细胞或病毒存在，但实质是独立个体。病毒在侵入细胞时往往放弃蛋白质外壳，只保留基因组，从这个意义上也可以理解为就是基因组侵入了细胞。另外，类病毒就是只由RNA组成的基因组，与其说是类病毒，不如说它们就是基因组。[53]

第五，基因具有强大的自保能力，在其依存的细胞死亡甚至成为化石后，仍能保有一定的特性。早在1984年，德国学者希古奇等便应用分子克隆技术，获取了已灭绝动物斑驴的线粒体DNA序列片段；2020年，中国科学院古脊椎动物与古人类研究所付巧妹团队利用人骨化石标本，通过古DNA实验获取的遗传信息，构建出中国远古人群迁徙演化框架。[54]

第六，基因具有庞大的储存能力，美国贝克曼先进科学技术研究所在《纳米通讯》2022年第2期上发表的研究报告，充分揭示了DNA巨大的存储能力及其机制。此项研究的共同作者Kasra Tabatabaei说："DNA是天然的原始数据存储系统，我们能利用它储存如图片、视频与音乐等各式各样的数据。"DNA的存储能力究竟有多少呢？一直研究该课题的Tabatabaei认为："每天，互联网都会产生数PB（注：1PB=106GB）的数据，但只需要1克DNA就足够储存它们了。这就是DNA作为存储介质的密度。"[55]

由上述可以看到，基因自出现在地球至今并未中断，它操控着所有细胞生命的生老病死及发展方向，从这个意义上可以说，细胞只是繁衍与传承的载体，这就是生命的实质。换言之，生命是基因存续的基本载体，生命体所具有的一切特性都是基因意志的外在体现。

注释：

[1]参见（英）理查德·穆迪等著，王烁、王璐译：《地球生命的历

程》，人民邮电出版社，2016，第57页。

［2］图参见胡金良、王庆亚主编：《普通生物学》（第二版），高等教育出版社，2014，第275页。

［3］上述各知识概念表述均参见胡金良、王庆亚主编：《普通生物学》（第二版），高等教育出版社，2014，第236～276页。

［4］参见乔中东、贺林主编：《前沿生命的启迪》，科学出版社，2016，第91～93页、第101页。

［5］参见（美）以太·亚奈、马丁·莱凯尔著，尹晓虹、黄秋菊译：《基因社会》，江苏凤凰文艺出版社，2017，第200～204页。

［6］图参见（英）尼克·莱恩著，张博然译：《生命的跃升：40亿年演化史上的十大发明》，科学出版社，2018，第91页。

［7］参见胡金良、王庆亚主编：《普通生物学》（第二版），高等教育出版社，2014，第264页；图见 Adrienne L. Zihlman, *The Human Evolution Coloring Book, by* New York: HarperCollins, 2001。

［8］参见肖静等：《古菌生命树和真核细胞的功能演化》，《中国科学：地球科学》，2019年第7期。

［9］图参见（英）理查德·穆迪等著，王烁、王璐译：《地球生命的历程》，人民邮电出版社，2016，第313页。

［10］该部分内容参见胡金良、王庆亚主编：《普通生物学》（第二版），高等教育出版社，2014，有关章节。

［11］参见《微循环学》编辑部：《人体内的每个细胞都有细菌寄存》，《微循环学》2012年第3期。

［12］参见乔中东、贺林主编：《前沿生命的启迪》，科学出版社，2016，第522页。

［13］参见乔中东、贺林主编：《前沿生命的启迪》，科学出版社，2016，第522页。

［14］参见乔中东、贺林主编：《前沿生命的启迪》，科学出版社，2016，第522页。

［15］邓盟、齐霞：《人体口腔微生物宏基因组的研究进展》，《华西口

腔医学杂志》2013年第1期。

[16] 本部分凡未注明出处之数据与原理，均参见钱海丰、裘娟萍主编：《生命科学概论》（第三版），科学出版社，2017，第8～45页。

[17] 图文均参见董海良：《深地生物圈的最新研究进展以及发展趋势》，《科学通报》2018年第36期。

[18] （英）比尔·布莱森著，闾佳译：《人体简史》，文汇出版社，2020，第31页。

[19] 参见殷喆、周冬生：《竞争与共存：细菌耐药性难题亟待解决》，《前沿科学》2020年第2期。

[20] 参见王鑫、景怀琦：《鼠疫：跨越千年的威胁仍未烟消云散》，《前沿科学》2020年第2期。

[21] 钱海丰、裘娟萍主编：《生命科学概论》（第三版），科学出版社，2017，第181页。

[22] 图文均参见余琪、王磊、王祥喜：《病毒结构解析：为新冠新药研制奠定基础》，《前沿科学》2020年第2期。

[23] 参见刘欢：《病毒与人类世界的时空风暴》，科学出版社，2016，第79页。

[24] 参见戴维·卡门：《病毒如何塑造我们的世界》，（美）《国家地理》2021年2月号，转见《参考消息》2021年3月1日第7版；JOHN A. FRANK, MANVENDRA SINGH等：《逆转录病毒来源人类蛋白质的进化和抗病毒活性》，《科学》2022年10月28日，第378卷第6618期。

[25] 参见刘欢：《病毒与人类世界的时空风暴》，科学出版社，2016，第78页。

[26] 参见刘欢：《病毒与人类世界的时空风暴》，科学出版社，2016，第52页。

[27] 图文均参见胡金良、王庆亚主编：《普通生物学》（第二版），高等教育出版社，2014，第28页。

[28] 图文均参见胡金良、王庆亚主编：《普通生物学》（第二版），

高等教育出版社，2014，第29~30页。

[29] 图与原理均参见李栋：《超分辨率光学显微成像：揭示细胞器动态微观世界》，《前沿科学》2019年第1期。

[30]（英）比尔·布莱森著，闫佳译：《人体简史》，文汇出版社，2020，第6页。

[31] 参见刘欢：《病毒与人类世界的时空风暴》，科学出版社，2016，第50页。

[32] 参见（美）以太·亚奈、马丁·莱凯尔著，尹晓虹、黄秋菊译：《基因社会》，江苏凤凰文艺出版社，第13~15页。

[33] 本部分未加注释之原理多参见（美）朱钦士：《人体的更新之源——干细胞》，《生物学通报》2013年第6期。

[34] 参见（美）爱德华·威尔逊著，魏薇译：《半个地球》，浙江人民出版社，2017，第198页。

[35] 图文参见（美）迈克尔·博尔特著，张文杰、邓可译：《灭绝——进化与人类的终结》，中信出版社，2003，第162~163页。

[36] 图文参见（美）迈克尔·博尔特著，张文杰、邓可译：《灭绝——进化与人类的终结》，中信出版社，第164~165页。

[37] 参见（美）迈克尔·博尔特著，张文杰、邓可译：《灭绝——进化与人类的终结》，中信出版社，第200~202页。

[38] 马丹等：《第6次物种大灭绝，真发生了？》，《中国生态文明》2017年第4期。

[39] 齐涛：《我们从何而来》，青岛出版社，2002，第172~174页。

[40]《生物学教学》编辑部：《研究称人类精子数量10年下降38%》，《生物学教学》2013年第11期。

[41] 参见陈丹：《生育危机非危言耸听　西方男性精子浓度狂降》，http://www.xinhuanet.com/world/2017-07/27/c_129664506.htm，2021-10-20。

[42] 钱海丰、裘娟萍主编：《生命科学概论》（第三版），科学出版社，2017，第1页。

［43］乔中东、贺林主编：《前沿生命的启迪》，科学出版社，2016，第27页。

［44］（奥）埃尔温·薛定谔著，罗来鸥、罗辽复译：《生命是什么》，湖南科学技术出版社，2007，第68页。

［45］（奥）埃尔温·薛定谔著，罗来鸥、罗辽复译：《生命是什么》，湖南科学技术出版社，2007，第70页。

［46］（加）理查德·贝利沃、丹尼斯·金格拉斯著，白紫阳译：《活着有多久：关于死亡的科学和哲学》，三联书店，2015，第43页。

［47］参见鲁帅尧、龙海亭、禹文海等：《人类与部分实验动物RETN基因同源性分析》，《中国实验动物学报》2012年第5期。

［48］参见科普中国：《你和猪之间只差十把香蕉——人类与香蕉基因相似度达50%？》，https：//baijiahao.baidu.com/s？id=1614371964714549147&wfr=spider&for=pc，2018-10-15。

［49］参见（美）以太·亚奈、马丁·莱凯尔著，尹晓虹、黄秋菊译：《基因社会》，江苏凤凰文艺出版社，第220～221页。

［50］图文均参见覃重军：《我国合成世界首例单染色体真核细胞》，《前沿科学》2019年第1期。

［51］参见（美）以太·亚奈、马丁·莱凯尔著，尹晓虹、黄秋菊译：《基因社会》江苏凤凰文艺出版社，第195页。

［52］参见杨征、蔡陈嵝、宋运淳：《动物细胞凋亡相关基因在植物中的同源性研究进展》，《细胞生物学杂志》2000年第3期。

［53］参见（美）以太·亚奈、马丁·莱凯尔著，尹晓虹、黄秋菊译：《基因社会》，江苏凤凰文艺出版社，第221～222页。

［54］参见翟玉梅：《探寻中国人群演化迁徙历史　古DNA揭开神秘面纱》，《前沿科学》2021年第1期。

［55］Jenna Kurtzweil：《DNA或许是储存音频文件与其它媒体的强大工具》，https：//baijiahao.baidu.com/s？id=1730709562973447929&wfr=spider&for=pc，2022-04-21。

动物社会的逻辑

动物社会的逻辑归根到底是生命逻辑与生存逻辑，其实质是生物世界的必然规定性，是自然万物共同遵循的物质运动规律。其所谓的社会行为只是生物世界的必然规定性与自然万物共同遵循的物质运动规律的外在表现而已。

一、动物群体与组织

多数动物都是群居性动物，不同的动物有各不相同的组织形式，灵长类动物有着较为规整、严密的组织形态，一些小型昆虫的组织同样如此，比如蚂蚁、蜜蜂也都有较为严密的组织系统以及精细的分工与合作。

以神农架林区的金丝猴群体为例，野外考察表明，该地金丝猴群体为三级组织，基层组织是一雄多雌的家庭单元和全雄单元，全雄单元中的金丝猴是从家庭单元分离出的成年雄性；中层组织是由几个有血缘关系的家庭单元和全雄单元组成的分队；高层组织是由若干分队组成的社群，社群有统一的领导与行动，有明确的组织与分工，是相对稳定的组织形态，实质就是一个血缘组织单位。[1]

关于动物群体性组织的成因，人们多以灵长类动物为例，强调群体性组织对个体成员的有益性，认为群体生活可以减少被捕食风险，更易找到食物、保护食物与领地，更易找到配偶，能更好地保护和养育后代，所以才有了动物的群体性。[2]围绕这一问题，形成了若干理论，比如英国生物学家爱德华兹的群体选择理论、美国动物学家特里弗斯的互惠利他理论，还有纯粹利他行为说、操纵假说和相互依赖假说等。[3]这些学说对于相关问题的释读都有重要启示意义，但也有明显不足，有的理论立足人类思维视角，解读动物社会与动物行为；有的理论究其一点，不及其余，只就某一侧面展开论证，缺少系统性与全面性，等等。尤为重要的是，这些理论多以动物社会所表现出的组织效能以及群体的组织性所带来的正向价值逆推成因，因果关系难以成立。即使可以成立，也是外因而非内因。

　　其实，关于动物群体性组织的成因还是应当向动物自身寻找，其中，最为重要的是血缘性与生理性。就动物群体的血缘性而言，任何动物群体的起点都是基于繁殖的血缘扩展，基本组织也是基于幼体养食的血缘家庭，群体关系也是基于血缘扩展而形成的亲缘关系。

　　动物类群中亲缘关系内凝性的充分表达还是发生在灵长类动物中，从猩猩到狒狒以及各种猴类，甚至斑马等，都有充分的亲缘表达（图3-1）。我们选取对野外金丝猴群体的一份调查来进行研究。北京大学心理学系与湖北省神农架国家级自然保护区科考站的联合考察表明，神农架地区金丝猴群体的基本组合单位是一雄多雌的家庭单元，这种组合占93%以上。此类家庭单元平均成员数量是18只，其中成年雌性约7只，其余为幼年或半成年个体。从这些调查记录可以看到家庭成员间亲缘关系的内凝性十分突出。

图3-1　肯尼亚自然保护区中的一家亲

　　比如，1996年5月8日中午的一份调查记录显示，中午时分，一个猴群开始午休。这是一个相对完整的家庭单元，成员有成年雄性1只、成年雌性4只和小猴6只。家庭成员分坐在两棵树上，一棵树上是成年雄猴挨坐在两只成年雌猴之间，这两只成年雌猴各自怀抱一只刚出生的小婴猴，在这棵树的一个树枝上，还独自坐着一只小猴；在另一棵树上的一个树枝上，一成年雌猴怀抱一小猴，另一个树枝上也有一成年雌猴怀抱一小猴，在上面的树枝上独坐着一只年龄较大的少年猴，它老看下面带小猴的雌猴。大约午休了不到2个小时，一些小猴开始活动，猴群全家发出集体吼鸣，如合唱一般。经过两次合唱，全体成员集体向前方行进，进行觅食。[4]

　　又如，1997年5月4日下午的一份调查记录显示，在一个正在迁移的猴群中，有一只成年雄性一直在树上坐着，许多猴都已经走了，它还不走，总往山梁上看，好像在等待什么；等了一会儿，没有猴下来，它就下树了，走到一棵树旁坐下。这棵树上已有两只成年雌猴，各自怀抱着小婴猴。在它们的旁边，另外还有一只成年雌猴。过了十几分钟，观察者发现，果然有两只怀孕的雌猴从上面来了，它们的肚子很大，步履艰难，一个树枝一个树枝地慢慢走，雄猴一直看着它们，等它俩往前走一截，雄猴在后面跟一截，小心翼翼地保护着，很感动人！[5]

　　如果把调查记录中的主人公换作人类，这两个大家庭在人类社会中也是和谐亲近的一家，尤其是后一则调查记录中的男主人，就是翻版的"模范丈夫"。至此，我们不由发问，动物世界中的婚媾与亲缘从何而来？它们的亲情与人类社会有何不同？

　　就动物群体的生理性而言，许多动物的群居性与组织性是由其先天的生理特性决定的。以蜜蜂为例，蜜蜂是群体组织性动物的重要代表之一，群体内部组织结构分为蜂王、雄蜂和工蜂三个组成部分。蜂王体形较大，高高在上，只有产卵一项功能。雄蜂环侍蜂王周边，只有与蜂王交配一项功能。工蜂负责蜂巢内外的所有工作，具体又分为两类：一类是哺育蜂，负责蜂巢建造、清理和哺育幼蜂；另一类是采集蜂，负责外出采蜜。就成年工蜂而言，前期基本都是哺育蜂，后期则转为采集蜂。

从考察统计看，工蜂中哺育蜂与采集蜂的分工并非一成不变，而是随蜂群的需求而变化。当蜂群需要建巢或面临哺育高峰时，哺育蜂短缺，采集蜂会转为哺育蜂，从事相关工作；当蜂群食物匮乏时，哺育蜂又会提前转为采集蜂。

对于工蜂内部角色与分工转换的机制，昆虫学界从分子生物学层面进行了深入研究，提出了三个方面的机制条件：一是脑神经结构的变化。昆虫脑部的蘑菇体是一个十分重要的结构，直接影响感知能力与学习能力。研究表明，哺育蜂与采集蜂脑部蘑菇体的结构有明显不同，前者蘑菇体内的神经元细胞数量明显高于后者，后者神经纤维网的数量又明显高于前者。因而，蜜蜂脑部蘑菇体结构变化与蜜蜂劳动分工行为有关。

二是神经递质数量的变化。蜜蜂分工角色的转变与其体内神经递质浓度的变化密切相关，在蜜蜂从生到死的生命历程中，脑部多巴胺、5-羟色胺和章鱼胺的浓度处在不断上升中，直接影响到功能的改变，如章鱼胺能够增加对采蜜相关行为的敏感度，采集蜂脑中章鱼胺的浓度明显高于哺育蜂。

三是基因表达的差异。对蜜蜂的研究表明，蜜蜂的内源性非编码小核糖核酸分子在蜜蜂胚胎发育、级型分化、劳动分工等方面具有重要调控作用，可能通过对蜜蜂脑神经的调节，改变分工功能。

基于此，有研究认为，蜂群中与年龄相关的劳动分工行为受到复杂的多方面的因子调控，并且很多重要的调节过程可能是由蜜蜂脑部或者其他组织中的基因来精确调控的。[6]

由上所述，可以认为，动物社会的群居方式和组织方式或者与后天的环境及生存需求相关，但群居性与组织性的根本成因不在于此，在于血缘组合基础与其自身的生理特性。也就是说，先天性为主，后天性为辅，二者共同影响着动物社会的群体与组织的形成。

二、等级、首领与责任

动物群体中广泛存在着分层与等级，每一个群体也往往会有首领式动物，从哺乳类动物到禽类与昆虫，多是如此。

分层与等级首先导致群内出现了不平等的等级关系。对恒河猴的研究表明，此类动物群体中等级森严，等级高的个体有绝对权威，等级低的个体极少攻击等级高的个体，等级高的恒河猴接近等级低者时，后者多摆出服从的姿态。对狼群的考察表明，狼群中的首领从仪态到行为都异于普通成员，普通成员在首领面前表现出特定的动作或仪态。有研究报告描述道：在典型的统治与服从的相互作用中，等级高的狼表现为：抬着头，耳朵转向前方，身体直立，尾巴向后伸直。而当服从者接近统治者时，则把头低下，耳转向后方（但并不与头相平），身体左右蠕动，匍伏着向前爬行，尾巴下垂并来回摆动。该报告还描述了首领在群体成员间特有的存在方式："所有狼群内的成员通常都服从于第一位雄性。第一位雄性是狼群所'敬爱'的焦点，即其他成员常常摇着尾巴跑到第一位雄性那里，对它又抓又舔。通常，在像这样做的同时，狼群一起围绕着第一位雄性，并且时时发出嚎叫声。

这被称为'迎接仪式'。"[7] 在一些鸟类中也存在这种现象。如，分布于我国西南地区等地的白马鸡为大型鸟类，对它的研究表明，此类群体中，高等级个体均为雄性，每个小群中都有高等级白马鸡的存在，高等级白马鸡对所在小群中其他个体具有较强的控制力，对其他小群中非高等级个体也有明显的权威性。它们以驱赶和炫耀等方式向低等级个体传递支配信号，低等级的个体表现为躲闪、身体下蹲和缩颈等顺从行为来回应。[8]

分层与等级是对动物群体内所有成员的要求。比如，对恒河猴未成年雄性群体的研究表明，它们等级关系清晰、稳定，等级来源则是母亲的等级位置。在未成年雄性恒河猴选择社交与游戏对象时，多选择等级相近者，游戏的发起者多是等级较高者，退出者则多为等级较低者，此亦可见等级对行为的影响。又如，对非洲黑脸长尾猴的研究表明，成年雄性在社交及游戏中也倾向于选择等级相近者；对狒狒的考察也表明，母亲地位高的幼年狒狒更容易得到群体成员的关照，也更易于吸引同伴共同游戏（图3-2）。

动物群体中的高等级成员尤其是首领，除了权威性外，在配偶选择、食物分配、居巢空间选择等方面都具有优先权。在哺乳动物群体中，这种顺位选择更为普遍。但必须注意的是，它们在拥有这些特权

图 3-2　非洲黑脸长尾猴

的同时，还必须履行相应的责任，这就是对群体的保护与领导。在群体遇到外来威胁或领地受到侵犯时，它们必须率先应战；在群体迁徙或寻找食物与水源时，它们也必须做好指引，充当领路人。有时，这种责任是相当沉重的。比如，红鹿鹿群首领在交配季节，为保护领地和对雌鹿的占有权，不断与侵入者进行角斗，无暇进食，身体经常处在透支状态，群中其他雄性则可趁机与雌性交配；又如，毛海豹群体中的首领在繁殖季节也要不停地与对手打斗，甚至可以长达两个月不进食，死亡率大大高于其他成员，群中其他低等级的雄性则利用首领的庇护，从容地得到食物和雌性。

更为重要的是，几乎所有动物群体中的首领都面临着剧烈的内部竞争，挑战随时可能发生。珍妮·古多尔所著《黑猩猩在召唤》一书中，以其亲身考察经历，详细记述了黑猩猩群体中的"易主"事件。

黑猩猩群的首领戈利亚与等级较高的白胡子大卫、鲁道尔夫以及另外两只雄性正在互相掭毛。等级较低的雄性黑猩猩马伊克在距离30多米远的地方，一边整理自己的毛，一边斜视着这五只雄性。

突然，马伊克走向珍妮·古多尔的营帐，拿起两只空煤油箱，一边尖叫，一边敲打摇晃煤油箱，冲入猩猩群中，黑猩猩们纷纷躲避。到第三次冲击时，它直接扑向戈利亚，戈利亚急忙让路。此时，马伊克停了下来，鲁道尔夫第一个走近它，为其掭毛，另外两只雄性黑猩猩也照此办理。最后，白胡子大卫也走近了马伊克，为它修饰起来。这样，马伊克取得了首领地位。

失去地位的戈利亚并未表示臣服，仍在不断地向马伊克挑战，直到两者间的一场"决战"爆发。"决战"中，两者轮番抛掷石块，摇动树木，跳跃吼叫，直到精疲力竭。珍妮生动地描述道：“这样持续了将近半个小时；公黑猩猩都依次显示了自己的力量，而每一轮新的示威都比前一次更有力，更厉害。但是在‘交战’中谁也没有真正攻击对方，顶多偶尔用树枝打一下。在非常长的间歇以后，突然，戈利亚出乎意料地停止了表演，看来他已经屈服了。他跑近马伊克，俯下身去，神经质地高声尖叫，并狂热地为胜利者理毛。有好几分钟，马伊克毫不理会戈利亚的热诚；突然他转过身来，以同样的热心为被自己所征服的敌手进行修饰。他们坐了整整一个小时，一刻不停地相互捋毛。这是两只公黑猩猩最后一次真正的决斗。戈利亚好像是承认了马伊克的优势地位，而在他们之间建立了一种十分奇怪而带点生硬的关系，他们相互致礼，时常表现过分狂热的感情：拥抱、亲脖子、相互叩拍，然后照例相互捋毛。看起来，身体的接触使得他们平静起来，消除了相互关系中的紧张。随后，他们并肩进食和休息，看来十分和睦友好，就好像他们之间从来没有发生过尖锐的冲突似的。”[9]

首领的竞争与争夺并非只发生在灵长类动物群体中，其他多数动物群体都有这一情况。以蜂群为例，蜂王争夺也是常常发生的事。比如，在野生蜂群中，蜂王以两种手段维护王位：一是通过信息素的传导抑制工蜂卵巢发育，使其无法激活；二是驱使一批工蜂负责识别普通工蜂所产之卵，并清除或食用。由此，可以确保蜂王对生育权的独享以及王位的稳固。

但是，有的可产卵工蜂可以增加酯类物质的分泌，并将其转移至所产蜂卵上，模拟蜂王卵标记信息素，躲过工蜂监督，实现生育权利，进而可以在其周围形成类蜂王侍卫圈。势力壮大后，它们或向蜂王挑战，扰乱蜂群秩序，或自立门户，组成新的蜂群。[10]

在蚂蚁的世界中也是如此。比如，在澳洲二刺猛蚁蚁群中，蚁后之下有可产卵工蚁、普通工蚁，可产卵工蚁是蚁后的潜在竞争者，普通工蚁是可产卵工蚁的竞争者。蚁后享有生育垄断权，可产卵工蚁所产之卵多被蚁后食用，而在新蚁幼虫化蛹时，可产卵工蚁又会把新生幼蚁的芽孢啃除。这样，工蚁卵巢发育不良，就会胆小顺从，会全心全意为蚁群服务。但蚁后随时可能被可产卵工蚁推翻，取而代之；那些少数未被啃掉芽孢的工蚁成长后也会成为可产卵工蚁的直接竞争者。[11]

前述首领之争夺背后有一个重要问题值得注意，这就是胜利者胜出的原因是什么？以往的研究从物竞天择的角度出发，注重竞争的条件。比如，哺乳动物中的首领较之低等级的雄性往往具有更伟岸的体躯、更硕大的犄角或牙齿，甚至皮毛也更为光亮；禽类动物中等级高的雄性也往往具有更健硕的躯体、更鲜艳的禽冠或垂肉、更漂亮的羽毛。研究表明，这些表征的形成与雄性荷尔蒙的分泌水平相关，与之同时，雄性荷尔蒙的分泌水平也受到动物等级顺位的影响。

又如，有研究者对小鼠进行"钻管测试"，其方法是将两只小鼠分别放入管道两端，使它们中途相遇发生对抗。测试表明，在黑暗的管道中，不同等级的小鼠在遭遇对方时所表现出的行为有明显差异。高等级的小鼠会继续向前，推挤对方，迫其后退，即使遇到强者也不放弃；低等级的小鼠往往会停止不前，或直接后退。[12]这表明，小鼠的天生性格直接决定着它在群体中的地位。

再如，对狼群的研究表明，"在两性之间或同性内部，身体的大小似乎并不是统治的基本标准。更确切地说，一些至今人所不知的个性因素，似乎起着最大作用"[13]。

这是正确的判断，因此还应当考虑，无论是雄性荷尔蒙分泌水平所引发的外在差别，还是天生性格所导致的内在不同，都还有更深一层的生理与基因背景，如何正确发掘与认识，是未来必须面对的问题。[14]

三、动物世界的冲突

动物世界的冲突主要因领地与内部地位而起，或为个体间冲突，或为群体间冲突。冲突方式并非只是简单的厮杀或角斗，而是因事因时而异，既有警示性驱离，又有恐吓式慑服，还有仪式性决斗，当然也有十分惨烈的直接对抗。

警示性驱离多用于对领地的捍卫。几乎所有动物都有强烈的领地意识，从空中飞鸟到海中海葵，从蚂蚁到哺乳动物，概莫能外，对自己领地的捍卫是所有动物的天性。动物们警示的方式花样繁多，有的鸟类在自己的领空不断飞行鸣叫，以警示外来者；有的猿类或猴类通过吼叫宣示领地归属，警示外来者；有的动物则用粪便气味圈定领地，并警示外来者，如犬类、獾类等。

恐吓式慑服运用更为广泛，内争与外争时都会使用。有的动物会夸张式地展开体毛，如禽类会张开翅膀，抖动羽毛；猫、犬、鼠也会毛发竖立。有的动物会夸张地展示自己的利器，如鳄鱼、河马以及一些灵长类动物会张开大嘴，露出利齿，做出撕咬动作。也有一些动物靠吼叫或奔跑恐吓敌方（图3-3）。

仪式性决斗多用于同一群体内部的争斗。比如，对白马鸡的研究表明，尽管白马鸡为善于打斗的鸟类，但在群体成员间不会发生有身体接触的打斗，往往是高等级个体向低等级个体以驱赶或炫耀等仪式性举动，向不肯服从者传递支配信号，而后者则以躲闪和身体下蹲、缩颈等顺从行为回应。[15]又如，对东非草原瞪羚的研究表明，两只瞪羚间的决斗也是仪式性决斗。如尚玉昌

图 3-3　驱离入侵者

先生所述，瞪羚是东非大草原最常见的一种小羚羊，它的仪式性决斗很有趣，先是小心谨慎地走近对方，然后高昂起头，双耳指向前方，角越过肩斜向后方。它们格斗时不会互相冲撞，头与头也不接触，而是在密切靠近后互相把头转向身体的一侧。当它们彼此并肩处于同一水平时，头便再次扭向前方并开始点头，目的是向对方展示和炫耀自己优美的角。接着便向上伸展自己的颈部，头转向对方，眼睛互相注视以让对方看到自己喉部和颏部（下巴）显眼的白斑。上述过程一再重复，直到其中一方选择离去。[16]

　　惨烈的直接对抗多为不同群体间的争夺战。昆虫研究者冉浩曾详细记录了蚂蚁群体间的大兵团作战。据观察，2003年左右，在河北大学内的一排白杨树下，生存着两个蚁群，第一棵到第二棵白杨树下为玉米毛蚁的领地，第四棵及以后的地方是掘穴蚁的领地。第三棵白杨树的上部，还居住着一群树栖蚂蚁。玉米毛蚁和掘穴蚁围绕着它们的交界处——第三棵白杨树展开了争夺。这里在2002年曾是玉米毛蚁的领地，只不过因为苏醒的晚，被掘穴蚁占据了。可以说这是一次玉米毛蚁的收复失地之战。

第一天，先是有小股玉米毛蚁在第三棵白杨树周围活动。第二天，玉米毛蚁组织力量将巢穴开挖到第三棵树下。第三天，玉米毛蚁在从地面大举进攻的同时，又进入了掘穴蚁蚁穴。两天后，玉米毛蚁成功收复了失地。

但胜利后的玉米毛蚁并未止步于此，它们继续向前开疆拓土，到达了第四棵白杨树下。掘穴蚁开始全力反击，先是在地下推进到第三棵树下，在地上则与玉米毛蚁发生了激烈的争夺战。玉米毛蚁守护在树下根部一带，拼死抵御。恰在此时，树上的树栖蚁群自上而下地对玉米毛蚁发动袭击，在空中与地面、地下的立体攻势下，玉米毛蚁败退至第二棵树下。

获胜的掘穴蚁群马上开始了维护领地的工作，它们把占下的巢穴重新加大、加宽，使之适合自身生活与作战；在地上领地上则由工蚁们四处排放粪便，留下气味标识。此后相当一段时间，蚁群们相安无事，保持着和平局面。[17]

从动物世界的活动习性来看，各种争斗无时不在，或是群体间的领地争夺、食物争夺，或是群体内的配偶之争、地位之争。争夺的根源在于占有与私有权属意识的存在。从各种野生动物到家中饲养的宠物，对于它认为属于自己的领地、食物、配偶以及地位都有十分强烈的占有欲和保护欲，这是动物间以及动物群体间争斗发生的根本原因。

与此相联系，动物群体间的争斗也可以分为侵略与反侵略两种性质。凡是在自己领地上活动的动物，大多神情放松，底气十足；凡进入它者领地的动物，大多惴惴不安，小心翼翼，不愿久留。冉浩曾这样记录他对蚂蚁的观察："如果你将一只蚂蚁放在'邻国'的领地中，你会发现它马上变得焦躁，横冲直撞，急切地想离开这里，这种反应在离'邻国'的巢口越近——那里的气息更浓——而变得更加强烈。它能通过气味感知到这里充满了杀机，它孤立无援，必须尽快退出这里，否则将面对驱逐甚至是杀戮。相反，那些在自己气味标记的领地里的蚂蚁则斗志昂扬，随时巡查着自己的领地。"[18]同样，进入它者地界的入侵者远不如守护者有斗志，后者往往会以死抗击，不会轻易放弃，而入侵者遇有不利，会转身而去。

从动物世界的争斗还可以发现，即使是群体间的领地之争，也是先礼后兵，往往是先警示，再恐吓，实在不行，才会列阵厮杀。

对于动物世界冲突的形成，研究者给出了不同的解释，有环境拥挤说、进化选择说、非亲缘排斥说、生理遗传说以及综合作用说等，但诸种解释的根本分歧点是先天遗传为主还是后天环境影响为主。有研究表明，动物的攻击性是由多基因决定的，包括5-HT转运体基因、去色氨酸羟化酶（THP）基因、儿茶酚氧位甲基转移酶（COMT）基因、MAOA基因等。[19]这似乎明确证明了动物冲突的先天性。但从动物冲突的直接原因看，领地意识以及各种私有权属意识还是至关重要的，如果能证明这些意识来自基因遗传，则这一问题便不易再起争议，若是来自后天环境，则另当别论。

四、动物世界的建筑艺术

以建筑艺术描述动物世界的建筑并不过分，无论是其复杂的建造工艺，还是设计理念，无论是功能分区与利用功效，还是工程之浩大、宏伟，都不在人类之下。

就动物世界的建造工艺而言，无论是选材、施工，还是具体工艺标准，都堪称独到。澳大利亚北部有一种大亭鸟，求偶时会搭制两个漂亮的台子，再配上长长的通道。通道是封闭的，由褐红树枝编成两壁，这些树枝的数量可多达5000根。通道中会依大小不同，顺次摆放石子等物品。研究人员认为，这或许可以制造一种强行透视的假象，会让正在展示的雄鸟及其收藏的物品，看起来比实际更大，色彩更鲜艳。考察者曾把其摆放的石子顺序打乱，但不久，大亭鸟又会将其恢复原状，这表明它是有意为之。欧亚大陆上有一种很常见的银喉长尾山雀，极善筑巢，它们的巢是袋状的，用小叶苔藓为基本材料，以蜘蛛卵囊丝线进行编制，巧妙地加以扣结，再用薄片地衣包裹在巢的外侧。整体完工后的内部处理也十分精细，一般是使用大量细小羽毛敷于内侧，既柔软又防水。据统计，仅羽毛一项，就有数千根之多。[20]

蜂巢的建造工艺也十分独特，蜂巢集中在巢脾这一统一整体上。其中，工蜂巢房直径约5.2毫米，雄蜂巢房直径约6.4毫米，均为规则的六角形，建筑材料为工蜂所分泌的蜂蜡。建巢之时，若干工蜂拥抱成团，使温度保持在35℃左右，这是蜂蜡处理的最佳温度。工蜂们一边分泌蜂蜡，一边用肢体移除，再用上颚加工成型。[21]最后的成品巢房规格一致，形制统一，臻于完美。

就动物世界的建造设计而言，它们往往都会充分考虑环境、成本、功能等综合因素，达成最佳使用效果。以蜂巢造型为例，每个蜂巢都是严格的柱体六角形，上端是敞开的六角形，底端是由三个菱形组成的六角棱锥体。18世纪处初，法国博物学家马拉尔奇就大量测量了蜂巢结构，发现所有菱形的钝角都是109°28′，锐角则是70°32′。经过数学家们的验证，这个构造正是菱形器物最经济的构造。[22]

更让人叹为观止的还是非洲白蚁穴的建造设计。非洲白蚁往往建造高大的巢穴和深深的地下空间,地面部分均面向南部开口,南北窄,东西宽,避免阳光暴晒;地上部分高可达10米,地下部分最深处可达40米,内部有规律地分布着交通网、通气网、居室、菌圃以及采集冷气的深井。最大特色就是整个建筑拥有良好的空气循环系统,既可以保障空气的清新,又可以保持建筑内的温度,而这一切都是在自然状态下完成的。

具体而言,整个建筑中心是一个较为宽大的烟囱式结构,与之相联结的是骨干式网状通道,与网状通道相连接的是更为细密的微循环通道,所有居住与工作空间都没有任何死角。这样,外部的新风可以通过若干出口进入穴内,内部的浊气则在底部冷空气的推动下上升,一进一出,形成有效交换。有研究者认为,这种气流交换方式与人类之肺的功能颇为相似;还有的研究者发现,白蚁穴内的毛细微循环系统与松软的穴壁可以起到过滤空气的作用,可以有效地提升蚁穴内的氧气含量。[23]

无独有偶,在非洲白蚁以完善的设计抵御酷热的同时,生存在北方寒冷地区的林蚁也在以自己的设计解决御寒问题。比如,蚁巢的选址十分讲究,一般都选在少水向阳之处,巢口向南,且往往被堆上枯叶、杂物,抵挡寒风。有的则要收集枝叶及松针,为蚁巢加盖屋顶,高者可以高出地面1.5米。这样,巢内温度较之外部可以高出10℃以上。[24]

就动物世界的工程规模而言,浩大的工程比比皆是,相对规模已远超过人类建筑。比如,研究者对白蚁建筑的相对规模进行了分析,认为一只白蚁不过5毫米左右,5米高的巢穴相当于身体长度的1000倍,40米的深度相当于身体长度的8000倍。如果换算成与人同比例的尺度，相当于建造了1700米高的巨型建筑，开掘了13600米深的通风竖井，这是人类目前尚未达到的高度与深度（图3-4）。[25]

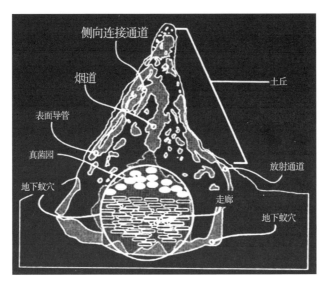

图3-4　白蚁蚁穴示意图

　　就空间规模而言，美洲塞氏切叶蚁建设的巢穴可为代表，它们的巢穴可称为一座庞大的地下城市。比如，考察者考察了巴西的一个塞氏切叶蚁的巢穴，内部由1000个左右的巢室构成，空间面积数十平方米，深度约8米。巢穴堆土表面开有大量孔洞，与内部管网相连。巢穴内部有规律地分布着通道、巢室，居住着500万～800万居民。据测算，开挖的土方重达约44吨，蚂蚁需要搬运10亿次，可谓工程浩大。[26]

　　庞大工程的建造不是蚂蚁的专利，在一些啮齿类动物中也流行着各种建筑，以河狸为例，河狸巢穴多开在水岸，穴口在水下，洞室斜挖至河岸。为保障洞口处水位的稳定，河狸往往要修坝筑堤，一般是先用树枝插入河床，再铺上树枝、石块，并用细小枝叶、泥土、芦苇等填塞缝隙。坝的两端与树木或岩石连为一体，保持坚固性。在有些地区，河狸所筑堤坝已很壮观，俄罗斯的沃龙涅什一带就存在着120米长的河狸坝，美国蒙大拿地区有700米长的河狸坝。当然，这恐怕需要若干代河狸坚持不懈的劳作。[27]

五、动物世界的劳作

劳动曾经是人类的专属，也是人类成为人的第一步。根据教科书的说法，人类刚刚开始劳动时只是使用天然工具，经过一个时期的进化，才学会制造工具，使用工具进行的捕猎与采集都可以视为劳动生产。人类社会较为完整的生产活动产生于一万多年前，标志是种植业与畜牧业的出现。自此开始，人类社会进入农耕文明。关于动物如何使用工具、如何进行劳作是近年来才引起人们高度关注的，认识动物世界的劳作对于客观把握包括人类世界在内的整个生命世界的实质具有重要意义。

能够使用天然工具的动物为数较多，比如，地蜂会咬住细小的石子捶打巢穴口，使其封闭；白兀鹫会使用石头敲开鸵鸟蛋；一种小嘴乌鸦会把坚果丢到公路上，让汽车碾开后再取食。又如，白鹳会利用水分很足的苔藓，将其叼到幼鸟嘴边挤出水分；一种短嘴鸭会用飞盘装水；吉拉啄木鸟会把树皮当作容器，装上蜂蜜带走。

能够制造工具的动物就比较少了，关于这方面较早的可靠性报告是英国动物学家珍妮对黑猩猩的观察记录。她观察到黑猩猩在用草棍钓食蚂蚁时，会对草棍进行修整，或者咬去弯的一端，或者去除草叶，将其修整为适合自己使用的形制。她认为："这是制造工具的萌芽。"[28]后来，研究者们发现了更多的例证，有的研究者甚至观察到黑猩猩会制造一些复杂工具，比如，把若干根木棍树枝拴在一起做成"钉耙"一类的工具。

在能够制造工具的动物中，乌鸦是一个特例。根据对新喀里多尼亚群岛上乌鸦的系统观察与研究，人们发现，乌鸦不仅能制造工具，还会随身携带一些工具，而且制造工具的工艺与流程已开始复杂化。

乌鸦们可以用合适的树枝做成钩子。流程是，先选取带杈的树枝，去除旁枝，折断其中一侧，剩下部分就是钩形工具了。它们还会将钩子磨得更加锋利，细细修整，直到适用为止。

乌鸦们还会把树叶制成锯状工具。它们一般是选取露兜树带刺的叶片，制成顶部宽、下部细的梯形锯齿工具。程序是，先在叶片上撕一个小口，再把同一侧的叶缘撕开，还要另开一个口子，使其逐步成形。成形后，才将其从树叶上取下，树叶会形成一个与所制工具同样的空心模板。[29]

能够从事农业与畜牧业生产的动物当然是少之又少，到目前为止，仅在蚂蚁中有所发现。从有关考察情况看，能够从事农牧业的蚂蚁主要有三种类型。

一是从事农业者。比如，美洲切叶蚁能够制作菌床，养殖真菌供群体食用。从事这一生产活动的主要是群内的工蚁，中型工蚁外出采摘新鲜植物叶片，并运回巢内，小型工蚁则骑在叶片上进行警戒；回到巢内后，中型工蚁要处理叶片，制造菌床，培养真菌，小型工蚁也会参与其中。对叶片的处理包括咀嚼、抚平，真菌菌源最初应是外来，经过一段时间后便会自我循环。农业生产为蚁群提供了充足而稳定的食物来源，使切叶蚁种群能够发展到十分庞大，有的蚁群一夜之间可能把一片菜地的叶子全部采光，采摘量相当于一头奶牛一天的食量。

二是从事畜牧业者。比如，莫桑比克的蜂足蚁常年生活在树上，在树皮下营造巢穴，巢穴内同时生活着以树根和树汁为食的介壳虫类，它们由蚂蚁看管、照料，无法离开。这些虫类会产生富含糖类与氨基酸类的排泄物，供蚂蚁食用，必要时，蚂蚁还会直接将其食用。

三是同时从事农业与畜牧业者。比如，广泛分布于亚马孙雨林中的黄足弓背蚁，将蚁巢建在树冠上。它们会从地面将泥土与碎叶片运到树上，依托大树上的附生植物建成"蚁圃"，蚁巢与"蚁圃"中还会收留介壳虫、水蜡虫等生物，这样"蚁圃"中形成的鲜嫩细枝可以为介壳虫、水蜡虫等提供汁液，介壳虫、水蜡虫等可以为蚂蚁提供其他营养，黄足弓背蚁的生活可谓十分富足。

让人叹为观止的是，一些蚂蚁群体中还使用奴隶劳动。美洲大陆上就存在着若干蓄奴蚁种群，它们往往主动进攻其他蚁群，目的是带回蚁蛹。蚁蛹成长时便处在所在蚁巢的气味场中，对新家会产生认同。这些被俘获的蚂蚁多充当工蚁角色，至多在兵蚁外出征战时在旁边协助作战。[30]

六、动物世界的学习

动物世界的学习主要指广义上的学习，即通过对外界信号的接收与反馈而改变或增强自体认知能力与行为能力。有研究者曾专门测试过蚯蚓的学习能力，其方法是设置一个简易迷宫，把一条主干道分出两条岔路，一条通向潮湿阴暗的空间，另一条则设置了浓盐水或电击点。当蚯蚓在主干道爬行至岔路口时，一开始，继续爬行方向的选择是随机的，但经过若干次重复后，选择方向均准确地定位在通往阴暗潮湿空间的岔路。有的实验还表明蚯蚓的这种选择能力会持续若干天。更不可思议的是，当切除前端部分后，失去头部的蚯蚓仍会保持路径上的正确选择。[31]这一事例可以明白无误地告诉我们，所有动物都具备学习能力，而且还具备保持这种能力的能力。

动物世界的学习方式主要有三类，即条件反射性学习、推导式学习和社会性学习。

条件反射性学习方式多样，都是建立在趋利避害基础之上的记忆选择。美国心理学家桑代克曾设计了一只迷宫箱，内有一个特殊装置，只有触动这一装置，才可逃脱并得到食物。他把一只猫放入箱内后，这只猫触发开启装置，慌张不安，无所适从，在若干次偶然触发特殊开启装置得以逃脱并得到食物后，逐渐学会了这一技能。此后，只要将其放入箱中，它很快便会触发开启装置，逃出迷宫。

稍晚的另一位美国心理学家斯金纳在此基础上进行了改造，设计了一套自动装置，被称作斯金纳箱（图3-5）[32]，只要触碰或按压箱内的自动装置，就会有食物自动给出，凡成功的动物即时获益。在对鸽子、小鼠进行的测试中也得到了良好结果。[33]

这种学习方式实际就是奖惩式学习。迷宫箱和斯金纳箱是奖励式学习，通过这种方式可以使许多动物学会一些特定技能，如兔子弹琴、鸭子套圈、小狗跳舞等。前所述蚯蚓之例属于惩戒式学习，可以教会动物要避免什么，比如避免食

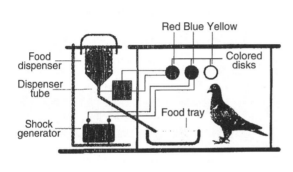

图 3-5　斯金纳箱示意图

用有毒食物、避免溺水、避免坠落等。

推导式学习就是联想式学习，通过对不同条件反射的联想，推导出恰当做法，又可视为举一反三。比如，有研究者做过这样一个实验：对斯金纳箱中的老鼠进行压杆训练，每压一次会有糖水流出。这是老鼠喜爱的美食，当老鼠建立这种认知后，将其放回穴中，并在次日继续让它得到糖水，但同时为其注射含锂液体，使其腹痛和不安，再将其放回斯金纳箱后，这只老鼠不再压杆获取糖水。这表明，它把疼痛、糖水和压杆联想到了一起。[34]

有研究者对一只叫Sultan的黑猩猩进行过一个测试：先把一根短棍递给Sultan，再把一只苹果放在笼外可以够得到的位置，它很快便会用这根短棍够取苹果；后来，又把苹果向外移动，并给Sultan增加了一根短棍，这根短棍可以和上一根插接在一起。它最初分别用两根短棍去够苹果，都未成功，又用一根顶着另一根去接近苹果，但无法拿到。于是，它将两根短棍拿在手上反复比对，最终将两根短棍插接到了一起，到笼边顺利取到了苹果。[35]这又是一个典型的联想式学习案例。

社会性学习就是跟随父母或群体中其他的动物学习，这是动物世界最有成效的学习方式。具体表现形式丰富多样，大致可分为如下几种情况：

一是主动观察与模仿。有观察表明，一些鸟类在觅食过程中会主动追随有效觅食者，这就是观察与模仿。比如，红石燕群体中，能够觅回食物者往往缺少追随它者再次觅食的动力，一般只有17%会再次出行，而未觅回食物者中的75%都会随其他红石燕再次外出。而且，许多鸟类的觅食习惯是从众，哪个区域觅食的同类多，便会前往哪个区域。也有的观察表明，一些动物食用不当食物引发痛苦不适的症状时，其他未食用或食用后并无反应的动物也会表现出同样症状，即"中毒伙伴效应"，通过这种模仿可以学到避开不当食物。[36]

二是代际传授。这是指上代对子代的技能传授或自然传递。维也纳大学的生物学家萨拜因·特比希专注于加拉帕戈斯群岛上一种雀类的研究，她曾观察到一只成年雀带领一只幼雀学习的过程：先是成年雀折下几根带刺的黑莓树树枝，去除叶子和枝杈，保留刺突；又以此为工具将小虫从树皮下钩出。幼雀一直在一旁看着，不久便学会了用这个工具钩出食物。奥克兰大学的鸟类学家罗素·格雷曾连续观察了新喀里多尼亚群岛的一只小乌鸦在母亲的带领下，从学习工具使用到学会制造工具的全过程，并得出结论："人类和新喀鸦的觅食技术都很高明，未成年时，依赖父母养育的时间也很长，这显示二者之间可能有因果关系。"[37]以上都属于上代对子代的技能传授。又如，研究表明，动物幼体自然喜欢使用母亲哺育期食用的食物，成年后依然如此。兔类成年后对母亲常食用的食物尤为喜爱；东林鼠在贮藏食物时，更愿意选择母亲喂养它们时食用的食物。这些都属于味觉与摄食偏好的自然传递。

三是群内交流。群内成员间会以不同的方式交流取食、格斗以及认知，动物间的游戏就是很好的交流。有研究表明，狼、赤狐在发生食物中毒或饮食风险后，可以通过交流使群体其他成员学会避开风险地点或危险食物。[38]

由上所述，不难发现，所谓学习并非人类的专利，也不是哪一类动物特有的功能，而是所有动物都拥有的基本生存功能。

七、动物世界的信息交流

动物世界种类繁多，各种动物都有自己的交流与沟通方式。

但是，相当一个时期以来，人类盲目地认为，只有人类才有语言，才有以语言为媒介的各种信息交流，对于动物世界的各种信息交流方式均视为低等表达，不肯认真对待，更谈不上平等对待了。由此，还产生了一个奇怪现象：人们所豢养的许多动物，从犬、猫、鸡、鸭到动物园中的灵长类动物、海洋馆中的海豚，都能听懂人类的一部分语言，有些动物甚至可以完全理解人类的语言表达，而人类却听不懂任何一种动物的语言。细思一下，这是不是颇为恐怖的一件事情呢？

好在自20世纪以来，人类越来越注重对动物世界信息交流的观察与研究，尽管尚未领会它们的信息意蕴，但对它们的基本方式有了初步了解。目前，人类考察较多的主要有四种信息交流方式。

一是语音交流。人类的语言应当包括语言与文字，为了与之区别，将动物世界的语言称为语音，又特指动物世界中与人类语音音频相近的语音。人类社会的语言是以不同频率与音节的语音来表达不同内容，动物世界的语音也具有类似功能。以目前对鸟类语音的研究为例，鸟类语音的主要交流方式是婉转动听的歌唱，鸟类特有的发音器官鸣管可以在左右侧共同或单独制造音符、音节，达到歌唱时音节的多样性，充分表达相关旨向。其中，既有丰富的求偶表达，又有对领地的宣示表达，还有对同类的身份询问表达；可以通知同类食物地点，也可以对同类进行危险警示，等等。除了常规歌唱外，还有一些特定语音交流方式。比如，幼鸟为乞求而发出的各种鸣叫，可以表达特定身份，可以表达饥饿程度与自身的急迫。有研究者在对杰克逊的金背织雀幼鸟研究中，通过控制饥饿水平，考察在不同饥饿阶段幼鸟乞求声的声学特征。研究发现，处在不同饥饿水平的幼鸟会发出不同的鸣叫声。[39]

二是次语音交流。次语音交流特指动物使用次声波进行的语音交流。人类能接受的最低音频在20赫兹左右，次声波则是音频低于此的声波，次声波波长明显高于常规声波，穿透力也更为强大，且不易衰减。鲸鱼、河马、犀牛、鸽子以及乌贼、章鱼、鱿鱼等都可以接收次声波。运用次声波同样可以发出复杂的语音，比如，蓝鲸中的雄鲸发音粗犷有力，十分亢进；驼背鲸中的雄鲸则可以唱出复杂动听的歌声，歌声都由若干部分组成，每一部分又区分为不同的音节，音域十分宽广，既有超低音，又有尖叫的高音。雄鲸们往往会反复歌唱，有时长达数小时。当然，这些复杂的歌声所表达的内容我们不得而知，可以了解的是长时段的歌唱或许与求偶有关，有的音频的语音可以传递到5000千米之外。[40]

三是行为信息交流。信息交流即通过肢体或身体动作向同类传递信息并进行交流。这种方式在人类及多种动物中都存在，其中最有代表性的例证之一就是蜜蜂的舞蹈交流。蜜蜂的舞蹈是十分有效的信息交流方式，主要用于采花过程，采集蜂在工作中会以不同的舞蹈将花源情况通知同伴。比如，花源距蜂巢较近时，蜜蜂多以"圆圈舞"通知；花源较远时，则跳"镰刀舞"；更远时，会跳摆尾舞（图3-6）。蜜蜂在舞动时，还可以用角度和摆尾时长向同伴传递花源的方向与远近情况。

值得注意的是，不同类型的蜜蜂普遍采用舞蹈方式发出信息，而且混养的东方蜜蜂能明白西方蜜蜂的舞蹈含义。

蜜蜂的行为信息交流是全方位的，当遇有外敌入侵时，守卫蜂会以振动翅膀、释放报警信息素等方式通知同伴；外出发现危险因素的蜜蜂返回后，会将胸部紧贴巢脾，或者撞向正在飞舞的蜜蜂，持续时间越长，表明危险性越大。[41]

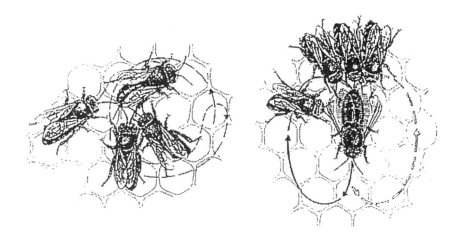

图 3-6 蜜蜂的圆圈舞和摆尾舞

当然，蜜蜂的信息交流方式并非仅此一种，遇有情况时，它们还会根据情况释放不同的信息素。其中，警报性的信息素，代表动员成员立即应战；指向性信息素，代表对被攻击对象进行标记，引导攻击等。

四是信息素传递。利用信息素进行信息交流是相当一部分动物都具有的功能，一些哺乳动物利用气味识别同类、标记领地等行为也属于这一范畴。其中，运用最精到者还是那些昆虫类动物。以蚂蚁为例，其小小的躯体上有十多种器官与信息素的分泌有关，如杜氏腺、毒腺、臀腺、后胸侧腺等，所分泌的化学信息素高效精干，对蚂蚁有极强的刺激性，极小量甚至只需几个分子，就足以传递信息。据研究，美洲切叶蚁属蚂蚁所分泌的4-甲基-3-庚酮的右旋天然分子，是一种报警信息素，蚂蚁对它的刺激反应较之人工合成的左旋分子高出100倍以上。

蚂蚁所分泌的信息素因化学成分不同，又可分为不同的类型，不同化学成分的信息素被蚂蚁用于不同内容的信息符号，可以进行较为复杂的交流。斯坦福大学的昆虫学家德博拉·戈登与同事曾专门对红收获蚁的行为方式进行考察，发现负责采集收获的蚂蚁每次出行都是在巡逻蚁返巢后。他们认为，这是在等待巡逻蚁带回的外界情况。蚂蚁高超的召集能力、动员能力以及对路径准确的把握能力，都得益于准确而有效的信息传递，几乎所有的蚂蚁出行，都会边行进边进行信息素标记。这种标记在正常情况下能保持10天左右，有的甚至可以保持1个月以上。这对于蚂蚁群体的生存具有十分重要的意义。[42]

动物世界的信息交流足以使我们刮目相看，无论是交流媒介、交流手段，还是交流效能都有人类所不及之处。相比较而言，人类社会自身的信息交流媒介与手段或许也曾丰富多样，但随着文明的发展，实则处在不断萎缩退化之中，越来越要依赖人类所创造的自身以外的工具进行交流。而且，这种趋势仍在加速延展。

八、动物世界的迁徙

如果要给动物世界进行最简明的划分，只有一个标准，即根据是否迁徙将它们划分为迁徙性动物和定居性动物。迁徙性动物有明确的迁徙周期、大致固定的迁徙路线以及群体性的迁徙行为，周而复始，世代相承。定居性动物则相对稳定地生存于某一区域，或完全定于一处，或在有限的区域进行小范围移动。

从动物进化与自然发展史看，迁徙是动物世界最初的模式，既有追逐食物的迁徙，又有因季节变化的迁徙，还有因长时段气候变化所带来的环境变迁而产生的迁徙。在不断的发展中，越来越多的动物留居不动，不断适应一地环境及其变化，但还有大量的动物处在迁徙中。它们中，既有哺乳类大型动物，又有昆虫类、爬行类动物，还有大量的鱼类、飞行类动物（图3-7）。从它们身上，我们能发现更多的动物世界与自然界的联系，也能发现更多的动物本

图 3-7　南太平洋迁徙途中的鸟类

能，而这些本能在定居动物身上已渐渐弱化，在人类身上更是消失殆尽。

　　所有动物都是从历史中走来，在漫长的历史环境中延嗣，必然要打上历史的烙印。在定居动物身上，我们只能看到局部的微观烙印，比如某个器官功能的退化、体内菌群的变化、乳糖耐受的变化等。在迁徙动物身上，则可发现更为宏大的历史印记。比如，北极游隼每年秋冬之际南迁，次年春夏之际返回北极进行繁殖。不同种群有着不同的迁徙距离与迁徙路线，东部4个种群迁徙距离在6400千米左右，西部2个种群迁徙距离在3600千米左右。据对这些游隼的基因组研究，两大种群曾有共同的祖先，分化时间在末次冰盛期前后。在对不同种群历史维度与空间维度进行综合分析之后得出结论，在末次冰期消退过程中，全球性海水上涨所带来的地面空间的变化，将不同种群分隔。冰川退缩，北极越冬区域的变迁，使不同种群选择了不同的迁徙路线，带来了迁徙距离的差异。[43]

就迁徙动物而言，它们与大自然的联系更为密切，更为直接，可以让我们更加清楚地认清动物世界与自然世界的关系。以迁徙的动物在长距离迁徙中对路线和方向的把握为例，它们所采用的定位与定向方式涉及天体、磁场、光线、气味等多种要素。就对地磁的利用而言，关键是如何实现动物自身对地球磁场的接收与感知，主要有物理途径、化学途径与生物途径三种方式。

研究发现，蝙蝠主要运用地磁场进行导航，其头部有磁铁颗粒。在蜂、鸟以及一些细菌中也都发现了磁性矿物，它们都可以此与地磁场发生感应，进行物理定位与定向。研究还发现，一些动物体内含有隐色素，鸟类可以利用它们眼睛中的光受体神经元中的隐色素与地磁场发生感应，进行化学手段的定位与定向。研究也发现，一些动物体内的磁受体蛋白MagR也可以产生磁感应，一些动物或可以此生物手段进行定位与定向。[44]

动物的迁徙之旅是物竞天择的升华之旅。对于几乎所有的迁徙动物来说，长距离的迁徙是一场苦难，小小的燕子在迁徙中可以越过高山、海洋，甚至跨越沙漠，飞过上万千米；北极圈的驯鹿在刚出生后就要随鹿群踏上迁徙之旅，跋涉9000千米；北美的大桦斑蝶可以以每年4000千米的速度接力迁徙，四代斑蝶才可完成一轮迁徙。[45]在这种情况下，所有的迁徙者都面临着生存考验和各种淘汰。每一次迁徙都是对群体的清理，也都是对群体素质与活力的提升，这是动物世界生生不息的重要活力。

迁徙动物往往表现出超常的生理特性。比如，迁徙的动物往往有内生季节性时钟，可以进行光周期的感应与测量。君主斑蝶大脑中枢中就存在时钟和时钟基因，使其可以形成以时间补偿的太阳罗盘系统。这一系统可以沟通视觉学习、多模态刺激的整合以及空间记忆等，形成有效的运动控制。又如，研究表明，游隼中的一部分拥有长时记忆的基因，斑马、飞狐等都拥有良好的空间记忆能力，鸟类的嗅觉神经之精密不输于当代精密仪器等。[46] 认识这些特性对于深入认识动物世界具有重要意义。

九、动物社会的逻辑

动物的社会性表现是近期动物学界与社会学界研究的热点问题，既有动物学家所著的《动物社会学》，又有社会学家所著的《阅读生物学札记》，林林总总，成果颇丰。其中的核心命题便是通过对动物社会行为的研究，探寻动物世界的社会形态，并以之观照对人类社会的研究与探讨。

之前各部分分别介绍了动物社会行为的种种表现，诸如动物的群体组织以及动物社会的分层与首领，动物的冲突与竞争、劳动与合作，动物的建筑艺术、学习能力，动物的信息交流以及动物的自主迁徙与流动，等等。如果将这些行为归纳、升华，不难构建起动物世界的社会结构与社会形态，并推导出所谓"动物文明"的进程，发掘出这一文明的价值与意义。不过，在此之前，还应当换个角度，从动物社会行为的形成机制上探讨内在逻辑，把握动物社会的实质。

从动物社会行为的具体研究中，可以看到，几乎所有的动物社会行为都离不开两点，即两千多年前告子所说"食色，性也"。尽管此言是对人性的概括，但用到动物世界同样准确。"食"反映了动物世界的生存逻辑，只有拥有属于自己的食物，占有属于自己的领地，才有生存的机会；"性"则反映了动物世

界的生命逻辑，只有拥有属于自己的配偶，完成自身的繁衍，才
有种属的生存与延续。

动物世界的一切争斗、厮杀基本和食物和性有关，这实际上
就是生存的需要。为了保护或夺取食物与雌性，动物界的争斗无
休无止。基于此，几乎所有动物都有与生俱来的领地意识，凡进
入者，必与之决战不止，这是私有观念的天然表达。以"性"为
例，对性的争夺、为生殖的牺牲也是几乎所有动物的天性，这实
际上是对生命承续的遵守。围绕这一逻辑，形成了求偶的竞争
性、婚媾的排他性、近亲婚媾的相斥等。

比如，多数动物的求偶都是雌性选择雄性的过程，雄性以强
力争夺雌性的情况较为少见，而且，往往表现为仪式化的对抗，
一些甲虫和马鹿都有这种行为。雌性对雄性的选择标准主要有两
点：一是外貌，二是能力。在动物世界，外形伟岸、鲜丽者多是
雄性，从孔雀到其他禽类，从猛兽到鱼类，多是如此。经过长期
选择进化，这些外形特征就成为动物的第二性征。一些研究者认
为："雄性动物的很多体外特征都能可靠地表明其体内具有优质
基因……诸如身体的强壮魁梧、叫声的响亮婉转动听以及鹿角、
牛角等战斗武器的硕大都可以作为体内具有优质基因的标志或替
代物。"[47]动物世界中雄性的能力表达是多方面的，可以通过
在群体中的地位来表现，也可以通过个人的技能来表现。比如，
在长角羚群体中，拥有雌性多的雄性更能得到其他雌性的青睐；
又如，澳洲的园丁鸟雄性在求偶期会以树枝搭建属于自己的"拱
门"或"亭子"，并在上面装饰植物果实，有时这些果实还会发
芽生长，甚至开出花朵，它们还会为前来的雌鸟叼来各种小礼
物，这其实也是能力的较量。

又如，哺乳动物特别是灵长类动物中的雄性往往都具有鲜明

的排他性，会阻止或驱逐试图与群体中雌性交配的其他雄性。此类研究颇多，对其表现及机理已取得共识。但是，在一些低等动物中，也较为普遍地存在着具有类似意义的现象。比如，小型鸣禽岩鹨往往有相对稳定的伴侣，当雄鸟一旦发现有其他雄鸟密切接触雌鸟伴侣时，除用力驱赶外，它还会用喙不断啄击雌鸟泄殖腔，使雌鸟将精子排出；又如，雄性鲨鱼的交接器由两个管道组成，一个可以喷出海水，在与雌性交配前冲刷生殖道，另一个则是排精管，负责将精子送入冲刷过的雌性生殖道中。[48] 就广义而言，这也属于婚媾的排他性，而且这是更原始、本能的排他，是其他哺乳动物排他性的渊源所在。

再如，几乎所有的哺乳动物都存在这一取向。其中一个普遍现象就是雄性动物成年后要远离自己的母亲群体，从而避免了近亲婚配。有学者考察了地松鼠的生活习性，发现成年后的雄性，往往在出生洞穴150米范围内活动，雌性的活动范围则只是出生洞穴附近50米左右，这一现象被认为是为了避免近亲婚配。[49] 在一些高等级的哺乳动物社会中，这一规则更为明确。比如，在野生狮群中，新的狮王产生后，狮群中的成年雄性便会遭到驱逐或主动离开，即使在同一狮群内与雌性相处，雄性也不会向雌性寻求交配。

在对动物迁徙的研究中可以发现，动物迁徙的动因多种多样，在可见的直接原因中，生殖是最为重要的动因。鲸鱼每到冬季会迁徙到低纬度的温暖海域，以往，人们认为是因为冬季北方海域食源不足，南方海域有充足的食物来源。研究后却发现，鲸鱼冬季几乎不进食，前往温暖海域的唯一任务就是生殖，雌鲸利用储存的脂肪养育幼鲸。较之鲸鱼而言，一些从海中洄游到陆地淡水河溪中产卵的鱼类可以说是生殖苦旅，一些鲑鱼、大马哈鱼的溯流而上，奔往产卵地的过程简直就是壮举。这充分表明，在动物的各种本性中，繁衍后代是最为重要、最为根本的属性。如叔本华所言："以生命意志本身为内在本质的自然，也以它全部的力量在鞭策着人和动物的繁殖。在繁殖之后，大自然所求于个体的已达到了它的目的，对于个体的死亡就完全不关心了；因为在它和在生命意志一样，所关心的只是种族的保存，个体对于它是算不得什么的。"[50]

当然，动物世界存在大量的组织行为以及其他种种社会行为，有着丰富的亲情、友情、两性之情。这固然有后天养成的可能，但更多的因素则应向先天寻找。比如，蜜蜂群体中复杂有序的社会分工，就与不同的脑神经结构、不同的神经递质数量以及不同的基因表达有关；哺乳动物雄性首领的形成就与荷尔蒙分泌水平、天然性格有关；有关动物的劳作、学习以及对抽象建构的掌握也与遗传因素直接相关。

动物间的亲情可以以母爱为例说明之。动物的母爱纯粹、无私，是一种普遍的存在，亲情表达丝毫不逊于文明的人类，甚至可以说当下人类中的许多母爱甚至难以与之相提并论。人类用于表达母性之爱的一个经典词汇"舐犊之情"，就是借用了动物世界的母爱范例（图3-8）。这种普世之爱从何而来，研究者的研究表明，来自动物的生物机能，是一种本能。对绵羊的有关研究表明，"母羊在妊娠、分娩以及哺育过程中，身体机能发生一系列变化。其中母羊及羔羊体内释放的激素和神经递质调控着母羊身体机能的适应以及母性行为的改变"。这种改变是多方位的，比如，分娩时，母羊大脑会发生经历广泛的神经回路重构，会刺激诱导体内谷氨酸、去甲肾上腺素、γ-氨基丁酸、一氧化氮等神经递质释放，启动母性行为的表达。母羊与羔羊建立母子关系后，羔羊的气味与吸吮母乳行为又会进一步刺激母羊体内神经递

图 3-8　舐犊情深（法国卢浮宫藏）

质的释放。由此，形成了普世性的母爱。[51]

　　当然，后天的养成可以促进、提升动物世界的社会能力，但仍离不开先天形成的内在基点。比如，相当一部分小型哺乳动物对于同类关系的区分主要基于熟悉度，往往将自幼共同生存的同类或经常接触的同类视为亲缘成员，产生种种亲近行为；一些散居的小型哺乳动物，如旱獭，则没有这些表现。这表明个体成员的共处可以形成互相认可的群体关系，亲缘关系又往往是长期共处的前提，因而社会机制也就成为亲缘替代机制。[52]

　　总之，动物世界的逻辑归根到底是生命逻辑与生存逻辑，实质是生物世界的必然规定性，是自然万物共同遵循的物质运动规律。其所谓的后天的社会行为只是生物世界的必然规定性与自然万物共同遵循的物质运动规律的外在表现而已。

注释：

[1] 参见北京大学心理学系灵长类动物研究小组、湖北省神农架国家级自然保护区科考站：《金丝猴的社会：野外研究》，北京大学出版社，2000，第52～53页。

[2] 参见尚玉昌：《灵长动物行为与生态学的研究现状与进展（四）：灵长动物的社会性》，《自然杂志》2016年第5期。

[3] 参见任先耀、凌文州、石家胜等：《基于自然选择理论的动物利他行为研究》，《安徽农业科学》2010年第4期。

[4] 参见北京大学心理学系灵长类动物研究小组、湖北省神农架国家级自然保护区科考站：《金丝猴的社会：野外研究》，北京大学出版社，2000，第38页。

[5] 参见北京大学心理学系灵长类动物研究小组、湖北省神农架国家级自然保护区科考站：《金丝猴的社会：野外研究》，北京大学出版社，2000，第113～114页。

[6] 以上均参见刘芳、施腾飞、齐磊：《蜜蜂哺育蜂与采集蜂行为转变调控因子研究进展》，《昆虫学报》2018年第11期。

[7]（美）Jerome H.Woolpy著，汪歌译：《狼的社会组织》，《世界科学》1987年第12期。

[8] 参见石树敏、王楠、李扎西姐：《白马鸡繁殖期等级行为和社群结构的社会网络分析》，《南京林业大学学报（自然科学版）》2019年第3期。

[9]（英）珍妮·古多尔著，刘后一、张锋译：《黑猩猩在召唤》，科学出版社，1980，第136～137页。

[10] 参见牛德芳、郑火青、胡福良：《蜜蜂无政府主义蜂群的研究进展》，《昆虫学报》2013年第5期。

[11] 参见冉浩编著：《蚂蚁之美：进化的奇景》，清华大学出版社，2014，第36页。

[12] 参见Zhou T., Zhu H., Fan Z., et al, "History of winning remodels thalamo-

PFC circuit to reinforce social dominance," *Science*, No. 357 （2017）：162–168。

[13]（美）Jerome H.Woolpy著，汪歌译：《狼的社会组织》，《世界科学》1987年第12期。

[14] 该部分未加出处之事例均参见北京大学心理学系灵长类动物研究小组、湖北省神农架国家级自然保护区科考站：《金丝猴的社会：野外研究》，北京大学出版社，2000，第90～91页。

[15] 参见石树敏、王楠、李扎西姐：《白马鸡繁殖期等级行为和社群结构的社会网络分析》，《南京林业大学学报（自然科学版）》2019年第3期。

[16] 参见尚玉昌编著：《动物行为学》（第二版），北京大学出版社，2014，第222～223页。

[17] 参见冉浩编著：《蚂蚁之美：进化的奇景》，清华大学出版社，2014，第42～44页。

[18] 冉浩编著：《蚂蚁之美：进化的奇景》，清华大学出版社，2014，第44页。

[19] 参见刘秀霞、沈涓、周红等：《动物攻击行为的研究进展》，《中国畜牧兽医》2009年第4期。

[20] 参见（美）珍妮弗·阿克曼著，沈汉忠、李思琪译：《鸟类的天赋》，译林出版社，2019，第181～189页。

[21] 参见丁桂玲译：《巢脾的建造和使用》，《中国蜂业》2014年第8期。

[22] 参见徐连宝：《世界上最神奇的"建筑"——工艺品"蜂之巢"》，《中国蜂业》2013年第12期。

[23] 参见吴佳升、孙微、臧建波等：《白蚁窝建筑的研究》，《商情》2012年第27期。

[24] 参见冉浩编著：《蚂蚁之美：进化的奇景》，清华大学出版社，2014，第11页。

[25] 参见廖可：《动物的诗意建筑》，《资源与人居环境》2011年第10期；图见张颖编译：《白蚁建造的奇迹》，《大自然探索》2009年

第9期。

［26］参见冉浩编著：《蚂蚁之美：进化的奇景》，清华大学出版社，2014，第16～17页。

［27］参见廖可：《动物的诗意建筑》，《资源与人居环境》2011年第10期。

［28］（英）珍妮·古多尔著，刘后一、张锋译：《黑猩猩在召唤》，科学出版社，1980，第42页。

［29］以上未见出处之事例分别参见（美）珍妮弗·阿克曼著，沈汉忠、李思琪译：《鸟类的天赋》，译林出版社，2019，第69～75页。

［30］以上参见（英）爱德华·威尔逊著，高琼华、申健、冉浩译：《蚂蚁的世界》，中信出版社，2022，第212～215页、第169页、第69页、第157页。

［31］参见尚玉昌编著：《动物行为学》（第二版），北京大学出版社，2014，第415～416页。

［32］图参见尚玉昌编著：《动物行为学》（第二版），北京大学出版社，2014，第413页。

［33］参见臧绍云、董亚芳、冯瑞本：《动物的学习》，《生物学通报》2001年第7期；阮晓钢、武璇：《斯金纳自动机：形成操作性条件反射理论的心理学模型》，《中国科学：技术科学》，2013年第12期；图见后文。

［34］参见臧绍云、董亚芳、冯瑞本：《动物的学习》，《生物学通报》2001年第7期。

［35］参见尚玉昌编著：《动物行为学》（第二版），北京大学出版社，2014，第428页。

［36］参见何岚、李俊年、杨冬梅等：《社群学习对植食性鸟类和哺乳动物觅食行为的作用》，《生态学报》2010年第6期。

［37］（美）珍妮弗·阿克曼著，沈汉忠、李思琪译：《鸟类的天赋》，译林出版社，2019，第82页。

［38］参见何岚、李俊年、杨冬梅等：《社群学习对植食性鸟类和哺乳动物觅食行为的作用》，《生态学报》2010年第6期。

［39］参见杨利琼、谢君、刘昉昉等：《鸟类鸣叫及生物学意义的研究现状》，《实验动物与比较医学》2019年第1期。

［40］参见（美）斯蒂芬·哈特著，朱江、周郑等译：《动物的语言》，中国青年出版社，1998，第73～74页。

［41］图文均参见李振芳、刘振国、胥保华等：《蜜蜂行为学研究概述》，《蜜蜂杂志》2019年第10期。

［42］参见冉浩编著：《蚂蚁之美：进化的奇景》，清华大学出版社，2014，第31～32页。

［43］参见谷中如、詹祥江：《候鸟怎么记住回家的路——鸟类迁徙路线成因揭谜记》，《前沿科学》2022年第1期。

［44］参见徐晶、徐鸿洋、刘春霞等：《动物季节性迁徙研究进展》，《野生动物学报》2022年第1期。

［45］参见（英）奈吉尔·马文著，郑丽园译：《不可思议的旅程——六种动物的迁徙之路》，东方出版社，2003，第171～172页。

［46］参见徐晶、徐鸿洋、刘春霞等：《动物季节性迁徙研究进展》，《野生动物学报》2022年第1期。

［47］尚玉昌：《动物行为研究的新进展（六）：性选择和配偶选择》，《自然杂志》2013年第3期。

［48］参见尚玉昌：《动物行为研究的新进展（八）：精子竞争》，《自然杂志》2013年第5期。

［49］参见PUSEY A., WOLF M., "Inbreeding avoidance in animals, " *Trends in Ecology and Evolution*，No.11（1996）：201–206。

［50］（德）叔本华著，石冲白译：《作为意志和表象的世界》，商务印书馆，1982，第452页。

［51］参见王慧、王悦尚、李富宽等：《绵羊母性行为及其神经、内分泌、分子机制研究进展》，《中国农业大学学报》2019年第5期。

［52］参见邓可、刘伟、王德华：《小型哺乳动物种群调节中社会行为与亲缘结构联动机制研究进展》，《生态学杂志》2016第3期。

肆

人类种群的扩张

　　人科动物种类颇多，地球上的现代人类只是其中人亚科真人属中智人支系的一员。仅仅经过 10 万年的扩张，这一种群已成为地球表层的最强大的存在，自爬行动物时代以来，只有恐龙有过如此超越的时刻。但是，与此同时，人类的充分扩张与四面树敌已使其阿喀琉斯之踵充分外显。一粒小小的病毒、一颗细小的宇宙尘埃都可能将其摧毁。

一、现代人的迁徙

现代人就是当前存在于地球上的人类，这一种群出现在地球上的时间并不长，只有20万年左右。长期以来，人类自恃为天之骄子，自以为血统高贵，不屑与其他同类为伍，即使在近代生物学中，也理所当然地把自己单独划为一科，而且追根溯源，勾画出从猿到人独特的演化之路。

但是，随着基因组计划的推进，分子生物学所能探究的年代与广度迅速进展，可以使我们能够比较清楚地理清人类从何而来。根据最新生物学分类标准，现代人已不能独享"人科"，人科包括两个亚科，即猩猩亚科与人亚科。猩猩亚科目前只有红猩猩，历史上曾被视为人类祖先的腊玛古猿、禄丰古猿等都是同一亚科。人亚科包括现代人、黑猩猩与大猩猩。此亚科又分两族，大猩猩族与人族，人族又分若干属，其中就有真人属与黑猩猩属，真人属由南猿属演进而来（图4-1），黑猩猩属由地猿属演进而来。至此，人与黑猩猩才可区别对待。两者的基因组实在相似，差异不足2%。

真人属也并非现代人专属，真人属产生于200多万年前，曾有许多分支，时代较近的分支有两大支系，即直立人支系与智人支系。直立人在智人之前就已走出

图4-1 南方古猿头骨化石
（大英自然博物馆藏）

非洲，踏上了欧亚大陆。180万年前的格鲁吉亚人、170万年前的元谋人、70万年前的爪哇人、50万年前的北京人都是直立人的一部分。关于直立人消失的时间尚无定论，有人认为14万年前爪哇岛上的梭罗人是最后的直立人；也有人认为5万年前菲律宾吕宋岛上的吕宋人与1万年前印度尼西亚弗洛勒斯岛上的弗洛勒斯人也属于直立人的一部分。这样，直立人消失的时间近在1万多年前。

智人支系源自海德堡人，他们自80万年前便陆续走出非洲。进入欧洲大陆的一支形成尼安德特人（简称尼人），存续时间为40万年前至2万多年前；进入东亚一带的一支形成丹尼索瓦人（简称丹人），存续时间为30万年前至3万多年前；还有一部分在非洲分化为罗德西亚人，形成时间在20万年前。当此之时，真人属在地球上的分布仍限于东非、北非与欧亚大陆，罗德西亚人分布在东非与北非部分地区，尼人分布在欧洲地区，丹人分布于东亚地区，直立人分布于东亚与东南亚地区。

10万年前开始的一场旷日持久的自然变化改变了这一格局，这就是大理冰期的到来。大理冰期是迄今发生的最后一次冰期，故又称末次冰期。大约起自10万年前，结束于1万年前左右，其间全球性气温明显低于今天，且起伏较大。冰盛期时，全球性平均气温的下降，必然带来冰川与冰盖扩张，海冰延伸，多年冻土带南移。北美大陆北部完全成为冰雪世界，有劳仑泰冰盖、考尔的勒冰盖以及因纽特冰盖；欧亚大陆及英伦则有格陵兰冰盖、巴伦支海/克拉海冰盖、英国/爱尔兰冰盖、斯堪的纳维亚冰盖；内陆冰川也充分发育，青藏高原冰川、阿尔卑斯冰川、帕米尔冰川等大为膨胀。据统计，全球被冰覆盖的陆地达到24%，远高于今日的11%。陆上冰原的扩大，加之南北两极海冰的扩展，大量水分被固着于此，致使海平面出现明显下降，下降的最大值达130米。[1]

海平面下降所带来的首先就是沧海桑田的海陆巨变。地中海的大部分成为平原，波斯湾则完全成为沃土，这两大平原气候温暖湿润，河网众多，森林密布，极宜人类生存。由此向东，阿拉伯海北部与东部的大陆架的浅海海域也已裸露，成为良好的平原地貌；孟加拉湾与中国南海的相当一部分也成为平原；东海大陆架上已基本没有海水，黄海与渤海更是典型的平原地貌。从马六甲到印尼列岛，再到澳洲大陆，已形成了可以连接的通道；朝鲜半岛、日本列岛与东亚大陆连为一体；再向东，白令海峡已成为宽达600千米的陆桥，连接起欧亚大陆与美洲大陆。

末次冰期期间，尽管各地气温下降值各不相同，但南北半球都发生了明显的降温。据有关研究，冰盛期的格陵兰地区气温比今天低20℃左右，北半球中纬度的中国湖南一带气温比今天低16℃左右，南半球澳大利亚的气温比今天低9℃左右，亚马孙低地的降温幅度为5～6℃。热带地区降温幅度较小，为2℃左右。[2]

气温的下降，加之冰川与冰盖扩张，多年冻土带南移，必然使欧亚大陆与非洲大陆的生态环境发生重大变化。欧亚大陆北部的森林消失，草原与荒漠南进。与之相对应，大量哺乳动物遭到重创，幸存者纷纷南下，欧洲与北美的披毛犀和猛犸象南下至39°N～40°N附近；东亚北部的动物群南下到了台湾一带，台湾西南海域所发现的澎湖海沟哺乳动物群中，就含有古菱齿象、普氏野马、德氏水牛、大连马、似浣熊貉、棕熊等。在这种情况下，欧亚大陆上的尼人、丹人与直立人同样遭受重创，幸存者也南下至相对温暖湿润的地区，主要是末次冰期以来的新生土地。

　　与此同时，非洲地区的一部分罗德西亚人也开启了迁徙之旅，这批迁徙者就是至今为止的现代人的祖先，所以又称现代人。根据基因组研究成果，我们已经可以大致勾勒出现代人迁徙的起始时间，也可以得知他们的最终目的地。

　　根据基因组研究进展，不同群体间遗传物质的差异表达以父系遗传类型的Y染色体类群最为突出。就现代人而言，这一群体Y染色体各类群中，A为根部类群，B由A分化而来，其余从C到T各类群均由B分化而来，时间在7万年前左右。A类人群与B类人群都只存在于非洲，表明他们没有大规模地迁离非洲；其他人群离开非洲的时间不早于距今7万年前。

　　走出非洲的主要有三大群体：第一大群体是C类人群，在五六万年前开始已分布在澳大利亚、东南亚与东亚的部分地区，演化为澳大利亚人种，即棕色人群。第二大群体是F类人群，该群体阵容庞大，含有从G到T等14种亚型，其中G、H、I、J、L、T型人群演化为高加索人种，即白种人，主要分布于欧亚大陆的西部。O型与N型人群大约在2万年前到达东亚，演化为蒙古利亚人种，即以山顶洞人为代表的黄种人（图4-2）；N型人群还曾向北亚与北欧迁徙。大约2万年前，Q型与R型人群进入中亚，R型人群

图4-2　山顶洞人头骨（复制品）（中国国家博物馆藏）

成为中亚一带的主流人群，一部分继续西行，融入南欧的高加索人群；Q型人群则多数东行，融入蒙古人种，交融后的一部分人群继续东去，到达美洲大陆，形成亚美利加人种，亦即印第安人。第三大群体是D类人群，他们东行到达中南半岛与东南亚，演化为东南亚的尼格利陀人，是较为矮小的黑人种原。[3]

关于走出非洲的现代人的迁徙路线，基因组研究学者们提供了若干方案，但多未考虑当时的自然环境与考古遗存。其实，早在20世纪初，英国史学家赫·乔·威尔斯就敏锐地注意到，自1.5万年前开始，似乎有一种特殊类型的新石器文化在世界上分布很广，"它有一套特征那样地古怪和那样不像地球上各地区的独自发展，迫使我们相信这是一种传播的文化。它传到了一切暗白的地中海种族居住的地区，并超过印度传到印度之外，直达中国的太平洋沿岸"[4]。这种特殊类型的文化即"日石文化"，包括割礼、产翁、按摩、文身、太阳崇拜以及"卍"型符号等。对于威尔斯所注意到的这一现象，国内有学者根据大理冰期时代的海陆变迁，提出了自地中海到西太平洋存在着一个新陆交流带的观点。并进而提出，太平洋北部自东海、黄海、日本经白令陆地，可直达美洲大陆；太平洋南部经东南亚、印尼诸岛可到达澳洲大陆，由此，形成了两个半圆的陆上交流带。在大理冰期冰盛期，人类在地中海到太平洋南北两个交流带中有着较为通畅的往来，威尔斯所言"传播的文化"由此产生。[5]

具体到现代人走出非洲后的行动，应当就是沿地中海到西太平洋的新陆交流带以及太平洋南北两个半圆交流带进行的。需要说明的是，从地中海到西太平洋的新陆交流带也是冰盛期在北方大陆遭受重创的尼人与丹人的避难所，先到者与后来者之间必然会有激烈的碰撞与交流。在末次冰期结束前，尼人与丹人便已消失。与之同时消失的还有蒙古野马、猛犸象、披毛犀、诺氏象、梅氏犀、河套大角鹿、王氏牛等。由此可见不同人类种群竞争之激烈，亦可见人对哺乳动物捕食之有力。

值得注意的是，在非洲之外的现代人中都存在着1%～4%不等的尼人基因组成分，而且这些基因成分是现代人六七万年前刚刚走出非洲时形成的，此后再未发生过。同样，在新几内亚的原住民中也发现了6%左右的丹人基因组成分，应当是其祖先经由中南半岛时的融汇行为。还需要注意的是，走出非洲的现代人的迁徙之旅往往是无目的、不规则的，他们多是逐水草而居，随猎物而行，甚至往复回旋，在广泛的地域都留有痕迹。比如前已述及的Y染色体D型人群目前仅分布于东南亚的部分地区，但日本早期绳文人也存在着D型染色体，应是尼格利陀人种，但其面部特征却又是澳洲棕色人种；不仅如此，D型染色体还见于青藏高原、中南半岛以及日本列岛的现代人群中。这充分反映出现代人在迁徙过程中的复杂和曲折。[6]

二、大洪水与现代人的再迁徙

经过数万年的迁徙与流动，走出非洲的各个种群大致稳定下来，自西向东形成了若干初始文明。

地中海平原水草丰美，河流众多，且毗邻非洲，是走出非洲的种群最早安顿下来的去处，自西向东，形成了遍布整个平原的文明区域。在今天地中海西北部的法国卡西斯附近的海底发现了洞穴壁画；在地中海东部的以色列沿海发现了1.9万年前的海底村庄；对地中海克里特岛的考古发掘表明，这里也存在着丰富的文化遗存，当时的克里特已发展起了青铜文明。

自波斯湾、阿曼湾，沿阿拉伯海北部直到印度孟买，是一片连续的宽窄不一的新大陆，这片狭长的地区也汇聚了众多的人群，形成了初始农耕文明区；东方的三海平原与日本诸地同样是人群众多，也发展起了农耕文明。

这些地区出现农耕文明的重要原因是人群的拥挤与生存危机，大型食草动物被猎杀殆尽，狩猎与采集已不能维持生计。那些奔向东南以及到达南太平洋与澳洲大陆的人群，生存空间广阔，可以从大自然中获取较为充足的食物，仍然处在采集与狩猎阶段；到达美洲大陆的人群在严寒的逼迫下，一边猎杀数量众多的食草动物，一边继续前行，寻找南方的温暖之地，也没有发展起农耕文明。

一万年前左右，随着大理冰期的结束，全球性气温回升，海平面迅速上升。以太平洋西岸的东海为例，大理冰期结束前后发生了两次大规模抬升，一次是由14780年前的–154.7米抬升到11520年前的–44.2米，抬升幅度为110.5米；另一次是由10980年前的–75米抬升到9650年前的–10米，抬升幅度是65米。此后数千年间，海平面一直波动上升，低时可在–30米，高时可达今海平面3米以上。此时，东亚大陆东部沿海平原尽成汪洋，至五六千年前方大致稳定下来。[7]需要指出的是，海平面上升是全球性气候变暖后一系列变化的终极结果，包括冰川融化、暴雨成灾、河流泛滥等。更为重要的是，对于居住在从地中海平原到三海平原这一漫长的新陆地带的人群而言，它又是长达数千年之久的洪水泛滥乃至洪水滔天的过程，最终的结果是不断袭来的海水淹没了他们的全部家园。

在地中海东岸有著名的诺亚方舟神话，描述了一场浩大洪水中幸存者的经历。彼时，地上的深渊、甘泉都裂开了，暴雨持续了40个昼夜，洪水浩荡，淹没了平原，也淹没了高山，地上所有的动物、昆虫以及人都未能幸免。在波斯湾岸边的两河地区也流传着类似的神话，《吉尔伽美什史诗》对大洪水的描述与诺亚方舟神话异曲同工。

东亚大陆的人群中流传着关于大洪水的两个神话系统。一个是西南人群的葫芦神话。该神话与诺亚方舟神话颇为神似，也描述了一场毁灭性的洪水灾难，只是葫芦代替了方舟，成为避难手段。另一个是流传于东部地区的治水神话。这一神话中的洪水与其他神话类似，都是灾难性的滔天洪水，如《尚书·尧典·虞夏书》载"汤汤洪水方割，荡荡怀山襄陵，浩浩滔天"[8]；《孟子·滕文公上》也言"当尧之时，天下犹未平，洪水横流，氾滥于天下"[9]。但对待洪水的手段与结果大不相同，这一神话的主题是治洪而非避难。先是由"鲧障洪水"连续失败，最后，由禹疏导洪水，取得成功。两个神话系统差异的原因在于前一神话系统的主人在大理冰期盛时，属于东海平原的远端，地势低平，紧邻太平洋，而后一神话系统的主人属于黄海平原与东海平原的近大陆一侧，甚至跨越新旧两片陆地之间。这样，海水上涨，洪水滔天之际，前者遭受了灭顶之灾，留下灾难性洪水神话；后者则层层设防，堵障洪水，这在海水不断上涨中，自然不会成功，直到海水上涨告一段落，禹的疏导洪水方取得成功。前一神话中的主人应当是共工、三苗，后一神话中的主人是尧舜禹。共工、三苗是灾难幸存者的首领，在他们退往高处的过程中，必然与尧舜禹发生激烈冲突，结果是尧舜禹获胜，流共工于幽州，窜三苗于三危，后又逐渐将他们挤压至西南一隅。这样，也就出现了两个神话系统的地域差异。[10]

当大规模的海水上涨告一段落之后，整个地球的地理格局也发生了重大变化。原有的新大陆落入海面之下，日本列岛与欧亚大陆的连接重新被海水分割；白令陆地也被白令海峡取代，已到达美洲的人群成为孤悬海外的单一种群；澳洲大陆与东南亚诸岛屿连同上面的人群也都被上涨后的洋面所切割，走上了独自的生存之路；欧亚大陆冰川消退，多年冻土带回到北极圈内，绝大部分地区成为宜于人类生存的乐土。

　　在洪水灾难中的幸存者重新在这片获得新生的旧大陆上开始了竞争、迁徙与发展，到距今四五千年前左右，形成了相对清晰的不同人群的地理分布格局。欧亚大陆的高纬度地区是十分开阔的草原森林地貌，自西向东畅通无阻。自天山与阿尔泰山往西直到大西洋岸边，分布着以游牧为生的印欧人；自天山与阿尔泰山往东直到西伯利亚，分布着同样以游牧为生的蒙古、突厥等族群。欧亚大陆的低纬度地区地形复杂，既有高原、丘陵，又有河谷与平原，分布着各个种群开发出来的农耕文明区。

　　自东向西可以看到，东亚大陆的黄河与长江流域的农耕人群，先是凝聚成一个个的方国，4000年前以来又逐渐出现了夏商两大王朝，商王朝已有了发达的青铜文化（图4-3）。南亚次大

图4-3　商代后母戊鼎（中国国家博物馆藏）

陆上的印度河流域在4500年前就出现了哈拉帕文明，有着功能齐全
的城市和成熟的农业与手工业。西亚的两河流域在6000多年前就出
现了繁荣的苏美尔文明，发达的灌溉技术与种植业、城市与神庙以
及铜制工具构成了苏美尔文明的独特标志。继续西去，地中海北部
的克里特岛上存在着由来已久的米诺斯文明，有城市与王宫，丰富
的精神文化生活以及富足的条件，长期以来，一直被后人赞叹。

　　在欧亚大陆低纬度农耕文明带之外，还有两大人群必须提
及，这就是闪米特人与古埃及人。闪米特人主要分布在阿拉伯半
岛，以游牧为生；古埃及人分布在北非尼罗河流域，6000多年前
就有了铜器和发达的农业生产，5000多年前形成了统一的王朝
（图4-4）。

　　对于上述农耕文明的出现，学术界一直存在很多困惑，难以
确切地知道他们从何而来，更无法解释农业生产与农耕文明的

图4-4　古埃及人的生活（大英历史博物馆藏）

"突然"展现。比如，中国考古学界迄今为止还未找到新石器文化的源头，认为在新旧石器之间存在着明显的"缺环"；西方学者对于苏美尔人的来历一直心存疑惑，美国学者斯塔夫里阿诺斯干脆猜测道："最早的美索不达米亚文明的伟大创造者——苏美尔人，似乎既不是印欧人的一支，也不是闪米特人的一支，这一点很可奇怪。他们的语言与汉语相似，这说明他们的原籍可能是东方某地。"[11] 也有的研究者干脆认为米诺斯文明与古埃及文明是天外来客所创造的。其实，回顾一下在这之前的人类迁徙便会发现，他们都是大洪水的幸存者，洪水淹没了他们的家园，摧毁了他们所创造的农耕文明，迁徙到旧大陆的人们又重新开始，构建起一个个的区域性文明。

三、游牧族群对农耕文明的冲击

早期农耕文明是星星点点的弱者，虽然其内在的文化、经济与精神取得长足进展，但缺少强力的整合与组织，无论是古埃及文明、克里特文明、苏美尔文明，还是哈拉帕文明与中国早期文明都是如此。相当一个时期以来，文明内部多是一个个相对独立的城邦或方国，他们附近的各游牧族群则在流动与竞争中形成了巨大的张力与冲击力。农耕文明不断增长的财富与富足的生活对他们是莫大的诱惑，尤其在气候转冷、草原与森林萎缩，他们的生境面临压力之时，劫掠那些无法游动、定居一方的农耕族群便成为最佳选择。结局是农耕族群不断瓦解，游牧族群不断胜利，并取而代之。欧亚大陆上的人类地理格局处在剧烈变动之中，直到罗马帝国与秦汉帝国的出现。

地中海中的克里特岛及北岸一带，本有发达的米诺斯文明，公元前17世纪，印欧语族的一支阿卡亚人陆续进入希腊半岛，并逐

图4-5　雅典卫城

步取代了米诺斯文明，形成了新兴的迈锡尼文明。公元前12世纪，印欧语族的一支——多利亚人南下，征服了迈锡尼文明，希腊的文明进程似乎又从头开始。到公元前7世纪以后，以多利亚人为主导的斯巴达城邦形成；以迈锡尼原住民为主导的雅典城邦形成，并逐步发展为两大城邦联盟。希腊人还不断向海外殖民，城邦一度遍布整个爱琴海沿岸（图4-5）。

地中海北部、希腊半岛之西的意大利一直有土著居民生存，在印欧语族南下过程中，印欧语族的一支——拉丁人也到达这一地区，开创了意大利的青铜文化，逐步发展起了农耕文明。此后，来自小亚细亚的埃特鲁斯坎人以及希腊移民陆续进入这一地区，也建立起若干城邦。公元前6世纪以后，罗马的拉丁人建立了自己的独立城邦，并逐步统一起意大利半岛。

地中海南岸的尼罗河流域是古埃及文明所在，此地远离印欧语族，僻居一方，因而古埃及文明得以连续发展。公元前3100年前后，上埃及国王美尼斯统一上下埃及，建立了第一王朝。到第十三王朝时期，来自闪族的喜克索人长驱直入，自公元前1720年起成为埃及的统治者。至公元前1570年，埃及人驱逐喜克索人，建立第十八王朝，逐步向外扩张，控制范围一度越过红海，经西奈半

图4-6　古埃及狮身人面像

岛，囊括了整个地中海东岸，直达幼发拉底河上游（图4-6）。

　　地中海东岸的族群与文明格局异常复杂，东北沿海自公元前2000年以来，便被印欧语族的赫梯人占据，形成了若干小国，后成为覆盖小亚细亚和叙利亚大部的大国。赫梯向南曾与埃及争夺地中海东岸的霸权，向东南一度攻下巴比伦王国，至公元前13世纪，在亚述侵犯与异族移民的浪潮中衰落，最终亡于亚述帝国。

　　东部沿海在公元前20世纪初就兴起了若干城市国家，先后被赫梯与埃及控制。公元前1200年前后，在赫梯与埃及两败俱伤之际，阿拉伯半岛腹地的闪族大量涌入。其中，腓尼基人在沿海落脚，发展起繁荣的海上贸易城市；阿拉米人在东侧定居，以大马士革为中心从事陆上中转贸易；希伯来人则进入巴勒斯坦地区，建立了以色列犹太王国。值得一提的是，腓尼基人在发展海上贸

易的过程中，还在地中海沿岸建立了一批商业城市，其中，最为
著名的是公元前9世纪末建于北非海岸的迦太基。

波斯湾周边的族群与文明格局经过数千年的发展，也日益复
杂起来，各族群你来我往，各文明兴衰变幻，一直处在变动之
中，主线同样是游牧部族对定居的农耕族群的冲击。

波斯湾西北方向的两河流域文明，在苏美尔文明基础上继续
发展，公元前24世纪形成了统一的阿卡德王国，后被东北山区的
游牧部族古提人所灭。公元前17世纪末，印欧语族的一支——加
喜特人进入两河流域南部，建立巴比伦第三王朝；另外一支——
胡里安人则进入两河流域西北部，建立了米坦尼王国。公元前15
世纪初，亚述当地势力击败米坦尼王国，建立起强大的亚述国
家。自公元前11世纪后，阿拉米人大量涌入两河流域，亚述遭受
重创，两河流域南部陷入四分五裂之中。此后，两河流域又被亚
述帝国与新巴比伦王国占据，最后，归于波斯帝国之手。

波斯湾的南岸是阿拉伯高原，闪族语系各游牧民族可由此进
入两河流域南部，阿拉米人以及建立新巴比伦王国的迦勒底人都
是闪族的成员。

波斯湾的北岸是伊朗高原，先后兴起过埃兰和米底两个国
家，至公元前6世纪，印欧语族的一支——波斯人建立了国家，
定都波斯波利斯，不久发展为庞大的波斯帝国。

印度河流域的哈拉帕文明大约终止于公元前16到17世纪，原因
不详，有人认为是自然灾害所致，也有人认为是雅利安人的入侵
所致。大约在公元前16世纪末，印欧语族的一支——雅利安人从
伊朗高原东来，经阿富汗进入印度河流域，创造了印度文明史上
的"吠陀时代"；至公元前7世纪，印度河流域上游与恒河中游
地区出现了若干小国；至公元前6世纪至4世纪，北印度存在着20

多个小国，史称列国时代；至公元前4世纪后期，形成了横跨印度半岛大部的孔雀王朝。

东亚地区的黄河流域与长江流域是中国早期文明的主要分布区，自公元前21世纪，先后形成了夏、商、周三个王朝。在北方与西北地区分别存在着印欧语族和阿尔泰语族的游牧部族，中国早期记载中的鬼方、肃慎、戎狄等都是其中的组成部分。这些游牧部族对中国早期王朝也形成了较大压力，但还未出现其他几大文明区域的遭遇，只是商王朝的屡次迁都以及西周王朝的东迁与游牧民族的侵入有一定关系。西周之后，中国文明进入春秋战国时期，诸国并立，互相征伐，至公元前221年秦王朝统一列国，结束了这一局面。

在秦与罗马帝国出现之前的数千年间，欧亚大陆的西部也曾出现过若干庞大帝国，直接促成了不同族群与不同文明体间的碰撞与交融。

最早横空出世的是亚述帝国。公元前9世纪前期，亚述重新崛起，击败侵入多年的阿拉米人后，迅速对外扩张，先后占有整个两河流域，又灭赫梯、以色列、埃及、埃兰等国。至公元前7世纪中叶，其疆域东起伊朗高原，南达尼罗河流域，西至地中海东岸，成为横跨西亚北非的帝国。公元前7世纪后半叶，亚述在多重压力下逐渐衰亡（图4-7）。

图4-7　亚述人的战车（大英历史博物馆藏）

　　亚述之后，波斯帝国迅速兴起。自公元前550年建国到公元前522年大流士一世当政，短短28年间，波斯就征服小亚细亚，灭新巴比伦王国，征服埃及与利比亚，征服中亚诸部族；大流士一世时期，又征服了印度河流域与巴尔干半岛的色雷斯地区，并发起了持续近50年的希波战争，成为横跨欧亚非三大洲的庞大帝国。

　　波斯帝国后期，希腊半岛北部的马其顿突然崛起，它首先利用希腊雅典与斯巴达之间长达数十年的伯罗奔尼撒战争造成的两败俱伤，取得了在希腊半岛的霸主地位，而后又组建马其顿与希腊联军进攻波斯。公元前336年，亚历山大即位后，即开始了向波斯帝国大规模的进攻。先后占领小亚细亚半岛、叙利亚、埃及，又攻占巴比伦以及波斯本土，最远到达印度河流域与中亚细亚，基本覆盖了波斯帝国的疆域范围，成为当时世界上最为庞大的帝国。不过，公元前323年，亚历山大死后，马其顿帝国很快便陷入纷争之中，最终分裂为掌控希腊半岛的马其顿王国、托勒密王朝统治下的埃及王国、保有亚洲地域的塞琉古王国。三个王国最后都被新兴的罗马帝国所灭。

四、欧亚大陆族群地理的改写

　　罗马与秦汉帝国是几乎同时并存的两大帝国，它们在人类历史上第一次推动了农耕世界向游牧世界的扩张，并且取得了巨大成功。但由此对游牧世界的挤压所产生的多米诺骨牌效应又反噬了这两个庞大帝国，欧亚大陆的族群与文明格局被重新改写。

　　罗马统一意大利半岛后，东部是亚历山大帝国分解后的历史遗产，处在分裂、混乱之中，不构成威胁。西部则是控制着西地中海南北沿岸的迦太基，迦太基虽然是以商立国，强于海上贸易，但军事力量也十分强大，足以保障商业拓展，势力范围此时已覆盖了西西里岛，对罗马构成明显威胁。自公元前264年开始，罗马与迦太基间发生了三次大规模战争，前后持续100多年。公元前146年，罗马灭迦太基，将西地中海沿岸收入囊中。在此期间，罗马还征服了马其顿、希腊、小亚细亚（图4-8）。

此后，罗马不间断地对外扩张，先是占有了亚历山大帝国的大部分故地，将埃及、中东以及整个地中海地区划入自己的版图，使地中海成为罗马的内海。随后，又不断挥师北上，占有了从不列颠南部到莱茵河以南的大片土地，又征服了阿尔卑斯山区和多瑙河流域，占有了里海沿岸的大部分土地。这些地区是日耳曼人、斯拉夫人以及哥特人等游牧民族的故地，罗马人北上，与其发生了剧烈持久的冲突，当罗马帝国强盛时，尚可保持优势，一旦内部或外在形势发生变化，后果不堪设想。

图 4-8　古罗马凯旋门

图 4-9　秦始皇陵兵马俑
（陕西历史博物馆藏）

在罗马与迦太基的百年战争爆发之际，东亚地区的中国文明处在战国末期，秦国正积极筹措统一大业，至公元前221年完成统一，建立了统一的秦王朝（图4-9）。此后不久，秦亡汉兴，统一而强盛的汉王朝出现在历史舞台。就在罗马攻灭迦太基6年后，汉武帝即位，也开启了向游牧民族的征战，欧亚大陆北部游牧民族间的多米诺骨牌效应同时启动。

秦汉王朝这一农耕文明体所面临的游牧民族主要是西北与北方的匈奴、东北方的东胡，西北方向还有被匈奴控制的乌孙与西域诸国以及处在匈奴势力范围之外的大月氏。自西周以来，匈奴就是农耕文明体的劲敌，至秦统一，匈奴占据着西北、河西、河套以及整个漠北草原。匈奴人多次进入关中腹地，还曾将汉高祖围困于白登。早在秦统一后，即开始了对匈奴的抑制，收复河套地区，扩展修整长城，初步遏制了匈奴的南下。汉武帝时期则开始了大规模的远征，在漠北和西北地区大败匈奴，汉王朝的疆域伸展到西域。此后，经过多个回合的交锋，到公元1世纪末，南匈奴归降东汉王朝，北匈奴则开始了西迁之旅。

最早被多米诺骨牌效应影响的是大月氏人。大月氏人是印欧语族的一支，曾居住于河西走廊，后被匈奴挤压至中亚。匈奴在汉王朝压力下向西北与北方后退之时，又对其形成强力压迫。

大月氏人转而南下，抵至恒河流域，建立了强大的贵霜帝国，疆域北达咸海、葱岭一线，南抵印巴次大陆纳巴达河，西至伊朗高原东部。

匈奴人西迁是一个漫长的过程，他们先至康居一带；至3世纪中叶，在贵霜和康居的夹击下又西迁至粟特；4世纪中叶，又抵达顿河流域，战胜了占据黑海东岸的斯基泰人；随后，又向里海北岸的东哥特人发起进攻。在此期间，罗马经历了3世纪危机，国势每况愈下，北部的游牧民族尤其是日耳曼人不断渗入，甚至成为罗马帝国的雇佣军。就在匈奴人向东哥特人发起进攻不久，罗马帝国也一分为二，形成了以罗马为中心的西罗马帝国和以拜占庭为中心的东罗马帝国。

东哥特人是日耳曼人的一支，在其不敌匈奴人之时，退入保加利亚一带，后又南下希腊，并曾进入意大利半岛。匈奴人在日耳曼人各支人群的夹缝中继续前行，也曾进入意大利半岛，直入罗马。在其挤压与扰动下，日耳曼的西哥特人也进入意大利，攻下罗马，定居于高卢一带；汪达尔人先至高卢，后经西班牙抵达北非；盎格鲁-撒克逊人则渡过英吉利海峡，进入不列颠；莱茵河畔的法兰克人南下占据了高卢北部；伦巴河下游的伦巴德人则进入意大利北部。西罗马帝国四分五裂，名存实亡。476年，西罗马皇帝罗慕洛被日耳曼雇佣兵废黜，西罗马帝国终结。

匈奴人以及东哥特人、西哥特人自黑海北岸西去，加之其他日耳曼人的南下，为北方的斯拉夫人腾出了充分的空间。自5世纪，斯拉夫人就开始不断南下，甚至越过多瑙河，进入东罗马境内。6世纪，斯拉夫人已占据了色雷斯、马其顿一带。经过相当一个时期的迁徙与碰撞，斯拉夫人形成了新的分布格局：安特人，又称东斯拉夫人，定居于第聂伯河流域，逐渐形成了俄罗斯、白俄罗斯与乌克兰人；维涅德人，又称西斯拉夫人，定居于维斯瓦河流域，逐渐形成了波兰人、捷克人与斯洛伐克人；斯科拉文人，又称南斯拉夫人，定居于巴尔干半岛，逐渐形成了南斯拉夫人与保加利亚人。

北匈奴西迁，南匈奴归附，相当一部分归附者南下融入农耕文明，中国王朝北方出现的空白很快被新的游牧民族填充。除匈奴残部外，最强大的是来自东胡族系的鲜卑人，还有羯、氐、羌等部族。这些游牧民族也是不断渗透与挤压农耕区域，最终瓦解了中原王朝在北方的统治，先后形成了十六国与北朝诸王朝。最终，又由其中的北周而来的隋王朝统一了南方，重新构建起统一王朝。至唐代，成为首屈一指的庞大帝国。在这一历史进程中，南下的游牧民族融入原有的农耕文明中，他们所留下的北方草原又被阿尔泰语族的柔然人与突厥人先后占据。

柔然在西方文献中称阿瓦尔人，在中国史籍中也称蠕蠕。它在北方草原称霸不久，便被同一语族的突厥所取代。从北朝后期到唐朝前期，突厥是北方草原最强大的势力。在突厥的打击下，柔然人也西迁欧洲，552年，已见于东欧史籍；6世纪后半期，在多瑙河中游建立阿瓦尔汗国；势力强盛时，曾攻入拜占庭帝国，直接威胁君士坦丁堡。柔然人的西迁对斯拉夫人的迁徙也产生了重要的促进作用。

经过这一轮长达数百年的游牧民族大迁徙，农耕人群与游牧人群实现了充分融合，欧洲大陆西部几乎成为农耕世界，已没有强有力的游牧族群。游牧族群的范围收缩至欧亚大陆中部以及东部的高纬度地区。

在游牧民族大迁徙浪潮的冲击下，西罗马帝国土崩瓦解，欧亚大陆的西部陷入动荡，各族群建立的政权纷争不已。8世纪中叶，出现了较为强大的查理曼帝国，稳定了这一地区的局面。

以拜占庭为中心的东罗马帝国抵抗住了一波又一波游牧民族的侵袭，再度强盛起来。至6世纪中叶，实现了对地中海东部地区的有效控制。从北岸的巴尔干半岛、小亚细亚，到东岸的叙利亚与西奈半岛，包括地中海南岸的埃及等区域，都在其版图之内，其势力一度覆盖了整个北非、意大利半岛以及西班牙地区。

同样面临民族大迁徙浪潮的欧亚大陆的东部则经历了另外一条整合之路。南下的游牧民族把中原王朝挤压至南方后，纷纷建立政权。在经历了短暂的十六国时期后，鲜卑族建立的北魏在5世纪中叶便统一了北方，开始了北方政权与南方的宋、齐、梁、陈相互对峙的南北朝时期。至589年，北方的隋王朝吞并南方势力，建立起统一王朝。继而兴起的唐王朝持续了300年左右的历史，成为欧亚大陆东部地区最为强大的存在。

五、欧亚大陆中部游牧族群的崛起

在上述文明地理格局中，虽然拜占庭与东亚王朝都存在着来自游牧民族的压力，但多可及时化解或消除。比如，柔然人与突厥人虽然活跃在新建立的中原王朝北方与西北地区，但面对强大的中原王朝，始终未能形成致命威胁，反而一败再败。因而，在这一历史时期，人类族群的流动与迁徙只能来自欧亚大陆的中部。

欧亚大陆中部一直是游牧民族的重要集散地，尤其是东西两大农耕文明势力强盛之时，游牧民族的生存空间更为局促，这一地区更处在剧烈变动之中。拜占庭帝国之东的伊朗高原本来是安息帝国所在，3世纪初，安息帝国被内部的萨珊部族推翻，该族建立的萨珊王朝成为这一地区新的主人。此地是波斯故地，故该王朝又被称作萨珊波斯，或径称波斯。再往东的中亚及其东北地区存在着柔然、嚈哒、突厥等游牧民族。柔然自5世纪初以来迅速扩张，势力范围东起大兴安岭，西过阿尔泰山，至中亚哈萨克高原，北抵贝加尔湖，南达整个西域地区。

嚈哒又称白匈奴，属阿尔泰语族，先臣属于柔然，游牧于阿尔泰山之南，后又移徙至锡尔河与阿姆河之间。5世纪初，在柔然压迫下，大举南下与西进：南下北印度，定都贵霜都城蓝氏城，成为贵霜帝国的继任者；西侵波斯，逼其臣服；又回头北伐柔然，占有了塔里木盆地南缘诸国，形成了一个地域辽阔的庞大国度。

突厥也属于阿尔泰语族，外在形象更像高加索人（图4-10），初居于准格尔盆地之北，后移至其南缘，跨天山而游牧。6世纪中叶，突厥大败柔然，迫其西迁。强盛后的突厥分为东西两部分，东突厥占有柔然东部地区，处于北方王朝与隋唐的北方；西突厥则占据柔然西部的大部分地区，与波斯、嚈哒相接。东突厥的势力本强于西突厥，但由于其面临的中原王朝不断强大，不得不受制于隋唐王朝。西突厥势力在6～7世纪取得长足发展，成为欧亚草原中西部最为强大的游牧民族政权。在此期间，它先与波斯联合，攻灭嚈哒，以阿姆河为界与波斯瓜分嚈哒故土，使印度重新陷入列国纷争之中。继而，

图4-10　唐代的突厥人
（陕西历史博物馆藏）

西突厥又与拜占庭帝国、波斯展开角逐。三方纵横捭阖，中亚、西亚政治地理格局保持了一段难得的稳定。

在西突厥与拜占庭、波斯的角逐中，主导方向是拜占庭与西突厥联合制约波斯。波斯与拜占庭之间长期处于战争状态，西突厥与波斯间先是合作，后改相争；与拜占庭帝国则是合作为主，竞争为辅。三者间的最后相争是在7世纪初。先是，波斯大举进攻拜占庭，攻占了安条克、大马士革以及埃及等地；接着，拜占庭联合西突厥之一部大举反攻，628年大败波斯，使其称臣（图4-11）。

在三方的长期角逐中，三败俱伤，影响了各自的发展与稳定。东方的唐王朝先是破降东突厥，659年又大败西突厥，在其故地设置若干羁縻州府，将其纳入唐王朝版图。在此之前，阿拉

图4-11　拜占庭时代的地下水城

伯帝国崛起，给波斯与拜占庭也带来沉重打击，彻底改变了欧亚大陆中部的民族地理格局。

阿拉伯半岛本是闪族人的范围，以游牧为主，经过长期发展，形成了南北两大区域。南方的也门人有发达的农业和商业，北部的贝都因人则以游牧为主，但同时也从事转运贸易，人员往来与商贸活动也十分充分。至630年前后，穆罕默德创立的伊斯兰教统一了阿拉伯半岛，阿拉伯国家得以形成。阿拉伯第二任哈里发在位期间，阿拉伯人开始了第一轮大扩张。635年，北攻拜占庭，占领了叙利亚地区；不久又先后占领了巴勒斯坦、伊拉克等地区；642年，灭波斯萨珊帝国；同一年，攻占被波斯统治的埃及。在倭马亚王朝时期，阿拉伯人进行了第二次大扩张。自7世纪后期到8世纪中叶，向西攻占了埃及以西的地中海南岸全部区域；又登上地中海西岸，征服比利牛斯半岛，一度深入西欧腹地；732年被法兰克挫败，但仍保有地中海西岸地区。向东横扫伊朗高原和中亚地区，占据印度河流域，直接与唐王朝相接，751年，两者还曾发生怛罗斯之战。向北，强力挤压拜占庭的生存空间，三度兵临君士坦丁堡城下。至8世纪中叶，形成了北达里海、黑海，南跨北非，西据比利牛斯半岛，东至帕米尔高原与印度半岛北部的庞大帝国。

750年，阿拔斯王朝取代倭马亚王朝后，迁都巴格达。阿拉伯帝国文化繁荣，经济发达，社会相对安定，直接促进了欧亚非大陆间的文化、贸易交流与社会进步。至9世纪末，随着内乱的频发、各种矛盾的积累，西班牙、埃及、叙利亚等地纷纷自立，至11世纪，阿拉伯帝国仅存有两河流域一带，阿拉伯帝国名存实亡。

在阿拉伯帝国崛起过程中，欧亚大陆东部的唐王朝未受影响，依然保持着繁盛；欧亚大陆西部则从诸王国的混乱中兴起了强大的法兰克王国。至8世纪后期，查理曼登上王位后，不断开疆拓土，形成了庞大的查理曼帝国，囊括了除比利牛斯半岛外的所有西欧地区。至843年，查理曼帝国被三个孙子瓜分，形成了三个王国，即日耳曼、法兰西和意大利。英吉利海峡对岸的不列颠仍处在列国纷争的"七国时代"，战乱不息。

阿拉伯帝国鼎盛时，势力范围已包括了中亚、伊朗高原以及印巴次大陆的北部。但原有的各部族依然存在，只是没有强大的政权，屈从于阿拉伯帝国而已。其中，分布最为广泛、力量最为充实者是西突厥的遗民。

当阿拉伯帝国国力不支，走上衰落之际，突厥各部开始重新聚合与发展。首先兴起的是阿富汗地区的突厥人。10世纪末，他们摆脱了阿拉伯帝国统治，建立了伽色尼王朝，西进伊朗高原，南下印巴次大陆；至12世纪，被古尔突厥人和塞尔柱突厥人征服。古尔突厥人在12世纪末进入恒河流域，以德里为都，建立了德里苏丹政权，对印度实施了长达300多年的统治。塞尔柱突厥人则在伊朗高原建国，后又西入阿拉伯帝国腹地，攻占巴格达，进军小亚细亚，大败拜占庭帝国。1091年，迁都巴格达，一个强大的塞尔柱土耳其帝国就此形成。它东接中国王朝，西抵地中海，南达阿拉伯海，北与斯拉夫人接壤，实际上已完全取代了阿拉伯帝国的统治，只是并未废除哈里发名号而已。不过，这一帝国存在的时间极为短暂，迁都巴格达的第二年便开始出现内乱，很快就分裂为若干小国。

在欧亚大陆的东部，也出现了类似的局面。当唐王朝逐渐衰弱之际，周边的游牧民族也纷纷活跃起来，王朝北方防御的军队中也大量使用各种"胡人"，安史之乱的首领人物安禄山与史思明都是进入唐军中的"胡人"。到唐王朝覆亡前夕，周边游牧民族势力已经开始壮大，在五代十国的动荡中，周边空虚，许多游牧民族建立政权，形成自己的势力范围。至北宋统一之时，西北有党项族建立的西夏，北方与东北地区有契丹人建立的辽国，漠北草原的蒙古开始壮大，东北深处的女真人也蓄势待发。北宋王朝命运多舛，先是面临辽与西夏的压力，与女真人建立的金国联合灭辽后，又面临金人的不断南侵，以致丧失北方，南迁临安。蒙古兴起后，南宋与之联合灭金，但很快又面临蒙元的大举进攻。1279年，南宋结束。

蒙古属东胡族系，本居于贝加尔湖到黑龙江一带，随着占据北方草原的契丹人陆续南下，蒙古的势力迅速扩展。到12世纪，形成了东起黑龙江，西达叶尼塞河与额尔齐斯河上游，南至长城的庞大游牧族群。金人灭辽后，蒙古臣服于金。

13世纪初，成吉思汗统一蒙古各部后，即开始了连续的对外扩张。他先进军西夏，迫其臣服；又南下攻金，使其势力南缩，迁都开封。接着，于1219年开始了第一次西征，先占中亚，又进至顿河流域，对斯拉夫人形成了极大威慑。此前迁徙到东欧与俄罗斯西部的斯拉夫人，长期散乱，至9世纪后期方陆续形成一些地方政权，其中以882年建都于基辅的基辅罗斯最为强大。不过，早在蒙古军队到来之前，基辅罗斯就已分裂为诸多小公国，互不统属，处在割据之中。正因如此，难以抵挡蒙古铁骑的旋风式侵袭。不过，成吉思汗此次西征并未形成有效占领，后方的金朝仍为肘腋之患，加之他身体不适，所以班师而返。1227年成吉思汗死后，窝阔台为蒙古大汗。

蒙古调整策略，先东后西，先与南宋联合，于1234年灭金，解除后顾之忧；次年，便开始了第二次西征，很快便进入罗斯平原，占领基辅，兵锋直达塞尔维亚与保加利亚。在其统有地域建立了钦察汗国，范围东起鄂毕河，西抵多瑙河，南至咸海。

1252年起，蒙古军队东西并进。一路由忽必烈率领大军南下，灭大理，降吐蕃，攻灭南宋。在此过程中，忽必烈迁都大都，改国号为元，成为中原王朝的一员。另一路西征西亚与两河流域。蒙古大军先后攻下巴格达与大马士革，占有了两河流域、伊朗高原以及中亚南部，建立起伊尔汗国。这一地区的塞尔柱土耳其人退至小亚细亚。

鼎盛时的蒙古拥有元王朝与四大汗国，即钦察汗国、伊尔汗国、窝阔台汗国与察合台汗国。后两个汗国是成吉思汗时代赐予其次子和三子的封地，范围自天山南北到阿姆河以东。这样，蒙古成为欧亚大陆最为强盛的族群，统治范围包括大部分欧洲和几乎整个亚洲。

至14世纪下半叶，蒙古在各地的统治迅速瓦解。1368年，元王朝被新兴的明王朝推翻，东亚地区的蒙古人回到蒙古大草原。察合台汗国先是与窝阔台汗国合一，后又分为东西两部分。几乎与元王朝覆亡的同时，西察合台汗国也被新兴的帖木儿势力推翻。

帖木儿本是察合台汗国的蒙古贵族，推翻西察合台汗国的统治后，即建立了帖木儿帝国，大肆扩张。1388年，灭伊尔汗国，占有其故地；随即又北攻钦察汗国，东攻印度半岛，建都撒马尔罕，一度成为中亚、西亚与南亚次大陆的霸主。到15世纪后期，帖木儿帝国走向衰落，1500年被中亚游牧民族乌兹别克人所灭。部分势力在印度建立莫卧儿帝国（图4-12）。与之同时，北方的钦察汗国也不断衰亡，分裂为若干小汗国，蒙古渐被逐出罗斯平原，1502年，钦察汗国彻底覆亡。

图 4–12　莫卧儿帝国时代的泰姬陵

　　在蒙古扩张势头减弱并逐步衰歇之际，小亚细亚一带的奥斯曼土耳其人开始崛起。奥斯曼土耳其人本是西突厥的一支，在蒙古军队西征的压力下移居小亚细亚，臣属于塞尔柱土耳其帝国分裂后的一个小国罗姆苏丹国。罗姆苏丹国在蒙古军队攻击下覆亡后，奥斯曼土耳其人建立了自己的国家，逐步蚕食了拜占庭在小亚细亚的领土。尤其是14世纪后期，奥斯曼土耳其人攻入东南欧，多次打败欧洲诸国联军以及十字军，征服了巴尔干半岛。进入15世纪后，随着帖木儿帝国的扩张，奥斯曼土耳其的发展告一段落。但自15世纪后期始，与帖木儿帝国衰落的同时，奥斯曼土耳其人又开始了新一轮扩张。1453年，攻占君士坦丁堡，灭拜占庭帝国；向北征服了里海沿岸，向东扩展到伊朗高原，向西则征服埃及以及更西部的地中海南岸地区，成为横跨欧亚非三洲的强大帝国。

　　奥斯曼土耳其是游牧民族建立的最后一个庞大帝国，至此为止，文明史开启以来的游牧民族对农耕文明的大规模冲击告一段落，世界族群地理格局进入一个相对稳定期。

六、欧亚大陆族群的外溢与新一轮移民浪潮

　　15世纪是现代人走出非洲以来至关重要的一个世纪，自大理冰期结束时的大洪水时代以来，各大陆的人群被大洋阻隔，分别进行着各自文明的积累。美洲大陆上自北向南依次活跃着阿兹特克人、玛雅人（图4-13）与印加人，他们都发展起了较为富足的农耕文明，有着自己的王国体系。非洲大陆虽然是一个整体，但8000多年前撒哈拉沙漠的形成将其分为南北相隔的两大区域。北部濒临地中海，几乎一直被欧亚大陆的族群所控制；南部则形成了若干国家，如东非的埃塞俄比亚帝国，西非的加纳、马里、桑海等国家，南非的刚果与津巴布韦等国家，上述国家只有初步的农耕文明。太平洋南部诸岛与澳洲大陆上的现代人也都是彼此分隔的，只形成了部落组织，处在前文明阶段。

　　直到15世纪，欧亚大陆仍是现代人最为集中的地域，无论各个族群如何迁徙，如何冲撞，都没有超出欧亚大陆的范畴，当然还包括地中海南岸的北非地区。

　　欧亚大陆东部一直是更替中的中国王朝，此时正处在明王朝统治下。朝鲜半岛与日本列岛先后建有若干国家，都在中国王朝的势力范围中。欧亚大陆的中部一直处在纷扰之中，中亚地区若干小国并存，南亚次大陆也是各个强势族群轮番占据，凡据有此处者，往往又将其势力向东南亚延伸，几成通式。从小亚细亚、黑海南岸到地中海东岸、南岸大部以及两河流域，此时都在奥斯

图 4-13　玛雅人的金字塔

曼土耳其的统治之下。

　　欧亚大陆西部自日耳曼人与斯拉夫人的大迁徙完结后，一直处在整合与调整中，近代国家逐步形成。值得注意的是，近代国家的进程首先是在日耳曼人和斯拉夫人的边缘地区启动的。早在12世纪，葡萄牙人在抗击阿拉伯人的斗争中就形成了自己的国家；15世纪，西班牙人也在驱逐阿拉伯人的行动中完成了国家统一；与此同时，莫斯科大公国则在驱逐蒙古的进程中统一了罗斯平原，形成了中央集权的国家政权；法国与英国经过14至15世纪的百年战争，完成了势力分割，初步建立起近代国家体系；东部的斯拉夫人还建立了波兰、立陶宛、塞尔维亚等国家；中部的日耳曼人仍在整合与调整中；意大利至1861年方建立起统一的近代国家，德国至1871年方完成国家统一。

　　15世纪之重要，主要在于欧亚大陆上的族群开始着眼于欧亚大陆以外的广袤地区，走出非洲后的现代人即将走出欧亚大陆，踏上新的扩张之旅。

　　15世纪上半叶，明朝郑和七次下西洋，最远抵达东非沿岸，但其动机单一，并未形成后续性影响。15世纪最后十余年间，迪亚士、哥伦布以及达迦马先后从葡萄牙和西班牙启程，开始了寻找新大陆之举。此时的葡萄牙与西班牙地处比利牛斯半岛一隅，欧洲大陆诸强林立，已无开拓空间。因而在航海家们的探险成功之际，两国上下随即开始了大规模的海外殖民。自16世纪初，葡萄牙人组建的庞大舰队占据了红海、波斯湾以及东非、印度与东南亚的重要通道，垄断了西欧与东方的海上贸易，与此同时，还占领了南美洲的巴西等地。

　　西班牙人的海外殖民目标主要是中南美洲，他们强力屠杀美洲大陆上的原住民，迅速占据了中美洲、南美洲大部以及西印度群岛，大量移民，建立殖民政府，掠夺殖民地的黄金、白银与各种资源，强化了国内经济的发展与繁荣。葡萄牙与西班牙的海外扩张是欧亚大陆第一轮海外扩张。到17世纪初，从西班牙统治下独立的荷兰人打破了两国的海上霸权，开始了新的海外扩张。英国与法国紧随其后，在世界上掀起了第二轮海外扩张热潮。北美大陆、澳洲大陆与南太平洋地区、南亚次大陆、东南亚地区、非洲的几乎所有地区都沦为英、法、荷等国的殖民地。

这一历史时期的海外殖民有三种基本模式，即移民模式、掠夺模式和贸易模式。移民模式是在武力征服殖民地后，从本土大量移民，前往殖民地定居与生活，形成新的居民族群，如美洲大陆、澳洲大陆以及南非等地均为这一模式。在英国、法国对北美殖民统治时期，英国移民有120万人以上，法国移民也有10余万人；拉丁美洲独立运动之前，西班牙所属殖民地共有1600万人左右，其中，西班牙移民的后裔便达300万人，混血种人约为530万人，另外还有820万左右的印第安人和黑人以及由西班牙直接派任的各级官员、军官与教职的半岛人。这相当于一次规模颇大的民族迁徙。

掠夺模式主要存在于非洲大陆和早期美洲，殖民者以武力控制殖民地后，掠夺当地各种资源与财富，掠夺黑人进行奴隶贸易。

贸易模式主要存在于东亚、东南亚以及自地中海东岸波斯湾到印度半岛。殖民者以武力占据贸易要道，建立贸易据点，垄断贸易往来，以经济手段剥削和掠夺殖民地与相关地区的资源与财富。

三种模式对殖民者本土的意义各不相同，对殖民地发展的影响更是相差悬殊。第一种模式促成了新的族群与民族自觉，很快便发生了北美独立运动与拉丁美洲独立运动。美国于1776年宣布独立，拉丁美洲17个国家也在18世纪末到19世纪初陆续独立；第二种模式下的非洲长期处在被压榨与奴役之中，至20世纪方形成独立运动；第三种模式下的各个地区发展很不平衡，到第二次世界大战时期逐步走上了经济独立之路。

经过200多年的殖民运动，到19世纪中叶，全球主要地理空间被重新分割完毕。英国拥有加拿大、澳大利亚、新西兰、印度、马来亚以及南非的开普敦等殖民地；法国占有阿尔及利亚、塞内加尔、柬埔寨、越南南部以及南太平洋上的一些岛屿等；西班牙仍拥有菲律宾、古巴、波多黎各以及非洲的部分地区；荷兰拥有印度尼西亚和苏里特。

这一时期，德国也实现了统一，逐渐成为欧洲强国；美国独立后发展迅速，也成为全球经济大国；俄国与东方的日本则完成了近代化进程，开始了自己的强国之路。这些后起强国面临的最大问题是发展空间的需求与殖民地被基本瓜分完毕的矛盾，世界性大战不可避免。

七、人类族群竞争的白热化

到20世纪为止的所有扩张与竞争都是局部的，或有着明显不对等性质，适用的是弱肉强食这一最原始的丛林法则。到20世纪初，情况似乎发生了变化，各大地域中的族群相争都难以控制在局部，随时会引发整个人类族群的大战。各族群间的竞争也不是以强凌弱的掠夺，而是旗鼓相当的对决，这是一种十分危险的游戏。

自19世纪后期以来，随着各大洲殖民空间的瓜分完毕，新一轮的扩张必然在强国之间进行。英国与俄国在西亚、中亚发生了激烈争夺，英国与法国对埃及展开了争夺，英国与德国在南部非洲展开了角逐，美国与西班牙在古巴、菲律宾发生了战争，日本与俄国在东亚发生了争夺，法国与德国围绕对摩洛哥的控制展开了角逐，等等。

这一时期各族群已完成了近代国家的构建，国家成为族群的外在载体，各国之间往往形成不同的同盟，国与国之间的每一次冲突都可能酿成同盟间的战争，20世纪前半叶的两次世界大战都是如此。

第一次世界大战的导火索是1914年6月塞尔维亚民族主义者对奥匈帝国皇储斐迪南的刺杀。奥匈帝国，1867年由奥地利与匈牙利联合而成，其范围南起亚得里亚海，北跨喀尔巴阡山，占有整个多瑙河中下游地区，与德、法、英并称为欧洲四强。奥匈帝国的北方是德国与波兰，东方是俄罗斯，与西南方向的意大利隔海相望，扩张的方向必然是南方的塞尔维亚。费迪南被刺杀后，奥匈帝国立即对塞尔维亚宣战，除美国外的各强国纷纷表明立场，直接参与其中，很快便形成了以奥匈帝国、德国、奥斯曼土耳其、保加利亚为一方和以英、法、意、俄、日、塞等国为一方的多国混战。前者称同盟国，后者称协约国。双方参战国家多达31个，波及亚欧大陆、非洲与美洲。

各国参战并非维持正义，而是趁火打劫，实现自己的目的。因而，在战场上最活跃的是后来居上的新兴强国德国、俄国与美国。

德国的目的是西败法国，东迫俄国，在欧洲大陆建立大德意志帝国，同时还要与英国争夺海上霸权。在奥匈帝国还未对俄宣战时，德国就对俄法宣战，在西线强攻法国，直逼巴黎，遭遇英法联军的顽强抵抗。在德军倾力西进时，俄国发动了对德国的攻势，俄国的本意不在德国，它希望在德国与奥匈帝国战败后，能够夺取土耳其与巴尔干半岛的控制权，打通南下地中海的通道。但德军迅速组织反攻，占领了俄国大片国土。德国在对俄取得大胜后，又对法国凡尔登要塞发起强大攻势，与英法反复争夺，双方消耗巨大。与此同时，德国与英国进行了多次大规模海战。到1917年，交战双方陷入僵持状态，战略主动权逐渐掌握到协约国手中。

美国本在战争双方之间保持中立，而且还与同盟国保持着军火贸易关系。到1917年4月，美国以德国潜艇袭击美国商船为由，也对德国宣战。一方面，派出海军参加对德海战；另一方面，向协约国提供大量军事与物资援助。美国的参战，打破了双方的平衡，同盟国一方纷纷兵败而降，至1918年11月11日，德国也签下停战协议，第一次世界大战结束。

第一次世界大战的开战各方最终两败俱伤，欧洲经济发展遭到重创，而美国借机发展壮大，成为世界上最大的债权国和最大的资本输出国；日本虽然也对德宣战，但并未介入欧洲战场，只是借机夺取了德国在中国的租界地，扩大了在中国的侵略支点；俄国因十月革命爆发，大战结束前就退出了战争，致力于建设新型苏维埃国家（图4-14）；奥匈帝国重新恢复为奥地利与匈牙利两个国家，领土范围明显退缩；奥斯曼土耳其被割除五分之四的领土，协约国军队入驻，丧失了独立地位，直至1922年，方推翻旧帝国的统治框架与协约国的殖民统治，产生了独立的土耳其。

第一次世界大战后，各国相对安定，取得了一定平衡。但这种平衡又是很不稳定的，关键是战胜国并不满足于已经攫取的利益，战败国也不甘于被剥夺。1929年开启的世界性经济危机使各主要国家的经济与社会发展受到严重影响，于是各国纷纷目光向

图 4-14　俄罗斯莫斯科红场

外，寻求自身之外的资源与财富，第二次世界大战由此爆发。第二次世界大战无论是战争规模、参战国家数量还是涉及地域，都超过了第一次世界大战，战争中的主导性力量是美国、英国、法国、苏联、中国以及德国与日本。整个大战的进程可以分为前后两大时期，具体而言，就是上述大国间的合纵与连横。

　　前期的主角是日本与德国。日本是第一次世界大战的获益者，又是第二次世界大战的挑起者。早在第一次世界大战前，强大起来的日本就开始了在东亚的扩张，先后控制了朝鲜半岛，占领了中国的台湾，又染指中国东北，与俄国争夺东北地区的权益。第一次世界大战后，日本利用苏联建立初的困难，加大对东北的渗透；又利用对德国在山东权益的继承，扩大对华北的影响；1931年，蓄意制造九一八事变，强占东三省，扶植伪满洲国，并逐渐控制了华北大部地区。对此，美、英、法完全置之度外。美国出台了"中立法案"，英法操纵下的国联也未有任何实质性举措。这样，日本得以大举南下，直达东南亚地区。

德国虽是第一次世界大战的战败国，但一直不甘人下。希特勒的纳粹党利用德国战败赔偿和世界性经济危机给德国经济造成的巨大冲击，成为议会第一大党。自1933年起，希特勒逐步建立起独裁的法西斯统治，扩充军备，积极备战，矛头首先指向东欧。在此之际，英法采取了绥靖政策，提出了"保持对东欧争端的不干涉政策"。目的很明确，要将希特勒之祸水东引，指向苏联。自1938年起，德国先后占领了奥地利、捷克斯洛伐克，兵指波兰。苏联与德国签订了《苏德互不侵犯条约》，随后，德国大举入侵波兰，苏联也出兵占有了波兰东部。在此情况下，英法方对德宣战，但实际是宣而不战，目的是以重兵防守西线，迫使德国东进。德国并未如英法所愿，而是先攻下丹麦与挪威，又占领荷兰、比利时与卢森堡，直扑法国。英法联军仓促退至英伦三岛，将欧洲大陆留给了德国。与此同时，苏联也吞并了波罗的海三国以及罗马尼亚一部。

后期的主角是苏联与美国。这两个大国是第二次世界大战前期的受益国，苏联获得了领土收益，美国获得了军火贸易收益。1941年发生的两个重大事件，将他们双双拉入大战之中。1941年6月，在欧洲大陆完全得手后的德国向苏联发起全线进攻，苏联倾全国之力开始了反法西斯战争；当年12月，日本突袭珍珠港，向美国挑战，美国也随即对日、德宣战。这样，以美、苏、英、法、中为首的世界反法西斯阵线形成，至1945年8月，以日本宣布无条件投降为标志，第二次世界大战结束。

第二次世界大战对世界格局进行了全方位重构，以美、苏、英、中、法五大国为首，组建了覆盖各主权国家的联合国；以

美、苏两大国为首，分别形成了北约集团和华约集团，前者包括
美国及西欧国家，后者包括苏联、东欧以及巴尔干南部的南斯拉
夫和阿尔及利亚。其他国家或依附于一方，或保持着相对中立。
20世纪50年代后期以来，中国渐渐独立于苏联集团，一些亚非国
家推行了不结盟运动，但两大势力集团对峙的局面一直未变，世
界各国保持着数十年的均衡与稳定。

　　20世纪90年代以来，随着苏联的解体，华约集团也宣告终
结，北约趁势东扩，基本覆盖了前华约国家。美国与北约国家集
团着力构建以美国为核心的单极世界；俄罗斯则力求重新崛起，
冲出重围；中国则力倡构建人类文明共同体。这一历史时代的最
大特点是领土之争开始淡化，国家与族群之争更多地聚焦于金
融、市场以及核心技术，一个新的竞争时代业已出现。

八、人类族群拓展的新格局

　　第二次世界大战以来，人类族群大规模的领土争夺告一段
落，虽然不时也有争城略地的小规模战争爆发，但都属于局部调
整，整体的领地格局保持稳定。族群拓展的方向发生了重大变
化，一方面转向非暴力的技术与市场争夺，另一方面则转向陆上
领土以外的其他物理空间的争夺。

　　就技术与市场争夺而言，以美国为首的西方国家牢牢控制着
事关国计民生的高端技术与高端制造业，形成了不对等的国际贸
易市场体系；美国又以美元的垄断地位，享有世界性的金融特
权。由此，虽然第二次世界大战后军事性的帝国时代告一段落，
但经济帝国、技术帝国与金融帝国却无处不在。一些发达国家
的海外资产已经远超国内生产总值。比如，日本2021年度GDP
为4.9万亿美元，海外资产总额已达10.4万亿美元；美国2021年度

GDP为23万亿美元，海外资产总额为35.21万亿美元。这种世界性经济帝国的运行模式，就是技术与资本先行，武力为后盾，通过对市场的占有实现收益剥取。

就陆上领土以外的物理空间而言，主要有公海、大气层与太空空间。在陆上空间已被完全划分完毕之后，向其他空间的拓展在所难免，尤其是具有重大经济与战略意义的公海与太空已经成为各国角逐的焦点。

在全球海洋面积中，公海面积占2/3左右，各国对公海的关注绝不仅仅是航行之需，而是公海海洋及洋底的丰富资源。据统计，全球现有20多万种生物，其中90%生存于海洋；全球大洋洋底的可燃冰储量巨大，大体是石油、天然气和煤炭资源总量的5倍；大洋洋底广泛分布着"锰结核"，这是一种多种金属化合物，具有重要资源价值，全球洋底储量约为3万亿吨；大洋洋底还分布着其他多种矿产资源，比如，在太平洋中部与东南部洋底，就分布着丰富的稀土矿藏，有研究机构测算，其储量可能达到陆上已探明储量的1000倍。[12]

早在20世纪60年代，美国就建造了深海核动力作业平台。20世纪70年代至苏联解体前，苏联共建造了6艘核动力深海工作站，工作站功能齐全，设有深海探测设备以及作业机器人等。21世纪以来，俄罗斯还研制了三个型号的载人深潜器。日本自20世纪70年代以来也开始研制载人深潜器，已建成的6500型深潜器具有很强的综合作业能力。美、俄等国还不断研制深海攻击性装备，美国研制了多种型号的自主潜行器，实际上就是无人深海潜艇；俄罗斯研制的深海潜艇依托艇身自重可达8000米洋底。[13]

到目前为止，各国对于大洋深海这一空间都正在准备条件，进行初步探索，尚未形成冲突。

　　与深海空间的拓展相比，人类对太空空间的拓展，自一开始就带有很强的竞争性与敌对性。太空空间虽然广袤无边，但可提供太空航行与开发的低轨道空间却十分有限，一旦占据完毕，不可再生，只能取而代之。太空中蕴含着巨大的商业价值与经济资源，由各种卫星完成的互联网应用、国土资源勘测、气象服务以及导航、通信、电视广播等，都具有重要的经济与商业价值，未来的太空资源勘探与开采也颇具前景。更为重要的是，太空空间又是最终战略制高点，谁拥有了太空霸权，谁就可以制约全球，其战略与军事意义无可比拟（图4-15）。

　　自20世纪50年代起，美国和苏联就开始向太空拓展，发射卫星，载人航天，登上月球，不断竞争。自20世纪七八十年代以来，越来越多的国家加入对太空的拓展，主要方式是发射各种用途的卫星，其中以商业卫星居多。据欧洲航天局统计，到2021年

图 4-15　太空行动

底，各国共有约6150次太空发射活动，已将近12360颗卫星送上太空，目前仍在正常运行的约4900颗。

进入21世纪以来，一些发达国家着力进行卫星星座建设，逐步形成集群式—系列式卫星布局，大幅度抢占太空空间资源。到2022年上半年为止，太空中已成规模的卫星星座共有8个，含2475颗卫星。其中，美国独有或主导的星座便有4个，含2040颗卫星。美国太空探索技术公司还宣布，到2035年前，要在太空新部署4.2万颗小卫星，若顺利完成，仅此一项新增卫星数量便是目前正在运行卫星总数的8倍以上。

近十年来，有的国家已启动了太空物产资源的探查与开发，美国国会于2015年通过了《太空资源探索与利用法案》，支持保护美国人对月球矿产的开发；2020年，特朗普签发《太空资源探索与利用的国际支持保障》总统令，将上一法案推而广之，声明"美国人应当有权依据该法对宇宙资源进行商业勘察、开采和使用"。2020年，日本出台了新修订的《宇宙基本计划》，同样支持日本企业参与月球矿藏与水资源开发。基于对月球开发的需求，美国与日本正联合在绕月轨道上建造"深空门户"。这是一种小型空间站，用于支持在月球表面开展的长期性活动。

除了上述商业性与经济性拓展外，发达国家真正的重心还是太空军事拓展，各主要发达国家几乎都组建起"太空部队"。美国于2019年成立太空军，声称是与海、陆、空、海军陆战队和海岸警卫队并列的第六军种；2020年，又制定了《太空防御战略》《太空作战司令规划导引》。日本出台了《宇宙基本法》《宇宙活动法》等，于2020年成立宇宙作战队，任务是建立宇宙作战队体系和太空侦察体系。法国于2019年将空军改组为航空与太空部队，并于2021年举行了"AsterX2021"太空军事演习。西班牙也于2022年将空军改组为空天军。另外，俄罗斯早在2015年就组建了空天军，作为三大军种之一，将领空与太空防御一体化，具有很强的实战性。泰国也在2019年成立了太空作战中心。由此可见太空战略在各个国家中的地位。

认真分析一下各国的太空拓展，不难发现，面向深太空与月球的资源开发只是可望而不可即的远景，或者可以说是幌子，面向地球表层的太空商业应用虽然已日渐重要，且处在不断发展中，但各发达国家仍是醉翁之意不在酒，在于太空制导权的归属。庞大的商业卫星既可以分割垄断太空空间，又随时可以转为军用。可以想见，地球资源的枯竭，可能等不到人类对外太空的资源开发，以太空移民解决人类困境也只能是一个美丽的童话。人类与资源的紧张关系无法破解之时，必然会发生大规模的冲突与战争。未来战争的利器就是太空制导，这是各国向太空拓展的真正动因。[14]

九、人类扩张的终点

自现代人类走出非洲，就一直处在扩张之中，先是在欧亚大陆扩张，继而又向新大陆扩张，目前正在向太空扩张。无论是现代人类的早期迁徙、游牧民族对农耕文明的冲击，还是各大帝国的征服、掠夺与殖民，表面看来，都是不同族群的空间争夺与拓展，但实质是现代人类对地球表层的不断蚕食与占领。到目前为止，可以说，人类已经牢牢掌握了地球表层，成为凌驾于动物世界之上的地球表层的统治者。种群的成功拓展，必然带来人口总量的不断增长，到2022年11月为止，人类数量已达80亿，而且，2030年将达85亿左右，2050年将达97亿，到21世纪80年代，会达到约104亿。[15]

地球表层空间是巨大的，但又是有限的。现代人类的扩张必然压缩整个生物界的生存空间，不仅现代人类的同类，先期走出非洲的尼人、直立人、丹人先后消亡，而且大量森林被砍伐、河流被改道，至于各种动物的领地丧失以及被人为剿杀更是不绝于缕。研究者认为，在上个世纪中，近一半的陆地哺乳动物失去了80%的栖息地。那些曾经和我们分享地球的动物，从个体数量上看，已经有一半消失了，这个数字高达几十亿。有研究者对2.76万种哺乳动物、爬行动物和两栖动物进行了分析，并指出了种群数量急剧下降的物种。例如，非洲狮自1933年以来，数量已经减少了约43%。研究人员绘制了2.76万个脊椎动物物种的地理分布范围，包括鸟类、两栖动物、哺乳动物和爬行动物，占地球脊椎动物物种总量约一半。研究人员还分析了177个数据较详尽的哺乳动物物种在1990年至2015年间种群数量减少的情况。物种地理分布范围缩小被视为种群数量减少的重要指征。研究发现，2.76万个脊椎动物物种中超过30%的种群数量和分布范围都在缩减。177个哺乳动物物种都丧失了30%以上的分布范围，其中逾四成丧失的分布范围超过80%。[16]

需要指出的是，现代人类只是生命世界中的一分子，人类对生命世界的任何一点侵占与挤压，都会引发难以估量的报复。早在100多年前，恩格斯就敏锐地提出了这一问题。他说："我们不要过分陶醉于我们人类对自然界的胜利。对于每一次这样的胜利，自然界都对我们进行报复。每一次胜利，在第一线都确实取得了我们预期的结果，但是在第二线和第三线却有了完全不同的、出乎预料的影响，它常常把第一个结果重新消除。美索不达米亚、希腊、小亚细亚以及别的地方的居民，为了得到耕地，毁灭了森林，他们梦想不到，这些地方今天竟因此成为荒芜不毛之地，因为他们在这些地方剥夺了森林，也就剥夺了水分的积聚中心和贮存器。阿尔卑斯山的意大利人，当他们在山南坡把那些在北坡得到精心培育的枞树林滥用个精光时，没有预料到，这样一来，他们把他们区域里的山区牧畜业的根基挖掉；他们更没有预料到，他们这样做，竟使山泉在一年中的大部分时间内枯竭了，同时在雨季又使更加凶猛的洪水倾泻到平原上来。"[17]

　　随着现代人类拓展的深度与广度的持续增强，微观世界的报复也已显现。比如，20世纪以来，世界多地都发现了耐药性极强的"超级细菌"，有的菌株甚至对所有抗菌药物耐药，一旦蔓延传播，危害极大。不仅如此，广泛性的致病性细菌的耐药性一直在增强中，有研究表明，"全球100余家医学中心报告了1999—2008年10年间的耐药监测结果：革兰阴性杆菌耐药率逐年升高，尤其以β-内酰胺类及氟喹诺酮类明显，如肠杆菌科细菌对头孢曲松的耐药率从1.7%升至8.6%，对哌拉西林/他唑巴坦的耐药率从2.3%升至6.0%，对环丙沙星的耐药率从3.7%升至17.8%，对妥布霉素的耐药率从1.7%升至8.8%，鲍曼不动杆菌对亚胺培南的耐药率从10.0%升达47.9%等"[18]。有研究者统计了2005年到2019年肠杆菌科细菌对碳青霉烯类抗生素的耐药变迁，结果发现，短短14年间，从3%左右增长到11%以上（图4-16）。[19]如

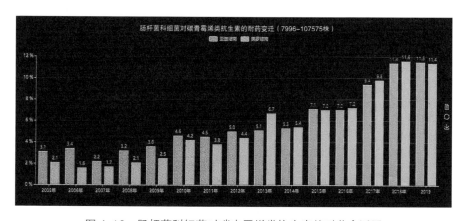

图4-16　肠杆菌科细菌对碳青霉烯类抗生素的耐药变迁图

果照此速度发展下去，整个致病细菌的耐药性会成为普遍现象，对人类生存的威胁不亚于任何突变。

更为重要的是，地球生命世界就是一个互相依存、互相联系的有机整体，任何一个环节的非自然破坏，都可能对生命世界产生意想不到的影响。以蜜蜂为例，相当一个时期以来，随着人类的开发与农药的使用，野生蜜蜂的栖息地与生存环境受到明显影响，存量大幅减少，家养蜜蜂也因此受到很大影响。蜜蜂是生命世界中被子植物最重要的授粉者，如果没有蜜蜂，对生命世界的影响是难以估量的。有人曾借爱因斯坦之名提出："如果蜜蜂从地球上消失，人类将只能再存活4年。没有蜜蜂，没有授粉，没有植物，没有动物，也就没有人类。"这绝非危言耸听，美国著名基因学家理查德·吉布斯就明确认为："假如没有蜜蜂和授粉，整个生态系统就会崩溃。"正因如此，美国政府曾在2015年发布了《关于保护蜜蜂及其他传粉者的国家战略发展规划》白皮书。[20]

人类需要清醒地知道，他们不是世界的独行者，只是生命世界的一分子，大自然的一部分。如恩格斯所言，"我们连同我们的肉、血和头脑都是属于自然界和存在于自然之中的"[21]。人类已经成为地球表层的最强大的存在，自爬行动物时代以来，只有恐龙有过如此超越的时刻。但是，与此同时，人类的充分扩张与四面树敌已使阿喀琉斯之踵充分外显。一粒小小的病毒、一颗细小的宇宙尘埃都可能将其摧毁。

注释：

[1]参见王绍武、闻新宇：《末次冰期冰盛期》，《气候变化研究进展》2011年第5期。

［2］参见刘东生、张新时、熊尚发等：《青藏高原冰期环境与冰期全球降温》，《第四纪研究》1999年第5期。

［3］参见李辉、金雯俐：《人类起源和迁徙之谜》，上海科技教育出版社，2020，第73页、第79～80页。

［4］（英）赫·乔·韦尔斯著，吴文藻等译：《世界史纲》，人民出版社，1982，第149页。

［5］参见齐涛主编：《世界史纲》，泰山出版社，2012，第65～66页。

［6］参见李辉、金雯俐：《人类起源和迁徙之谜》，上海科技教育出版社，2020，第71页、第79页。

［7］参见赵希涛主编：《中国海面变化》，山东科学技术出版社，1996，第33～36页。

［8］孙星衍：《尚书今古文注疏·尧典·虞夏书》，中华书局，1986，第27页。

［9］焦循：《孟子正义·滕文公上》，中华书局，1987，第374页。

［10］参见齐涛：《尧舜禹时代新论》，《山东社会科学》1991年第1期。

［11］（美）L.S.斯塔夫里阿诺斯著，吴象婴、梁赤民译：《全球通史——1500年以前的历史》，上海社会科学院出版社，1988，第119页。

［12］以上数据均参见段雯娟：《公海之争"战火渐炽"》，《地球》2015年第4期。

［13］参见宋宁：《各国打响深海争夺战》，《当代海军》2017年第7期。

［14］参见张耀军、江训斌：《从大国太空争夺看"太空丝绸之路"建设进路》，《国际研究参考》2021年第2期。

［15］联合国：《世界人口展望2022》，转见人民网：https://mp.weixin.qq.com/s/ASQco1F6rRXnjxhSi63fWQ。

［16］马丹等：《第6次物种大灭绝，真发生了？》，《中国生态文明》2017年第4期。

［17］恩格斯著，于光远等译编：《自然辩证法》，人民出版社，1984，

第304～305页。

[18] 赵敏：《细菌耐药现状及治疗——从超级细菌谈起》，《解放军医学杂志》2011年第2期。

[19] 图文均参见殷喆、周冬生：《竞争与共存：细菌耐药性难题亟待解决》，《前沿科学》2020年第2期。

[20] 参见姚军：《假如没有蜜蜂》，《中国蜂业》2017年第9期。

[21] 中共中央马克思恩格斯列宁斯大林著作编译局编译：《马克思恩格斯选集》（第四卷），人民出版社，1995，第384页。

伍

文明的目的地

自文明发生，人类便启动了脱离动物世界的行程，与此同时，人与人类都必然发生不可逆转的异化。文明行程的目的地在哪儿？人类无法知晓。但他们已经知道，作为物种的人类正在越来越失去自我，成为文明的工具与符号。

一、农耕与人类文明的启程

到目前为止，人类已发现的最早的农耕遗存不过距今一万年左右，而且集中分布在两河流域下游、尼罗河流域、印度河流域以及黄河与长江流域。考古学界普遍认为，这些遗存并不是最早的农耕，而是相对发展成熟的农耕形态。如我们曾经讲到的，最早的农耕发生在一万年前的地中海、波斯湾、东北印度洋以及东亚的三海平原。农耕的出现，是人类文明的核心标志，标志着人类已经开始与其他动物分道扬镳，踏上了独特的文明之旅。

农耕对人类的影响是全方位的，从农耕产生到国家出现，短短数千年间，便确立了人类文明的基本架构与基本元素，大略言之，有八大标志性变化。

其一，能量交换方式的变化。农耕之前的人类处在原始群体阶段，数十人为一群体，采集野果、捕杀猎物，以直接索取的方式与大自然进行能量交换。此时的人类与其他动物一样，完全依附于自然，也是大自然的有机组成部分。农耕使人类向自然的索取间接化，通过人工对野生动植物的驯化形成了种植业与畜牧业，人类通过种植和养殖获取生存所需，智力与体力劳动转化为劳动成果，源源不断地提供着生存所需的食物与能量。

其二，生存方式的变化。农耕产生后，人们必然定居一处，形成固定的住宅与聚落，较之逐水草而居或构木为巢、寄居山洞，生存方式发生了根本性变化。以中国远古时代为例，八九千年前，就出现了较为规整的聚落，统一规划，统一建造，多有一条围壕作为屏障。围壕内分为居住区与陶窑区，围壕外有统一的墓地。居住区的房屋最初为地穴式或半地穴式单间建筑，很快便有了各种排房或套房。湖北枣阳雕龙碑新石器时代聚落遗址中，就出现了一座100多平方米的套房。该套房共有7个房间，有的房间还带有储藏室。[1]4600多年前的安徽蒙城尉迟寺聚落遗址中所有房址均以排房建筑为主，十分壮观（图5-1）。[2]另外，聚落中往往还有广场、水井、道路以及公房，构成了一个完整的社会共同体。

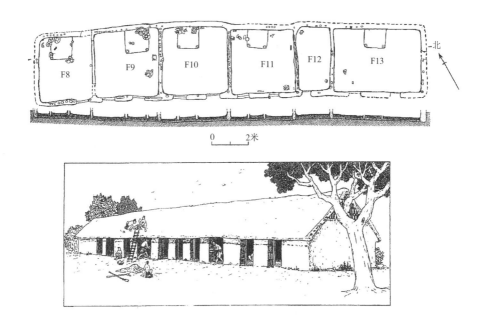

图 5-1 安徽蒙城尉迟寺聚落遗址中的排房

其三，生产效率的变化。采集与狩猎时代，人们需要足够的空间才可以满足生存所需。农耕时代实现了集约化的种植与养殖，人均所需空间大大减少，生产效率空前提高。据统计，采集与狩猎时代，每个人需要26公顷左右的空间，而农耕时代，同等数量的耕地可以养活约500人。扣除其他因素，同等地域范围内可供养人口较之采集与狩猎时代也增长100倍以上。

在人类早期聚落遗址中，各种储藏类窖穴广泛分布，比如，距今8000多年前的磁山聚落遗址中，就发现有大量窖穴。

其中，189个窖穴存有粟类粮食，经过对已发掘的88个窖穴的测算，存粟可达7万千克左右。若统而计之，全聚落存粟可达15万千克左右。[3]一个普通聚落中有如此数量的储粮，既表明生产效率之高，又表明粮食已经出现明显富余。

其四，人口数量的变化。进入农耕时代后，食物的富足与生活的安定必然带来人口的快速增长。到目前为止，对于史前时期的人口数量尚未有权威统计，但进入农耕时代以来人口出现快速膨胀却是共识。一般认为，在农耕时代出现前夕，全球人类总数在500万至600万之间，至距今5000年前便增至2亿。从具体地区的考古学统计数据同样可以看到这种快速膨胀，比如，东亚黄河中下游地区在农耕时代到来之时，人口密度为每10平方千米1人；至5000年前，上升到每平方千米10人；至4000年前，又上升到每平方千米17人，有的区域达到每平方千米30人。人口的增长必然伴随着聚落的膨胀和新生，聚落数量同比增长。比如，对东亚山东半岛以南地区的考古调查表明，5000年前，这一地区聚落数量仅为29处，至4000年前，骤增至536处。[4]这些都表明进入农耕时代以来，人口数量的历史性变化。

其五，领土意识与财产意识的扩展。采集与狩猎时期，人类便有领地意识，但那时的领地本就是不断变动的。农耕时代以来，无论是空间占有，还是食物储存窖穴与住所，特别是能够提供农产品的土地，都成为不可移动的不动产。在这种情况下，私有财产观念与财产的私有性产生，当然，最初的私有是以聚落或家族为单位的集体占有，后来才发展为个人私有。人口的膨胀与聚落的增加，必然与土地等资源的有限发生矛盾，围绕土地等资源与财富的争夺开始出现，各文明体都出现了弓箭、石刀、骨匕等杀伤性武器，也出现了残缺不全的人体遗骸。无论是东方还是西方的聚落，都不满足于以壕沟作为聚落的屏障，各式各样的城池开始涌现。早在9000年前，约旦河畔的耶利哥聚落就用石块砌成一道高3米的围墙，将聚落变成了坚固的石城；土耳其的恰塔尔休于聚落则将所有外围房屋统一规划，将外墙连接为整个村落的围墙，有点类似于中国古代的客家围屋；郑州西山聚落也在5000多年前修筑起夯土城墙，城内面积约有3.45万平方米。这些都是领土与财产意识扩展的物化实证。

其六，社会组织的建立。采集与狩猎时代，每一个群体不过数十人，生活方式十分简单，每个群体只需一位首领即可。进入农耕时代后，数十人的群体转化为不断膨胀的聚落，依照行为组织与认知神经科学的原理，每个人的大脑可以有效应对的群体规模在100～150人之间，如果是一个数百人的聚落，则必然要有社会组织层级与多位管理者。更何况，聚落中的社会较之采集与狩猎的原始群要复杂得多，既有农业生产，又有畜牧业生产、手工业生产，还有聚落公共设施的营建、使用等，也需要复杂化的组织体系。另外，当聚落之间的冲突与联合不断增加之后，更是要求有强有力的组织体系与统领者。因此，农耕时代的社会组织建立后，日益复杂化，形成了初始文明形态。不过，不同地区的文明形态自形成之初便各有特点。比如，苏美尔地区形成了以城市为主要载体的城市文明，城市是强大的社会综合体，也是整个社会的基本载体；黄河流域与长江流域则形成了城邑与村落共同组成的方国共同体，城邑是军事中心与权力中心，多数居民的基本生产、经济活动都处在村落之中，两者密不可分，这也奠定了未来历史发展中东西方不同的文明道路的基础。

其七，社会分工与社会分层的实现。农耕时代生产效率的变化带来了食物的增加与剩余，聚落中可以存在农业生产以外的人

图5-2　乌鲁克的主人与仆人
（法图卢浮宫藏）

员，因此，在社会复杂化进程的推动下，社会分工逐渐精细化，有了统治与管理者，有了巫师与僧侣，也有了手工业生产者与商人，有的地方甚至还有了武士。在乌鲁克城市中，就曾存在着100多种不同的行业分工（图5-2）。在黄河下游的大汶口文化聚落中，也有了农耕者、医卜、手工业与管理者的不同分工。分工的不同，人们占有和使用的社会资源与劳动资源各不相同，由此，又形成了贫富分化。在距今五六千年前，欧亚大陆的各文明地带都表现出明显的社会分化趋势，贫富分化的不断发展必然又会固化着社会分工与分层，尤其是处于社会顶端的群体会以种种方式保障既得利益，国家机器由此产生。

其八，人类自身的异化。当人类与其他动物分道扬镳，走上自己的文明道路的同时，也开始改变了人与自然的关系，将人类自己送到了另一个围城。就食物而言，采集与狩猎时代，人类具有充分的选择性与可变性，但农耕时代的人类只能固着于现有的土地上，一旦发生天灾与病虫害，缺乏其他谋生之路，就会陷于饥馑之中。就环境而言，采集与狩猎时代，人类是游动的，各种废弃物也极少产生，而在定居聚落中，随着人口增多与固着，生存环境发生了重大变化，各种寄生虫、细菌与病毒造成的瘟疫频频出现，加大了人类的生存压力。就人体自身而言，生存方式的改变，拉长了人们与自然的关系，以往可以直接与自然互通与交流的内容改为了间接互通与交流，使人类越来越受制于环境，变得逐渐脆弱。比如，食盐在采集与狩猎时代完全可以自行在食物中补充，随着定居生活的出现与食物构成的变化，人们的肉食大大缩减，必须专门补充食盐方可生存，在这种情况下，盐成为与空气和水一样重要的生命元素，但食盐又不是无处不在，开发与生产具有很强的局限性，因此，它又成为制约与决定不同地区人类发展的关键因素。

总之，文明启程后的人类究竟是福是祸，究竟要走向何处，人类自己并不清楚，一直在随波而行。至于如何到达终点、终极结局是什么，都不得而知。

二、工业革命与人的异化

人类历史上的农业革命是一个旷日持久、循序渐进的过程。在整个农耕时代，人类仍然完全地处在自然之中，利用自然，依赖自然，是大自然的有机组成部分。人类历史上的工业革命则是截然不同的爆发式变革，自18世纪中叶到20世纪初，完成了几乎所有的工业发明，并迅即运用于社会发展。从蒸汽机的改良与普及到内燃机的产生，从汽船、火车到汽车，从发电、电力传输到应用，从电灯、电话到无线电，再到1903年莱特兄弟飞机的试飞，人类在短短100多年的时间内完成了对工业社会的构建。这是改变人类命运与方向的重大转变，使人类的生存超脱了动物世界，也走上了一条异化之路。

工业革命带给人类的最大变化是构建起一个自然之外的次生世界，从居住的城市、使用的动力到整个社会运转的基本设施，都是人类自行建造的非自然设施，而且是在短短100年间就完成了基本架构。以铁路为例，1814年，第一台蒸汽机车在英国诞生；1825年，英国建成了人类历史上第一条铁路；到1850年，铁路总长度已达6000千米，基本构成了连接各大工业城市的铁路网。法国第一条铁路出现于19世纪30年代，到1870年，铁路总长度已有1.8万千米左右，也形成了连接国内各主要城市的铁路网。美国与德国也在此时形成了全国性的铁路网，世界铁路总长度已达20万千米。

维持这个次生世界的是人类对各种矿产资源的开发与利用，其中，多数都是重新加工再造后的利用，表明人类所凭依的次生世界也是建立在对次生资源的依存基础之上的。比如，1900年，全球粗钢产量约2830万吨；至2020年，则达18.78亿吨。又如，1900年，全球原油产量约2000万吨；至2020年，已达41.65亿吨。再如，1926年，全球水泥产量约6240万吨；至2020年，高达41亿吨。

必须看到的是，这些数据的快速增长实际上就是各种矿产资源的消耗，人类目前每年消耗的矿产资源高达600亿吨，是大洋中脊每年新生成岩石圈物质总量的2倍，是全球河流每年搬运总量的3.6倍，由此生成的大量钢铁、水泥、化工材料不断累积堆砌着人类所创造的次生世界，也堆砌着人与自然之间的屏障。

创造了次生世界并生存于其中的人类已发生了不同于以往的转折性变化。18世纪法国哲学家拉美特利即旗帜鲜明地提出"人是机器"的观点。这是工业革命发生后人类对自身的确切认识，是机器崇拜替代上帝崇拜的开始。"人是机器"的主张将人从上帝之子或上帝的仆人身份中解放出来，成为自觉的人；与之同时，又将人从自然中剥离出来，成为主体的人。培根所倡导的"知识就是力量"，实际上就是脱离了自然的人的宣言。在这种理念中，世界被区分为主体与客体，作为主体的人处在世界的顶端，可以改造甚至创造作为自然的客体。人与自然的关系由一体转为主客两分，由人对自然的敬畏转向人对自然的征服。人们坚定地认为，人类是至高无上的存在，人的工具理性完全可以决定感性自然。

20世纪后半期以来，随着人类与自然关系的紧张，人们已经意识到工业化以来次生世界带给原有世界的破坏与压力，也意识到未来的生存危机。但是，"人是机器"深入人心，"知识就是力量"已成真理。相当一部分人们偏执地认为，以人类的智慧与能力，必定可以战胜一切自然逆境。一些国家和学者十分认真地探讨未来的星际移民，认为当地球已不再接纳人类时，我们可以拂袖而去，到达心仪的乐土。

1993年1月，美国亚利桑那州沙漠中的"生物圈二号"项目启动。这是全封闭的人工修建的全方位模拟地球环境的实验项目。密闭的一万多平方米的空间中，有沙漠、平原、海洋、雨林，有各种代表性昆虫、动物、植物，有耕地与居民区，意图是为将来太空殖民提供依据。原计划实验时间为两年，但仅一年之后，便出现了严重的生态恶化，氧气值下降，二氧化碳浓度上升，海水酸化，动植物与昆虫大量死亡，实验只能提前终止。这次实验虽然规模并不庞大，也没有后续跟进，但它告诉了人类，你们不可能创造自然，更不可能逃离自然。

问题就出在"人是机器"上。"人是机器"将人从上帝手中解放出来，但并未交付人类自身，而是使人成为人类所创造的工业文明的附庸，成为工业机器化大生产中的一个零部件，人已是残缺不全的非自然人。在机器化生产与资本的联合作用下，工具理性成为价值追求的动力，人们都是为了实现单一的人生价值陀螺般运转，沉迷于物欲与感官刺激，成为单向度的机器工具。

"人是机器"将每一个人都纳入庞大细致的社会化大分工中，美国学者刘易斯·芒福德曾描述了这种机器文明的特征。他说，在机器大生产过程中，机器的每一个生产环节与流程都是整齐划一的，同时，"时间的规则化、机器生产力的增加、商品的丰富多样化、时间障碍和空间距离的克服、产品和业绩的标准化、技能转化为自动操作以及集体互赖的加强，所有这些就是我们机器文明的主要特征"[5]。

在这样一种机器文明中作为机器的人，已经失去了作为自然人的生存意义与价值，他们被固着在流水线上或固着于具体分工中，除了用于交换价值，工作已无目的和意义（图5-3）。分工论的大师亚当·斯密就曾提出，劳动分工固然可以增加人类福

图5-3　西雅图波音公司生产线

利，但也必然给人类带来两大问题：一是多数劳动者在分工中只能得到简单操作的分工，反复如是，可以增加熟练程度，提高劳动生产率，但这会使他们变得更加愚蠢与无知；二是当人被安排从事重复性劳动后，必然成为依赖于生产过程的机器，必然会因终日在重复、简单与厌烦中失去人的本性。

将近200年后，薛定谔又对这一问题做了进一步阐述，他说："现在我确信，越来越高的机械化程度和'使人愚蠢化'的大多数生产过程，包含着使我们的智力器官总体上退化的严重隐患。伴随手工业的衰退和生产线上单调而枯燥的工作的普及，当聪明工人和迟钝工人的生存机会变得越来越相等，好的脑子、灵巧的双手、敏锐的眼睛就会愈来愈成为多余。而一个不聪明的人将会受到青睐，他会自然地发现服从于枯燥的苦干更容易，发现生存、安家、养育后代更容易。这个结果可能易于导致才能和天赋方面的负向选择。"[6]

三、智能化时代与社会的异化

随着信息技术与人口智能的发展，人类不可避免地进入智能化时代，这一时代带给人类的变化是工业文明时代不可比拟的。工业文明所带来的多是外在与表层的变化，并未改变农耕社会以来人类所构建的社会体系与人的内在，智能化时代所改变的却是整个社会体系与人的内在本质。

智能化时代的根本是人工智能的发展。21世纪以来，人工智能技术取得突飞猛进的发展，无论是在信息储存、使用、流动上，还是在无人驾驶的汽车、空中飞行器和水上舰船的使用上；无论是智能机器人使用的行业、领域，还是智能机器人能力的提升；无论是互联网、物联网应用，还是云计算、大数据的突变，每时每刻都处在日新月异的发展中。不过，在人们的生活中，大家更关心的是一些特异事件，比如阿尔法狗以4：1的比分完胜世界围棋冠军李世石、智能机器人索菲娅拥有了公民身份等，而智能化对整个世界的改变并未引起人们的关注。

到目前为止，人工智能还处在弱人工智能阶段，距未来的强人工智能与超强人工智能还有明显差距。人工智能仍在人类掌控中，是人类体力与智力的创造与延伸，功能也只限于替代人类体力功能和补充与替代人类的部分智力功能。即便如此，它对人类世界的深刻影响早已显现。

就社会生产活动与流通活动而言，以往的工厂化生产有着完整的产供销体系，从原料进入、厂内生产与加工到仓储运销环环相扣，由此形成了生产方、市场与需求方之间稳定的经济关系。互联网与物联网在社会生产领域的运用则打破了原有格局，产供销都可以通过智能信息有机融汇，以需定产，以产定供，以往的采购、推销与供货环节被智能化信息配置所取代，市场体系渐渐萎缩，让位于智能化配置体系。2013年德国推出工业4.0方案就是对新体系的重构方案。

社会生产活动中，还有另外一个重要变化就是智能机器人和智能设置对人力的取代。随着人工智能技术的快速进步，智能机器人与智能设置对人力的取代速度也不断加快，从工业生产到金融交易，从家政到军事，从体力代替到智力补充，领域不断延伸。2016年前后，高盛集团的交易员数量就裁减了三分之二。高盛集团不仅通过裁员提高了效益，而且因为智能技术取代人力所带来的对数据利用的优化和执行效益的提高，又创造了更大的盈利空间。其他领域也是如此。在工业制造领域，机器人的使用率逐年提升，到目前为止，全球制造业每万人拥有的机器人数量已超过100台。机器人的大量使用不仅替代了劳动力，可以降低生产成本，提高生产率，更为重要的是改变了工厂管理模式、组织模式与配置模式。工厂的设置与管理可以不考虑人力资源的制约，这对于工业生产力是一个巨大的解放，但由此带来的一系列社会问题难以避免。

就社会关系与社会结构而言，在工业文明时代，人类社会中人的存在状态仍是族群，每个人都生存于特定族群中；生产场景与生活场景中，集群式的生产与生活是基本状态；整个人类社会虽然有物理空间的分区，有民族族群的差异，也有各个阶层的不同，但都共处于同一社会体系中，脱离这一社会体系的人少之又少。智能化时代到来后，人们渐渐被各种智能终端包围，从生产、生活到社交、娱乐，都离不开各种终端。由此必然产生三种不可逆的社会转变：一是人与人之间直接的物理空间关系被网络关系取代，面对面的交流与竞争都将成为历史，与之同时出现的就是社会情感与伦理关系的基础被动摇，人与人之间的情感交流被网络中的定制符号与表情取代。二是人工智能拉近了人类个体之间的距离，在网络世界中，人类族群的空间界限必定逐步消退，随之而来的就是族群归属的消失，人类将失去自产生以来所赖以生存的各种族群。三是人与外部世界的各种关系发生异化，无论是与时间、空间的关系，还是与商品行为以及大自然的关系，都被人工智能所阻隔，在人工智能不断强化着与自然和人类关系的同时，人类与外界世界的关系渐行渐远。

从历史演进的角度看，上述变化尚属外在的与浅层的变化，人工智能给人类社会所带来的最深刻的变化是对人本身的改变。

首先，人工智能正在逐步替代人的记忆功能。记忆是人类自身存在的根本性标志，"我思故我在"的实质之一就是我拥有记忆所以是我，若失去记忆，则人只是行尸走肉。记忆由感觉记忆、短时记忆和长时记忆构成，人工智能的侵入与替代是全方位的。由于记忆便捷、准确，存储海量，涵盖领域宽阔，从工作记忆到技能记忆、历史记忆都可以完全替代，人们很轻易地就把这些事务交由人工智能代劳。作为个体的人，得到了休闲、轻松与时间，但长此以往，则是对人及整个人类自主记忆本质的摧毁，如法国学者贝尔纳·斯蒂格勒所言，人的属性逐渐被技术的属性淹没，人逐渐被技术代管，人类原有的特定记忆、种族记忆以及个体记忆都被新生的机器记忆取代，人类因而迷失了方向。[7]

其次，人工智能正在逐步替代人类的自主思考与判断功能。自主思考与判断是人类的理性分析能力，这是现代人产生以来逐渐积累形成的特定能力，也是"我思故我在"的重要实质内涵。但当人工智能不断优化、不断发展之后，人类被精准的算法、无差错的逻辑运算能力慑服，形成了新的"拜物教"。通过各种大数据以及不同的程序、模型，把本应由人类承担的理性分析与判断交付人工智能，从天气预报到金融运转、社会管理，人工越来越多地被人工智能取代，最终结果是人类自身理性分析能力的丧失。

再次，人类正逐渐被人工智能所俘获。各种人工智能设备大量进入人的生活与工作空间，相当一部分人已经成为手机与终端屏幕的附庸，一旦失去，马上就如同与整个世界割裂。正在流行的智能穿戴设备还会进一步加深这一现象。所以，我们附着在人工智能设备的时间段中，必然会像斯蒂格勒所说"在其中忘记了自我，或许还遗失了自我（遗失了我们的时间），但是不管怎样，即便我们未被俘获，至少已经在相当程度上被吸引，以至于一直走到尽头"[8]。

四、人类的自然认知

人类对自然的认知可以划分为三个阶段，即感性认知阶段、理性认知阶段和工具认知阶段。感性认知阶段包括自智人出现到希腊时代为止的所有阶段，通过目所能及、力所能及或其他各种直接感知手段，实现对自然的认识和理解。这一阶段，人类或许已经拥有了较为丰富的农业知识、物候知识，甚至掌握了一定的数学计算能力和天文历法知识，但对自然尚无理性认识，认知方式是感性的与经验的，与动物世界的许多种群并无本质区别。理性认知阶段起始于希腊时代，这一时代，人类已将自己之外的世界客观化，以他者的视角理性地进行认识与理解，基本构建起人类对自然认知的体系与框架。

从毕达哥拉斯对勾股定理的证明，到欧几里得的《几何原本》；从阿基米德对圆周率范围的确定及其独到的记大数方法，到丢番图《算术》中的代数学体系；从阿里斯塔克斯的日心说到托勒密的宇宙体系；从德谟克里特的原子论到埃拉托色尼对地球大小的测定等，他们的基本认知水平已居于整个人类认知的高点。比如，时至今日，欧几里得《几何原本》13篇的基本内容仍是编写初等几何教材的主要依据；埃拉托色尼以几何学方法测定地球周长为25万希腊里，与现代的测量值仅有7%的偏差。

希腊时代之后，虽然理性认知的活动一直未中断，但均为局部或零星的认知活动，除了牛顿力学和爱因斯坦的相对论外，很难看到能与希腊时代比肩的认知活动。

工具认知阶段起始于东方诸文化，中国的春秋战国时代、印度的列国时代都开始了大规模的工具认知，希腊之后的罗马时代也以此为主要的认知方式。所谓工具认知是以改造自然、利用自然为目的开展的认知活动，具有很强的工具性与实践性。文艺复兴以来，工具认知进入大发展时代，从对山川河流的认知与开发到对外太空的认知与开发，从对物质内部结构的认知与开发到对生命本身的认知与开发等，人类的认知一直处在快速发展与突飞猛进中。这种认知方式在认识自然的同时，不断改造自然，造福于人类。

如何看待人类对自然认知的三个阶段，牵扯到对人类进程与特质的认识。从人类自身的发展而言，三个阶段依次递进，是一个不断发展与不断进步的过程。比如，有学者明确认为，古希腊科学是有缺陷的，这主要表现在它不重视对自然现象实际的、细致入微的考察，它注重的是说明和理解自然，而不是支配和征服自然。因此，它本身未构成物质性的力量，这是与近代科学根本不同的。[9]但若站在他者的立场来看，则会发现，理性认知是人类对自然认知的顶尖状态，这一阶段的人已完全升华了动物界的认知方式，又未被下一阶段的社会发展所异化，是纯粹理性的生命体现。

更为重要的是，迄今为止，人类的理性认知水平也并未实现对希腊时代的真正超越。比如，活跃于公元前5世纪前后的爱利亚学派在希腊文明中属于籍籍无名者，其成员芝诺"一切运动皆为假象"的论述至今仍在困扰着人们。

芝诺认为整个世界并非繁杂多变，而是自始至终都静止不变，所有运动与变化只是假象。他具体列举出四个悖论，即二分法悖论、阿喀琉斯悖论、飞矢不动悖论和运动场悖论。以阿喀琉斯悖论为例，阿喀琉斯是古希腊神话中半人半神的英雄，芝诺提出，若是阿喀琉斯与乌龟赛跑，只要乌龟先行一步，阿喀琉斯就永远追不上乌龟。因为阿喀琉斯首先要到达乌龟的出发点，才可继续前行；此时，乌龟又往前移动了一点，阿喀琉斯又要再到达乌龟新的出发点，再继续前行，如此往复。芝诺当然知道这是一个悖论，但他的用意是要人们以数理方式证明这其中的错误，若无法证明，便不能否定这一悖论。

这一问题的根本所在是前提的设置，如果设阿喀琉斯的速度是V_1，乌龟的速度是V_2，两者间的初始距离为D，阿喀琉斯追上乌龟的时间为T。则可得出如下方程式：

$$D+V_2T=V_1T$$
$$T=D（V_1-V_2）$$

但若要证明这一悖论之误，就不能先入为主，提前设定阿喀琉斯可以追上乌龟；如果不设定，也就没有了追上乌龟所需的时间T，方程式也就不存在了。有学者使用极限理论和微积分进行计算论证，但结果也是如此。芝诺的这一问题包含了对时间、空间、有限、无限以及运动的认识，从亚里士多德至今，无人能解开这一悖论。[10]

五、语言与人类的存在

就一般意义而言，语言只是人际交流的工具。虽然人们也意识到语言对于人类生存与发展的意义，但仍局限于工具性价值，并未真正认识到它的重要性与不可替代性。

对语言的重要性有充分认知的是德国哲学家海德格尔，他在《关于人道主义的书信》中深刻指出："思想完成存在与人之本质的关联。思想并不制造和产生这种关联。思想仅仅把这种关联当作存在必须交付给它自身的东西向存在呈献出来。这种呈献就在于：存在在思想中达乎语言。语言是存在之家。人居住在语言的寓所中。思想者和作诗者乃是这个寓所的看护者。只要这些看护者通过他们的道说把存在之敞开状态（Offenheit des Seins）带向语言并且保持在语言中，则他们的看护就是对存在之敞开状态的完成。"[11]这段论述的要义是阐明了存在、思想和语言三者间的关系，简而言之，存在依赖于思想，思想依赖于语言，因而语言是存在之居所，思想者与诗人是居所之看护者。换言之，在人与语言的关系上，语言才是真正的主人，人只是寄居其中的房客。

关于语言与人类存在的关系，海德格尔进行了高度概括与升华，或许并不那么准确，但我们可以以此为基点，发掘两者关系的实际存在状况。

从整个人类文明与语言的关系看，可以发现三个值得注意的现象：其一，人类早期文明中，任何一个文明的繁荣都以成熟的语言与文字为基础，两河文明有楔形文字，古埃及文明有独特的象形文字（图5-4），哈拉帕文明有印章文字，克里特文明有线形文字A，商周文明有成熟的甲骨文与金文（图5-5）。文字的成熟必然也反映着语言的发达与完善，长期以来，学术界往往把文字的出现视作文明出现的重要标志，不无道理。

图 5-4　古埃及象形文字
（法国卢浮宫藏）

图 5-5　青铜器上的周代金文
（宝鸡中国青铜器博物院藏）

其二，语言文字是民族与文明的集中表现与核心标志，有人称之为民族的指纹。以目前人类社会中正在使用的语言为例，使用人群较多的有十大语系，包括印欧语系、汉藏语系、尼日尔-科尔多凡语系、南岛语系、亚非语系、达罗毗荼语系、阿尔泰语系、南亚语系、尼罗-撒哈拉语系、乌拉尔语系。语系下又可细分为语族，如印欧语系包括日耳曼语族、拉丁语族、凯尔特语族、波罗的语族、斯拉夫语族、印度-伊朗语族以及希腊语族等。语族中又可细分为语种，如斯拉夫语族便可区分为俄语、乌克兰语、白俄罗斯语、波兰语、捷克语、斯洛伐克语、塞尔维亚-克罗地亚语、斯洛文尼亚语、马其顿语、保加利亚语，等等。[12] 从这些划分不难发现，语言与民族及文明体有着强烈的共生性，以至于讨论历史上的民族、族群时往往以语系语族作为划分标准，人类基因组计划对不同民族源流的研究结论也与语言族系的划分状况基本契合。

其三，语言文字是一个民族的文化根基。任何一个民族都以共同的语言作为民族认同的根本标志，一个国家可以没有自己的语言，但一个民族却不会没有自己的语言。语言是一个民族历史的记忆与延伸，也是一个民族最深处的文化遗产与文化基因。比如，从甲骨文、金文而来的每一个汉字都有独特的文化意蕴与文化积累，从井、田、人、众，到钟、鼎、歌、舞，深层含义是其他语族文化所无法理解的；同样，其他语族中的文字也蕴含着自身特有的文化符号与基因。罗常培先生曾以"墙"为例说明语言的文化基因传承，他在《语言与文化》一书中写道："英语的wall和其他印欧系语言含有'墙'的意义的语词，它们的基本意义往往和'柳条编的东西'（wicker-work）或'枝条'（wattle）有关系。德语Wand从动词winden变来，它的原义是'缠绕'或'编织'（to wind, to interweave）。盎格鲁-撒克逊语（Anglo-Saxon）的'windan manigne smicernewah'等于英语的'to weave many a fine wall'，用现在通行的意义来翻译就是'编许多很好的墙'。墙怎么能编呢？据考古学家发掘史前遗址的结果，也发现许多烧过的土块上面现出清晰的柳条编织物的痕迹。这就是一种所谓'编砌式'（wattle and daub）的建筑。"[13]

更为重要的是，特有的语言是一个民族历史文化的基本载体与基座，语言在，民族之历史文化在，历史便有可能代代相承；语言不在，则民族之历史文化便会永远尘封在历史深处。四大文明古国中，古埃及文明、两河文明、古印度河文明之中断，原因颇多，但语言的中断是极为重要的原因。可以设想，如果汉字与汉语言中断，中国古代文明的基本组成同样也都会掩埋于历史深处，从诗经、楚辞到唐诗宋词，都只是难以释读的文化符号。

从人与语言的关系看，可以更确切地认识到语言如何成为人之居所的，人的思维、行为、社会存在、自在认知等，都只能在这一居所内实现。以人对外在世界的认知为例，所有人认知的前提都是此前进入的各种概念与范畴。在接受这些概念与范畴时，这些概念与范畴所携带的各种世界观随之进入，成为先在性存在；人对外在世界的认知过程就是以这种先在性概念与范畴为工具去进入与映象外在世界的过程。[14]

基于此，每个人构筑于语言基础之上的世界只是语言中的世界，并非真正客观的世界。如徐友渔先生所言："接受一个语言框架可以视为接受了这套语言描述的世界，但这并不等于断定这样的世界具有实在性，它只是接受一种语言习惯或一套语言规则的问题。"[15]汪丁丁先生直截了当地提出："在真实世界面前，我们都是盲人，我们需要与其他盲人对话，才可能知道真实世界。"他还借用黑格尔《精神现象学》中的观点，进一步论述道："语言具有一种颠覆真理的本性。因为每一言说者都必须借助'概念'才可能告诉他人所说的是什么，而概念总是把言说者感受到的'第一真实'的丰富内容抽象掉，才可能成为'概念'（名词）。所以，我们每个人为了要说我们各自感受的世界而不得不为我们感受到的'世界'命名，让'命名'扭曲了我们的世界。至于我们说出来的这些'概念'可以让听我们言说的人联想出多少我们自己感受到的，那要依赖于社会交往的博弈结果。"[16]这一论述可以从另一个角度证明语言对于存在的意义。

需要指出的是，长期以来，语言学界对海德格尔之说的讨论多集中在前半部分，即语言是存在之居所。而海德格尔之说的后半部分强调了思想者和诗人作为居所看护者的价值，实际上是说有他们在，人类之思就会在，他们的职责就是通过他们的精神创造，把存在带向语言并保持下去，这样，存在就是一个开放的活生生的状态，文明就会延绵不息。

自希腊罗马到文艺复兴，自百家争鸣到启蒙运动，到目前为止，思想者和诗人可以说都履行了存在之居所的看护者的职责，但是，当今所出现的种种文化现象也应当引起人类的关注。网络时代到来后，语言受到明显冲击，新的内容层出不穷，从各种语言符号到火星文，从新兴的语言表意到人工智能的诗歌创作，从浅表化的符号阅读到思想的躺平，长此而往，思想者何在？诗人何在？诗和远方只能成为历史的记忆。当存在之居所无人看护之时，居所何在？存在何在？

六、物化的精神与精神的抽象

人类与动物的核心区别之一就是人类所拥有的物化的精神，人类可以将自己的精神感受与思维认知通过物化的成果表现出来，其中，最典型的是各种艺术品的创作。人类艺术的发生早于文字，也早于农耕文明的发生，现代人类走出非洲的五六万年后，简单的艺术创作便已出现，游猎与采集时代的人类已经有了大量的壁画、雕刻艺术作品。进入农耕时代后，各种艺术形式层出不穷，艺术创作日益繁盛，艺术一直是人类精神活动与认知活动的基本载体，真实记录与映照着人类精神的发展历程。

迄今为止，人类所创造的艺术形式与艺术流派形形色色，就其中的代表性表现形式而言，可以划分为七大形式。

一是主客为一的精神物化。农耕文明之前的人类尚在童年时代，虽然有了比较丰富的主观世界，但尚未形成精神自觉，无法把自身的主观世界与外在的客观世界相区分，往往将两者混为一体，反映在艺术形式上则是巫术式的艺术表现。如法国拉斯科岩洞中有栩栩如生的若干母牛图，一些野牛身上有明显的被锐器击打的痕迹；尼奥洞中壁画上则是三头已经中箭的野牛。[17]这显然是以壁画内容指代现实狩猎生活，祈求大获全胜。到今天为止，非洲马里一些部落中依然盛行这种艺术形式（图5-6）。从艺术表现上看，这就是主客为一的精神物化。

二是主客映照的精神提取。农耕文明到来后，人类已经有了主观与客观的区分，出现了摹绘客观世界的艺术表现形式，这实际上是对客观映照于主观的精神提取。希腊罗马时代，这一艺术形式便已十分成熟。比如，古希腊艺术家米隆所创作的《掷铁饼者》，选取了一位铁饼运动员将要掷出铁饼的一瞬间，对其真实、生动地进行了刻画，无论是人物造型、骨骼肌肉状态，还是面部表情，都实现了客观真实与美感表达的完美结合，出神入化地实现了作者主观对客观映照的绝妙提取。又如，古希腊青铜雕塑《骑马的少年》（图5-7），把一位马上少年的昂扬状态刻

图 5-6　马里壁画

图 5-7　骑马的少年（希腊国家考古博物馆藏）

画得淋漓尽致，从手指细节到人物神态，从高度写实到动感之美，都体现着作者独到的提取水平。中国古代艺术中所追求的画龙点睛，所推崇的"曹衣出水，吴带当风"，也是这种主客映照的精神提取。

三是寻回本我的精神寄托。黑格尔曾言，艺术对于人的目的在于使他在对象里寻回自我。这种艺术形式产生于人类自觉形成之后的希腊时代，至文艺复兴时代被发扬光大，成为人性觉醒、人本回归的重要标志。以达·芬奇的《蒙娜丽莎》为例，他用了三年时间绘成了这幅肖像画，画中人物原型为佛罗伦萨银行家弗兰契斯科·德尔·乔康达之妻，但画稿完成后，达·芬奇又进行了多次修改，直到最后，他仍认为此画尚未达到他满意的程度。这幅画中，蒙娜丽莎淡雅神秘的微笑以及模棱两可的表情令评论家们神魂颠倒而又莫衷一是，甚至对画中人物的真实背景也争论不休，但有一点是比较统一的，即这幅画是达·芬奇的自身精神写照，是达·芬奇对自我的寻找。弗洛伊德即认为，以文艺复兴时代的审美标准衡量，达·芬奇笔下的蒙娜丽莎并非美艳，只是一位冷漠深沉的女性，但达·芬奇恰恰从中找到了自我。画中蒙娜丽莎已与阳台、石柱、山水融为一体，垂落在右肩的头发连接起一条弯曲的山路，左肩上的纱披件则连接着一座小桥。这些朦胧的意境似乎在通往一种"不可知"和"徒劳无益"的境界。[18]

四是精神外敷。这一艺术形式流派繁多，从印象派到野兽派，从塞尚、凡·高、高更到毕加索，都可归于这一类型，核心理念是绘画不是追随自然，而是和自然平行的工作。野兽派代表人物马蒂斯在《画家札记》中进一步论述道："奴隶式的再现自然，对于我是不可能的事。我被迫来解释自然，并把它服从我的画面的精神。如果一切我的色调关系被寻到了，就必须从那里面产生一活泼生动的色彩的合奏，一个和谐类似音乐的乐曲。颜色的选择不是基于科学（像在新印象派那里）。我没有先入之见地运用颜色，色彩完全本能地向我涌来。"[19]西班牙现代建筑设计家高迪的圣家族大教堂是对这一形式的一个生动诠释。这座大教堂的设计没有任何客体参照，从整体结构到局部雕塑完全是高迪个人精神的产物，一切的场景甚至建筑工期都不得不服从其精神，直到今天，高迪去世已近百年，圣家族大教堂仍在有条不紊地依照高迪的精神继续修造，尚未完工（图5-8）。

五是精神抽象。精神外敷主张主体精神与外在客体的平行，无论什么流派，精神活动最终都会外敷到实在的客体。精神抽象

图 5-8　圣家族大教堂

则是将实在的客体抽象为主体的精神表达，为精神表达而表达，客体失去了存在价值。这一艺术形式自20世纪以来日趋繁盛，从抽象主义流派到极少艺术、概念艺术等，均属此类。抽象主义代表人物康定斯基直接宣布艺术作品是"构成的"，他说："最后，我要表明我的观点：我们正在迅速临近一个更富有理性、更有意识的构成的时代。在这个时代中，画家们将自豪地宣布他们的作品是'构成的'……宣布他们的艺术直接来自灵感。我们面对的是一个有意识的创造的时代，绘画中的这种崭新的精神正与思维携手并进，正在迈向一个伟大精神的新纪元。"[20]在具体艺术实践上，他对抽象表达也进行了具体说明："一根垂直线和一条横线相结合，产生一种近乎戏剧性的音响。一个三角形的锐角和一个圆圈相接触所产生的效果，不亚于米开朗基罗作品中上帝的手与亚当的手指相接触。既然在米开朗基罗那里，手指并不就是解剖学或生理学的命题，那么在这里，三角形和圆圈的意义，也就远远超过几何学的概念了。"[21]费宁格《淡紫色的女人》完全以几何图案构成画中女主人，再配以几何堆砌的城市背景，把作者意识中的巴黎街头进行了深邃抽象与演绎。

六是精神工具延伸与替代。人工智能兴起后，艺术家们开始尝试以人工智能代替人工实施艺术创作。美国艺术家科恩设计了"亚伦"绘画系统，其徒手画线算法已达到了人类艺术家的专业水准，且在复杂配色上胜于艺术家们，科恩认为，他与"亚伦"实现了良好的合作关系。[22]还有的机构直接开发出可以作画的AI，如2016年微软公司启动了"下一个伦勃朗"项目，要教会AI学会伦勃朗的绘画风格，掌握其基本题材。该AI生成的伦勃朗风格的画作可以以假乱真。在商业应用上，人工智能的艺术作品更是迅速增加，2017年"双11"期间，阿里巴巴开发的AI以每秒

8000张的速度设计了4亿张海报，取得良好效果。[23]

最近一个时期以来，关于AI艺术与人类自身艺术关系的争论愈演愈烈，其意义已远远超出了艺术评判本身。我认为，讨论这一问题的前提是首先要明确两个前提：第一，所谓人类的艺术是创作者个体的精神行为，还是创作者所代表的人类整体的精神行为；第二，人类的艺术创作是主观与客观的相互作用，还是纯粹的主观宣泄。若就两个前提中的前者而言，AI艺术只是辅助性或工具性的；若就两个前提中的后者而言，AI艺术取代人类艺术就是可以理解的一种必然。因此，关键在于人类艺术究竟要走上一条什么道路，当然，人类艺术的道路也不是人类的理智选择，而同样是一种内在的必然。

七、哲学与人类天性

柏拉图说，哲学是人的天性。的确，自人类有了自我，哲学便产生，人的自觉形成之日，就是哲学形成之时。在此后的人类发展中，天性不会泯灭，总是以不同形式存在与延续，而不同时期、不同场景中存在与延续的状态，又反映着人类天性从童年走向暮年的必然历程（图5-9）。

图5-9　雅典学院前的柏拉图雕像

在末次冰期的后期，人类有了各种艺术创造，标志着人类拥有了自我意识，此后，便开始了对自然万物的认知与求索。如亚里士多德所说："古往今来人们开始哲理探索，都应起于对自然万物的惊异；他们先是惊异于种种迷惑的现象，逐渐积累一点一滴的解释，对一些较重大的问题，例如日月与星的运行以及宇宙之创生，作成说明。"[24]在哲学产生阶段，人类尚无法建立自身与外在世界的区分，虽然对日月星辰的运行、四季万物的生长已有了抽象认识，形成了初步的概念与范畴，但他们意识不到自身的力量和自身存在的价值，只能将人与自然的存在归结于神的意志与力量，幻想出一个神话体系，建立起原始宗教哲学。

进入农耕文明之后相当一个时期，人类的认知一直处于这一状态。随着经济的发展、社会的进步，人的力量被发掘出来，形成了可以利用自然、改造自然的强大存在，到距今二三千年间，人类把自己从自然中区分出来，形成了清醒的自觉，开启了从主观视角探索外在客观世界的进程，哲学正式形成。

人类对外在客观世界的探索是从对自然规律的认识开始的。古希腊哲学家泰勒斯提出万物的本源是水，万物中充满神灵，操纵着世界万物的运动。这一论述被视为希腊哲学的开端。此后引发出一系列关于自然与宇宙本源的探索，到赫拉克里特《论自然》完成后，自然哲学体系初步形成。

赫拉克里特认为世界是一团永恒的活着的火，他说："这个万物自同的宇宙既不是任何神，也不是任何人所创造的，它过去是、现在是、将来也是一团永恒的活生生的火，按照一定的分寸燃烧，按照一定的分寸熄灭。"[25]当然，火只是万物之本源，它与土、水、气的交互运动与转化创造了世界，世界是永远运动着的，如同太阳每天都是新的，如同我们不能两次踏入同一条河流。运动着的世界是对立统一的和谐组合，这就是运动着的世界的实质，就如同相互排斥的东西结合在一起、不同的音调形成最美的和声。赫拉克里特不仅致力于探索世界本源及其运行规律，还开始寻找更深层次的普遍规律。他认为，火与土、水、气诸元素的转化与创造遵循着一个普遍的规律，即"逻各斯"，逻各斯是支配自然万物和人类的"神圣的法律"。人类的最终追求就是智慧，智慧就是要认识能够驾驭一切的逻各斯。他说："智慧就是一件事情：取得真的认识，即万物何以通过万物而被主宰。"[26]

在自然哲学体系内，还活跃着一大批哲学家，提出了各种奇思异想，丰富着人类的智慧。如苏格拉底（图5-10）、毕达哥拉斯、巴门尼德、德谟克里特等，都是代表性人物。在随后的认知进程中，希腊的智者们把注意力从自然转向了人类社会与人本身，标志是普罗泰戈拉提出"人是万物的尺度"。率先实践者是苏格拉底，他以"认识你自己"为标榜，探讨人性与人伦的内在本质与伦理德性，奠定了人本与文化哲学的基础。

柏拉图在此基础上提出了可以感知的世界之外，还有一个可知的、普遍存在的理性世界，世界被二重化，人类对世界的认知发生了飞跃。其弟子亚里士多德则以更宏大的视角与百科全书式的知识积累，对二重世界进行了哲学重构，其贡献在于"从形式逻辑的分析中论证了'存在'的实体意义，形成了关于第一实体的两种理论，试图用有目的的发展、通过潜能到现实的转化在理念和感官事物、普遍与个别之间建立起了联系，使一与多的辩证关系得到了系统化的解释，对后世形而上学的发展产生了深远的影响"[27]。

与古希腊哲学家们大致同时的中国古代哲人们也对自然与

图 5-10　雅典学院前的苏格拉底雕像

人文进行了深邃的思考，但不同的是，中国古代哲人们往往是自然与人文合一的宏旨思考，探寻包括人自身在内的整个世界的普遍规律，最后的落脚点都是人类社会本身。比如，老子讨论"道"的生成时说："有物混成，先天地生。寂漠！独立不改，周行不殆，可以为天下母。吾不知其名，字之曰道，吾强之为名曰大。"最后归纳为："人法地，地法天，天法道，道法自然。"[28]老子讨论万物生成与存在状态时说："道生一，一生二，二生三，三生万物。万物负阴而抱阳，冲气以为和。"最后的落脚点是"人之所恶，唯孤、寡、不穀，而王公以为称。故物或损之而益，或益之而损"[29]。孔子对哲学的探讨虽然重在人文人伦，但其思考的起点仍是客观世界，核心主张是"物格而后知至，知至而后意诚，意诚而后心正，心正而后身修，修身而后家齐，家齐而后国治，国治而后天下平"[30]。这是中国版政治哲学的最早蓝本。

对于这一历史时期的古希腊哲学，恩格斯曾评论道："在希腊哲学的多种多样的形式中，几乎可以发现以后的所有看法的胚胎、萌芽。"[31]雅斯贝尔斯进一步阐述道："人类一直靠轴心期所产生、思考和创造的一切而生存。每一次新的飞跃都回顾这一时期，并被它重燃火焰。自那以后，情况就是这样。轴心期潜力的苏醒和对轴心期潜力的回忆，或曰复兴，总是提供了精神动力。"[32]这是对这一历史时期人类天性的恰当评说，此后哲学的发展，无论流派多少，内容如何更新，都未达到这一高峰，也未脱出这一时期人类哲思的轨道。

中世纪时代，人类哲学发展一度陷入沉寂。文艺复兴前后，随着人文主义思想的复兴，人类的自觉被唤醒，人类又沿着轴心时代的思路重新认识世界，认识自我。康德在评判与调协中完成了一种新哲学范式的构建，其核心观点立足于人本与人文，认为自己和他人绝非工具式存在，"自身就是目的"，"每个有理性东西的意志的观念都是普遍立法意志的观念"。[33]黑格尔则反其意，明确提出哲学并无提前预设的原则，主张"哲学是独立自为的，因而自己创造自己的对象，自己提供自己的对象。而且哲学开端所采取的直接的观点，必须在哲学体系发挥的过程里，转变成为终点，亦即成为最后的结论。当哲学达到这个终点时，也就是哲学重新达到其起点而回归到它自身之时。这样一来，哲学就俨然是一个自己返回到自己的圆圈"。[34]

在黑格尔完成对哲学体系的重构时，哲学也陷在自己的圆圈之中，成为以哲学自身为本体的哲学学。德国古典哲学乃至西方传统哲学都走向终结。

随着工业革命的发展与科学技术的进步，人类哲学活动形成了若干新的发展趋向，其中最突出的一点是把对自然世界本原与整体的认知交给了科学，自己则下沉到人世间，构建人类实践世界与生活世界的哲学。

马克思主义哲学构建起认识社会、改造社会的辩证唯物主义与历史唯物主义哲学，具有强烈的整体性与实践性。此外的多数哲学流派则下沉到人文与社会的各个门类，有了精神分析哲学、生命哲学、分析哲学、艺术哲学、文化哲学以及现象学。

存在主义兴起后，哲学似乎要找回自我，其中，伽达默尔所构建的存在本体论试图再一次发掘它的本初功能，用统一的有关世界本质与整体的建构解释我们的世界。但是，哲学之路走到今天，基础已被蚕食，原有功能几乎消解殆尽，作为认识工具的存在主义本身就是一个有限的认识存在，而且面临着严峻挑战。新一代哲学家已经旗帜鲜明地否认了包括存在主义在内的所有哲学存在，德国学者马库斯·加布里尔在《为什么世界不存在》中译本前言中明确提出："本书的基本方针是严格地反形而上学的。我所理解的'形而上学'指的是任何一种试图将世界整体或现实完整地从一个原则、一门科学或者一个结构推导出来的尝试。唯物主义与唯心主义、泛灵论、二元论、物理主义等立场从根本上说都是错误的。因为它们试图发展出一套世界图景并认其为真。然而一切世界图景都是错误的，无论它们将自己理解为科学的还是宗教的。认为自然科学总体上能够认识世界整体的自然主义与如下看法同样都是错误的，即，世界由物理的与非物理的两个部分组成。世界根本不存在，不存在将一切存在者作为部分而包含进自身的整体。"[35]

读完这段宏论，人们应当能了解哲学在当代社会的价值与意义。人类的天性还有多少？

八、宗教的本质

宗教的存在是人类社会产生以来最为重要的标识之一，它是可以跨越时空、民族与文化的存在。存在的根本原因在于，它是历史上社会秩序的维系者，是保障社会运转的基本文化工具。杜尔凯姆认为，宗教的信仰和仪式活动的基本目的就在于加强信徒与神的关系，宗教的神圣不过是社会本身的象征表现，因此，宗教通过加强人对神的从属感而强化个人对社会共同体的服从。马林诺夫斯基强调巫术与宗教在人类社会生活中起着重要的文化作用：它铸型和调整人的个性与人格；规范人的道德行为；它把社会生活引入规律和秩序；规定和发展社会的风俗和习尚；巩固社会和文化的组织，保持社会和文化传统的延续；宗教使人类的生活和行为神圣化，于是变成了最强有力的一种社会控制机器。[36]

从人类宗教史的发展历程看，宗教产生于人类自觉形成之后，此时，人类便开始了我是谁、我从哪里来、要到何处去的哲学思考。对这些问题的第一个解释框架是各民族的创世神话以及原始信仰体系。当神话与神灵深入人心后，宗教的创立便成为可能。

关于宗教的产生，学术界多采用费尔巴哈之说，即宗教是无知小孩的需求，他说："宗教是人的幼稚的本质。或者可以这样说：在宗教中，人是一个小孩。小孩不能依靠自己的力量、依靠自我活动，来实现他们的愿望；他们是向那些他们所依赖的人、他们的父母去祈求，为的从父母手里得到他们所愿望的东西。宗教起源于人类的幼年时代，也只在这个时代中才有其真正的地位和意义；但是幼年时代也就是无知、无经验和无文化的时代。"[37] 但是，认真分析一下宗教产生的真实历史，便可发现，宗教是智者设计制造的无形工具，绝非懵懂无知的孩童行为。

以摩西十诫的出现为例，摩西十诫是公元前13世纪摩西率以色列人逃离埃及途中所立的十条规定。早在摩西率以色列人逃出埃及以前，他就声称自己受了耶和华的神谕，前来解救以色列人。在逃出埃及的过程中，他也一直以耶和华的名义号召他的人民，把自己打扮成耶和华的代言人。他把以色列人分成若干部分，设立千夫长、百夫长、五十夫长、十夫长，并设置一些律例和法度。但是，疲惫不堪的以色列人在长途跋涉中越来越失望，对摩西与耶和华都产生了怀疑，因此到达西奈山下后，摩西便借着西奈山的火山喷发导演了耶和华降临的那一幕。

西奈地区处在非洲板块与欧亚板块的结合部，西奈半岛在地质历史的长河中正随着欧亚大陆离非洲大陆而去。公元前15世纪，是两大板块运动的剧烈时代，因此出现了地中海桑托林火山的大喷发。受其影响，西奈半岛必定也会发生地质异常现象，火山喷发是极有可能的。

从《出埃及记》的叙述可以看到摩西的受诫过程（括号中是笔者的解释）："以色列人出埃及地以后，满了三个月的那一天，就来到西奈的旷野……到了第三天早晨，在山上有雷轰、闪电和密云，并且角声甚大，营中的百姓尽都发颤。摩西率领百姓出营迎接神，都站在山下。西奈全山冒烟，因为耶和华在火中降于山上。山的烟气上腾，如烧窑一般，遍山大大地震动。角声渐渐地高而又高……"（这是一次火山活动的纪实描述。雷轰、闪电与密云是火山将要喷发的先兆。在火山喷发前夕，云层里的电荷会放电产生电闪与雷鸣，浓云与暴风雨都可能出现，瓦斯气流从裂缝、火山口不断向外涌出，呼啸不已，会发出巨大的嘶叫声——角声。摩西巧妙地利用了这一奇遇，声称耶和华降临，率领百姓出营迎接上帝。这时，火山喷发的征兆越来越强，"烟气上腾，如烧窑一般，遍山大大地震动"——火山喷发前的地震开始发生。）

"耶和华召摩西上山顶，摩西就上去。耶和华对摩西说，你下去嘱咐百姓，不可闯过来到我面前观看，恐怕他们有多人死亡……于是摩西下到百姓那里告诉他们。"（摩西为了不让人拆穿这个秘密，借耶和华之口，禁止百姓上山，而由他一人垄断了与耶和华的交往。《出埃及记》的下一段是记述摩西所受十诫的内容，我相信所谓《十诫》是摩西假耶和华之名编纂的一部法典，为了增加这一事件的可信程度，他又要了一个小花招。）

《出埃及记》叙述过摩西接受十诫后又写道："耶和华对摩西说，你和亚伦、拿答、亚比户，并以色列长老中的七十人，都要上到我这里来，远远地下拜。惟独你可以亲近耶和华……摩西、亚伦、拿答、亚比户，并以色列长老中的七十人，都上了山（但未走到山顶）……摩西对长老说，你们在这里等着，等到我们再回来，有亚伦、户珥与你们同在。凡有争讼的，都可以就近他们去。摩西上山，有云彩把山遮盖。耶和华的荣耀停于西奈山，云彩遮盖山六天，第七天他从云中召摩西。耶和华的荣耀在山顶上，在以色列人眼前，形状如烈火。摩西进入云中上山，在山上四十昼夜。"（为了取信于百姓，摩西让70个长老随他一同上山，但最终还是把他们留在半山，未让他们当面见一见全能的耶和华，在山下的百姓更是只看到耶和华的荣光——雷轰、闪电、烈火，而不能当面聆听主的教诲。原因只有一个，就是耶和华是摩西一手杜撰出来的，他只是一个虚幻的神。当然，摩西的这一计策得到了极大的成功。）

"摩西下山，将耶和华的命令、典章都述说与百姓听。众百姓齐声说：耶和华所吩咐的，我们都必遵行。"

这样，摩西以摩西十诫实现了对以色列人社会组织的构建，使其成为组织性、纪律性很强的社会实体，为以色列国家的形成奠定了基础。

中国早期社会虽然没有形成宗教，但在国家产生与运行中，也同样以天命与鬼神为依托，君主无不自命为天子，要代天行事。中国古代的政治家们对此更有清醒的认识，比如，战国时代的荀子一方面是坚定的无神论者，另一方面则力主借天命与神灵维护统治。比如，对于天地祖先的各种祭祀活动，他认为："祭者，志意思慕之情也，忠信爱敬之至矣，礼节文貌之盛矣，苟非圣人，莫之能知也。圣人明知之，士君子安行之，官人以为守，百姓以成俗。其在君子，以为人道也；其在百姓，以为鬼事也。"[38]其本意是说，这种祭祀活动，对于统治者而言，只是"人道"，即驭人之道；对于百姓而言，则"以为鬼事也"。他还进一步对日食、月食时的救日、救月活动以及天旱时的求雨活动提醒当政者道："日月食而救之，天旱而雩，卜筮然后决大事，非以为得求也，以文之也。故君子以为文，而百姓以为神。以为文则吉，以为神则凶也。"[39]这是告诫当政者对此只能作为文饰，如此则吉；若真的信奉为神，则凶。

除上述功能外，马林诺夫斯基所强调的宗教与巫术在人类社会生活中所产生的文化作用在各民族历史上也都有充分体现。无论是宗教还是其他神灵信仰，都有强烈的道德导向，直接劝导或约束着人们弃恶从善。比如，道教的重要代表人物葛洪在《抱朴子》一书中明确宣示："欲求仙者，要当以忠孝和顺仁信为本。若德行不修，而但务方术，皆不得长生也。行恶事大者，司命夺纪，小过夺算，随所犯轻重，故所夺有多少也。凡人之受命得寿，自有本数，数本多者，则纪算难尽而迟死，若所禀本少，而所犯者多，则纪算速尽而早死。"[40]这种道德导向与约束力对于人类社会的作用是显而易见的。

近代社会以来，随着工业革命的推进、科学技术的发展，宗教所构建的世界模型不断受到致命挑战，更为重要的是，国家与政权存在的合法性已有了另外一套解释系统，无需借助宗教力量保障其权威。在这种情况下，宗教何去何从，一直是人们所关注的问题。

一种观点认为，宗教会失去其社会性功能，转而成为私人需要。德国社会学家托马斯·卢克曼即认为：现代工业社会的神圣体系不再代表一个强制性秩序结构，并且这一体系也不再作为一致的主题性整体而得到清楚的表述……传统社会秩序的神圣世界包含清晰明了的主题，这些主题组成了一个依据自身逻辑合理地连贯起来的"终极"意义体系。现代神圣世界也包含着可以合法地定义为宗教性的主题，这些主题也能被潜在的消费者内化为"终极"意义。[41]

还有一种观点认为，从社会控制与道德约束的角度出发，宗教仍有着不可替代的作用。伏尔泰就主张打倒神学宗教，将其改造成道德宗教，他曾表示："我将假设（上帝禁止它！）所有的英国人都是无神论者。我承认有某些平和的公民，天性宁静及其财产足以使其诚实。他们追求荣誉，举动谨慎，设法在社会中共同生存……但是一个穷光蛋的无神论者如果获知能够逃避惩罚，还不谋财害命，他必定是个笨蛋。如果这样，社会所有的枷锁都可以撤除。秘密罪行将泛滥得像首先看不出的蝗虫一样布满世界……一个无神论的君主远比一个狂热的教徒危险……信仰一个奖善罚恶的上帝对人类较有益处。"[42]

21世纪以来，人类面临着越来越多的问题与挑战，既有资源与环境问题，又有科学发展与人类异化问题，也有名目繁多的社会问题。在这种情况下，有人主张科学与宗教调和，有人主张重塑人类信仰。当然，也有人坚定地主张："正确的道路绝不是使科学与宗教调和，而是科学的发展加上社会的变革，使人类成为自然和社会的主人。"[43]当人类成为自然和社会的主人后，"社会所有的枷锁"都应已撤除，谁来制约无拘无束的人性？

在这个问题上，马克思的观点最为客观、科学。他在《资本论》中写道："只有当实际日常生活的关系，在人们面前表现为人与人之间和人与自然之间极明白而合理的关系的时候，现实世

界的宗教反映才会消失。只有当社会生活过程即物质生产过程的
形态,作为自由结合的人的产物,处于人的有意识有计划的控制
之下的时候,它才会把自己神秘的纱幕揭掉。但是,这需要有一
定的社会物质基础或一系列物质生存条件,而这些条件本身又是
长期的、痛苦的历史发展的自然产物。"[44]马克思在100多年前
提出的这一论断仍值得今天的人类认真思考。

九、谁是主人

随着科学技术的迅速发展,人工智能必然会进入强人工智能
甚至超强人工智能阶段。人类不仅体力与技能被替代,大脑的储
存、记忆、判断与决策功能也会被替代,必然地要沦为机器的附
庸。美国学者刘易斯·芒福德曾深刻指出:一天又一天,机器的
地盘日益扩大而我们的地盘则日益缩小;一天又一天,我们对于
机器变得日益恭顺,有更多的人天天都在像奴隶一样伺候着机
器,也有更多的人天天都把其生命的全部精力用来发展机械化的
生活。所以终究会有一天机器将变成这个世界的真正主人,支配
着整个世界及其一切的居民。

英国学者凯文·渥维克也坚定地认为:"1. 由于在综合智
能上的优势,我们人类目前仍是地球上占统治地位的生命形
式;2. 在不远的将来,机器可能会变得比人类更聪明;3. 那时,
机器将会成为地球上占统治地位的生命形式。"[45]他论证的核
心是第三点,而他对第三点的判断是人类已无回天之力,能够阻
止这一切的微小的可能性也已经被排除在外了。

值得注意的是,这一判断并非简单地认定,而是有着清晰的
逻辑论证。首先,人类大脑的容量及功能是有限的,而机器智能
的容量是可以不断增长的,其指数级的增长方式很快会超越人

脑，并将人脑远远甩在后面。其次，人的天性是享受与懒惰，而且体力与精力有限，机器却可以勤奋如一，无休止地工作，在机器逐渐取代人类的工作过程中，人类只会越来越享受这一切，并失去全部工作动力。再次，人类的社会生产与社会生活是在人与人之间建立的社会组织中完成的，机器人之间也可以通过信息网络与场景建立彼此间的联系，甚至形成组织体系。从次，人类社会有独特的政治制度与权力结构，机器人也可以进行制度选择，形成自身的制度框架与权力体系。[46]

渥维克最后的结论是："达尔文的进化论和尼采的哲学指出了这样一个事实：人类作为地球上的主宰生命形式将会被取代，不管是什么成为主宰的生命形式都不会对人类客气手软。正是由于我们的智能，我们人类才成为地球上的主宰生命形式，如果有智能更高的生命形式出现，很有可能它将主宰人类，就如同人类主宰智能较低的物种一样。"[47]

两位学者的论断引来颇多的共鸣或争议，有学者坚决认同其主张，也有的学者指斥为危言耸听。我们认为，认真考察一下在强人工智能时代不可避免地到来的大背景下的人类的作为，上述争论就会迎刃而解。

在机器对人的工作取代的进程中，自由的人与人的自由时间不断增加，对人类社会的发展而言，这是一把双刃剑。一方面，人的自由会令人失去生存的动力与目的，失去人生的意义，成为依附于机器的行尸走肉；另一方面，人的自由会使人类获得真正的解放，任何人都可以根据自己的意愿去生活，如恩格斯所言"而在共产主义社会里，任何人都没有特殊的活动范围，而是都可以在任何部门内发展，社会调节着整个生产，因而使我有可能随自己的兴趣今天干这事，明天干那事，上午打猎，下午捕鱼，傍晚从事畜牧，晚饭后从事批判"[48]。

　　值得注意的是，人工智能的发展在给予越来越多的人更多的自由的同时，还为他们量身打造着形形色色的虚拟世界。如近年来美其名曰的"元宇宙"，使无数刚刚获得自由的人们把本就有限的自由时间投入其中，俨然成为人类发展的重要指向，各方人士摇旗呐喊，不遗余力地鼓吹之。

　　但是，认真审视一下所谓的"元宇宙"，便会明白背后的深层意蕴。我们先借用该领域权威学者喻国明先生的论述梳理一下元宇宙的基本内涵。喻国明先生认为元宇宙就是再造一个全新的数字化社会，"关键是以数字孪生的方式生成现实世界的镜像，搭建细节极致丰富的拟真场景"。方向是，"包含虚拟现实、增强现实、混合现实、全息影像、脑机交互等的交互技术持续迭代升级，不断深化感知交互。当前的互联网技术只是实现了部分信息流的线上化，虽然人类感官中的听觉与视觉率先实现了突破，但嗅觉、味觉及触觉等感官效应目前还未被触达和满足，而元宇宙在未来发展中的一个关键维度上的突破就是将致力于实现人的嗅觉、味觉及触觉等感官效应的线上化，即实现人类在虚拟世界中感官的全方位'连接'。简而言之，交互技术为用户提供更全面立体的交互方式、更沉浸的交互体验，为元宇宙的世界提供从物理世界到生（心）理世界、从现实空间到虚拟空间的全面无缝连接"。

　　他进而认为元宇宙的核心是游戏，他说："游戏范式则是元宇宙的运作方式和交互机制。作为人们基于现实的模拟、延伸与加工而构建的虚拟世界，游戏给予每个玩家一个虚拟身份，并可凭借该虚拟身份形成社交关系。玩家在游戏设定的框架与规则内拥有充分的自由度，可以利用游戏货币在其中购物、售卖、转账甚至提现。与之相似，元宇宙为人们提供了不受现实因素限制的虚拟空间，人们可以重新'选择'自己的身份并按照自己选定的角色展开自己一重甚至多重虚拟空间中的生命体验，并且实现新的价值创造。可见，游戏形态其实既是元宇宙运作的基本范式，也是元宇宙中社交互动的基本机制。"[49]

韩国权威研究者金相允先生具体论述了元宇宙构建的虚拟世界中的两种基本模式，他说："广义来看，虚拟世界可以分为两种，一种是游戏类的，另一种是非游戏类的。广大游戏玩家耳熟能详的《魔兽世界》《堡垒之夜》《天堂》等游戏都属于游戏类的虚拟世界。在具有比赛性质的虚拟世界中，人们按照一定的规则相互竞争或相互合作，目的在于决出胜者或达成共同的目标。还有一种社区类的虚拟世界，比如《罗布乐思》（Roblox）与《第二人生》，这种类型的游戏目的在于为不同的人提供可以一起活动、一起交往的场所。"[50]他还特别讲道："2019年，《罗布乐思》的用户数达9000万之多；到2020年，用户数已经突破1.15亿。这款游戏的主要用户是6～16岁的青少年。在美国，半数以上不到16岁的孩子都会玩这款游戏。《罗布乐思》平台上的用户数量比美国其他以青少年为目标客户群的公司都要高。2018年的数据显示，美国13岁以下儿童在《罗布乐思》上花的时间平均是在YouTube上的2.5倍，是在网飞（Netflix）上的16倍左右。孩子们在游戏中同时具备多重身份。他们可以进入其他用户创造的世界，成为其中的玩家，也可以是一名创造者，搭建空间供其他玩家来玩耍。越来越多的青少年通过自己的想象在这个元宇宙中建造自己的虚拟世界，还能把自己搭建的世界向其他用户开放，由此赚一些钱。"[51]

从上述权威学者的论述，我们可以看到，所谓元宇宙就是人为构建的虚拟世界，人们可以以第二身份在这个世界里游戏人生，放纵自我，实现自我。这个世界的正面意义就是给运营商带来价值，但负面作用却是在机器人尚未统治我们之时，我们就提前退场躺平，实现了自身的异化。尤其让人不安的是，仅《罗布乐思》这一款游戏在2020年就有1.15亿用户，而且主要是6～16岁的青少年。这样就直接切断了青少年与现实世界的联系，对未来社会将产生重大影响。

在这种情况下，自由了的人不会向往在现实世界中实现自我，而是沉湎于另一个世界，乐不思蜀。那么，机器人是否会真地成为人类的统治者呢？不会，无论哪一层次的人工智能，其实质都是人工，人类可以创造它们，同样就会控制它们，摧毁它们。只是这种控制权不为人类整体所有，只会被机器人身后的极少数"造物主"所有。未来的前景或许是极少数人控制机器社会，并通过机器社会控制整个人类。

注释：

[1] 参见中国社会科学院考古研究所湖北队：《湖北枣阳市雕龙碑遗址15号房址》，《考古》2000年第3期。

[2] 图文均参见任式楠：《中国史前整栋多间地面房屋建筑的发现及其意义》，《考古学集刊》第18集。

[3] 参见河北省文物管理处、邯郸市文物保管所：《河北武安磁山遗址》，《考古学报》1981年第3期。

[4] 参见中美日照地区联合考古队方辉、文德安等：《鲁东南沿海地区系统考古调查报告》（上），文物出版社，2012，第297页、第302页。

[5] （美）刘易斯·芒福德著，陈允明、王克仁、李华山译：《技术与文明》，中国建筑工业出版社，2009，第250页。

［6］（奥）埃尔温·薛定谔著，罗来鸥、罗辽复译：《生命是什么》，湖南科学技术出版社，2007，第115页。

［7］参见（法）贝尔纳·斯蒂格勒著，赵和平、印螺译：《技术与时间：2.迷失方向》，译林出版社，2010，第289页。

［8］（法）贝尔纳·斯蒂格勒著，方尔平译：《技术与时间：3.电影的时间与存在之痛的问题》，译林出版社，2012，第11页。

［9］参见李思孟、宋子良主编：《科学技术史》，华中理工大学出版社，2000，第50页。

［10］参见吴国盛：《科学的历程》，湖南科学技术出版社，1997，第118～122页。

［11］［德］马丁·海德格尔著，孙周兴译：《路标》，商务印书馆，2000，第366页。

［12］参见童之侠编著：《世界主要语言手册》，商务印书馆，2008，第3～5页。

［13］罗常培：《语言与文化》，北京出版社，2004，第3～4页。

［14］参见钱冠连：《语言：人类最后的家园》，商务印书馆，2005，第273页。

［15］钱冠连：《语言：人类最后的家园》，商务印书馆，2005，第268页。

［16］汪丁丁：《语言的悲剧性》，《读书》2002年第7期。

［17］参见朱伯雄主编：《世界美术史》（第一卷），山东美术出版社，1987，第71页。

［18］参见朱伯雄主编：《世界美术史》（第六卷），山东美术出版社，1990，第358～361页。

［19］瓦尔特·赫斯编著，宗白华译：《欧洲现代画派画论选》，人民美术出版社，1980，第55～56页。

［20］朱伯雄主编：《世界美术史》（第十卷），山东美术出版社，1991，第173页。

［21］朱伯雄主编：《世界美术史》（第十卷），山东美术出版社，1991，第174～176页。

［22］参见汤克兵：《作为"类人艺术"的人工智能艺术》，《西南民族大学学报（人文社会科学版）》2020年第5期。

［23］参见李丰：《人工智能与艺术创作——人工智能能够取代艺术家吗？》，《现代哲学》2018年第6期。

［24］（古希腊）亚里士多德著，吴寿彭译：《形而上学》，商务印书馆，1959，第5页。

［25］苗力田主编：《古希腊哲学》，中国人民大学出版社，1989，第36～37页。

［26］苗力田主编：《古希腊哲学》，中国人民大学出版社，1989，第46页。

［27］杨河、于品海：《历史中的哲学与哲学中的历史》，《中国高校社会科学》2014年第4期。

［28］朱谦之：《老子校释》，中华书局，1984，第100～103页。

［29］朱谦之：《老子校释》，中华书局，1984，第174～176页。

［30］朱熹：《四书章句集注》，中华书局，1983，第4页。

［31］中共中央马克思恩格斯列宁斯大林著作编译局编译：《马克思恩格斯文集》（第九卷），人民出版社，2009，第439页。

［32］（德）卡尔·雅斯贝斯著，魏楚雄、俞新天译：《历史的起源与目标》，华夏出版社，1989，第14页。

［33］（德）康德著，苗力田译：《道德形而上学原理》，上海人民出版社，1986，第83页、第86页。

［34］（德）黑格尔著，贺麟译：《小逻辑》，商务印书馆，1980，第59页。

［35］（德）马库斯·加布里尔著，王熙、张振华译：《为什么世界不存在》，商务印书馆，2022，中文版前言。

［36］参见吕大吉：《宗教学通论新编》，中国社会科学出版社，2010，第552页。

［37］（德）路德维希·费尔巴哈著，荣震华、王太庆、刘磊译：《费尔巴哈哲学著作选集》（下卷），商务印书馆，1984，第710～711页。

［38］王先谦：《荀子集解》，中华书局，1988，第376页。

［39］王先谦：《荀子集解》，中华书局，1988，第316页。

［40］王明：《抱朴子内篇校释》，中华书局，1986，第53页。

［41］参见（德）托马斯·卢克曼著，覃方明译：《无形的宗教》，卓越书楼，1995，第117页。

［42］威尔·杜兰特：《世界文明史：伏尔泰时代》，华夏出版社，2010，第663页。

［43］吕大吉：《宗教学通论新编》，中国社会科学出版社，2010，第682页。

［44］中共中央马克思恩格斯列宁斯大林著作编译局编译：《马克思恩格斯全集》（第二十三卷），人民出版社，1972，第96～97页。

［45］（英）凯文·渥维克著，李碧、傅天英、李素等译：《机器的征途——为什么机器人将统治世界》，内蒙古人民出版社，1998，第273页。

［46］参见（英）凯文·渥维克著，李碧、傅天英、李素等译：《机器的征途——为什么机器人将统治世界》，内蒙古人民出版社，1998，第255～292页。

［47］（英）凯文·渥维克著，李碧、傅天英、李素等译：《机器的征途——为什么机器人将统治世界》，内蒙古人民出版社，1998，第267页。

［48］中共中央马克思恩格斯列宁斯大林著作编译局编译：《马克思恩格斯文集》（第一卷），人民出版社，2009，第537页。

［49］（韩）金相允著，刘翀译：《元宇宙时代》，中信出版社，2022，推荐序二。

［50］（韩）金相允著，刘翀译：《元宇宙时代》，中信出版社，2022，第140～141页。

［51］（韩）金相允著，刘翀译：《元宇宙时代》，中信出版社，2022，第158页。

陆

什么是社会

人类最重要的成就莫过于对社会的构建，各种制度、政体、主义，成为人类文明进步的标志。但是，认真对比一下，却又发现，迄今为止的所有社会成就，都未脱出动物世界的逻辑。

一、人类的国家

国家是人类所独有的社会组织方式，是人类文明形态的根本标志。每一个现代国家都有自己的国旗、国歌和国徽，有独立主权和完整的政治制度、法律制度，都再三强调爱国主义与国家利益。但是，抛开这些华丽的外衣，我们又可发现，国家其实只是不同人类群体的组合体，是由群体、领地和首领组合而成的共同体的放大。

从人类国家发展的历史可以看到，到目前为止，有两种国家形成模式最具代表性，一种是东方式国家形成模式，一种是西方式国家形成模式。

东方国家发展的道路以中国最具代表性，特点是连续一体自主演进，可以划分为三个阶段：第一阶段是从聚落向方国的演进。早在原始聚落时代，就形成了聚落首领与公共权力，几乎每一个聚落都有统一的布局规划、房屋建造、防御设施，具备了实体性社会组织的基本要素。在长期发展中，为联姻、御外以及同一聚落的膨胀与分解，形成了若干聚落的联合体，即聚落群。聚落群中有中心聚落与普通聚落的区别，至距今5000多年前，相当一部分中心聚落发展为城邑。城邑中有城池、公共设施、祭祀设施以及管理者及手工业生产者，聚落中的防御、祭祀等功能集中于此。其余普通聚落成为村落，依附于城邑而存在。如是一个城邑与若干村落的共同体就是方国，方国已具备了国家的主要要素，可以视为早期国家。

第二阶段是自方国向宗法王朝联合体的演进。方国形成后，随着人口增加与资源的紧张，不同方国间的竞争与争夺不可避免，由此形成了方国联盟，也可称为方国共同体。中国历史上第一个王朝夏就是一个方国共同体。在方国共同体的发展中，主导方国的势力得到更为充分的发展空间，具有优先发展权，势力不断膨胀，在方国共同体中的影响力与决定权不断增加。到距今3000多年前西周王朝建立后，采取了影响深远的分封制，此举使公共权力由组合式开始了向授予式的转变。在分封中，掌握优势的西周方国将宗法血缘集团中的成员连同追随的功臣分派到一些重要地区建立自己的方国，对原住民实施殖民统治，比如，齐、鲁、晋、燕等都是此类方国；对于归附的方国或承认共主地位的方国，则给予封号，认可方国地位，由此形成了庞大的宗法性王朝联合体。

第三阶段是由宗法王朝联合体向统一集权国家的演进。西周宗法王朝联合体存在了400多年，随着各国发展的不平衡，一些强国脱颖而出，周王室的权威与优势难以制约各国，在距今2000多年前，开始了列国相争的春秋战国时代。从表面上看，这一时代各个国家互相争夺、蚕食兼并，逐渐形成了七个强大国家，但内在的变化更为深刻。在此之前，各国基本制度是宗法制与井田制，宗法制下各级政权与宗法血缘组织完全重合，所有社会角色代代相传，所有土地都归周天子所有，由各宗法血缘组织实际占有和使用。春秋战国时代，各级组织由血缘组合转为地缘组合，代代相传的社会角色转为双向选择的动态身份，各级宗法首领被官僚代替，土地转为私有，人们可以选择职业与居处，各国内部也实施了整齐划一的县、乡、里制度，形成了统一集权的国家政权模式。特征就如韩非所言："要在中央，事在四方；圣人执要，四方来效。"随着秦王朝的统一与郡县制在整个王朝的实施，统一的集权国家完全形成，此后2000年一直延续着这一国家形态。

西方国家形成模式以西欧社会最具代表性，也可划分为三个发展阶段。第一阶段是自聚落到城邦。以希腊与意大利地区为例，这一地区进入农耕时代后也以聚落为基本社会单位，在长期的历史发展中，各聚落逐渐凝集为大大小小的城邦，形成了相对完整的城邦国家。为了更有效地进行防御或竞争，不同城邦又组合为联盟体，如希腊诸城邦曾形成过伯罗奔尼撒同盟与提洛同盟，二者都是数十个城邦的联合体。

第二阶段是自城邦到帝国的发展。城邦国家中逐渐形成规模更大、机制更健全的国家，如马其顿、罗马。他们先是成为所在地区各城邦的霸主，继而又组合为紧密统一的国家。以此为基点，对外进行大规模的征服与掠夺，形成了庞大的帝国，前者成为亚历山大帝国，后者成为罗马帝国。这种帝国的最大特点是军事征服与殖民，如罗马帝国在对外征服后，在各地设立了行省，但行省只是军事殖民机构，只负责军事占领与税收征收，保障各地财富与战俘源源不断地汇入罗马，保障罗马本土国民与统治者的奢靡与享乐，并未形成政治、文化与经济的共同体。

第三阶段是自王国向近代国家的发展。西欧国家的发展之路被4世纪开启的北方民族南下打断。南下的北方民族多为来自欧亚北方大草原上的游牧部族，他们在不断南下的过程中，与原有的农耕文明相融汇，形成了一批中世纪封建王国。经过数百年的演进，西欧社会出现了三足鼎立的权力体系，即王室、领主与城市（图6-1）。以国王为首的王室拥有自己的城堡与领地，也拥有名义上的对国家的统治权，但实际上领主与城市都是相对独立的社会实体。领主在自己的领地内享有充分权力，国王难以干预。西欧中世纪有一句名言："我的附庸的附庸，不是我的附庸。"即领主之下的人员与国王无关。城市也拥有比较充分的自治权，许多城市甚至形成了城市共和国，采用议会民主制实施对城市的治理。在近代资产阶级革命进程中，三方权力经过不断斗争与调和，或主动或被迫向新兴国家让渡，形成了统一而完整的近代国家。

图 6-1　法国南特的领主城堡

　　从东西方国家形成的路径不难发现,国家完全形成的时代节点导致了不同的国家特质。从国家政权出现的早期历史看,东西方国家政权的出现都与防御及掠夺有着直接关系。当一个群体面对外来的强力掠夺者时,往往会凝聚内部力量,建立社会管理体系,形成首领,以合力御外;当一个群体积极进行对外掠夺与扩张时,同样也会产生类似的需求。

　　东方国家在历史发展中一直延续着这种不断的凝聚,最后形成了强有力的中央集权国家,整个国家权力又自上而下地层层授予,构建起统一的强大王朝。西方国家发展未能如此这般地一以贯之,而是重新开场,在国王、领主、城市三方都拥有相对独立的权力基础上整合为近代国家,国家权力来自社会各方向国家的让渡,国家权力自然是有限权力。

　　但是,我们必须看到,无论哪一种国家发展道路,作为国家的基本特性都是一致的,所有国家都是群体、领地与首领的组合，缺一不可。

群体即一国之民。作为一国之民，或有民族之不同、语言之不同，甚至种族之不同，但对国家的归属感与认同感要明显高于其他。比如，瑞士是一个多民族国家，有日耳曼民族、法兰西民族、意大利民族等多个民族，官方语言为德语、法语、意大利语以及列托−罗马语。在这样一个既无统一民族又无统一语言的国家中，依然形成了强大的群体凝聚力与认同性，保障瑞士的国家稳定。这充分说明最初的群体与国家的关系首先是一种利益共同体，并非一定是民族共同体或文化共同体。当国家足以为国民提供保障与保护时，相互间的共存关系即告成立。

领地即国家及国民所拥有的生存空间。自原始聚落时代开始，领地的专属性便已形成，每个国家政权的首要职责就是捍卫自己的领地，征服他人领地，不断拓展本群体的生存空间。

首领是国家的权力核心，也是国家的象征。其职能自古以来便无变化，即对外行动的组织者、内部关系的调和者。首领不是一成不变的，最初的首领或许只是身强力壮者，后来的首领有了种种产生的法则与程度，但总的原则仍然是强者胜出。首领与群体是相辅相成的关系，或许可能发生权力的异化，使首领成为群体之上的暴君，但历史发展规律会以铁的必然性进行调整，如中国古人所云："君者舟也，民者水也。水可载舟，亦可覆舟。"

二、人类的首领

无论是动物界还是人世间，凡群体必有首领。早期人类群体中的首领与动物群体中的首领或许差别不大，依其力量强大而居其位。随着人类组织的进化与国家的出现，人类首领被赋予种种色彩，成为文明的体现、智慧的象征、公正的化身。加之种种制度的保障、社会管理体系的完备，首领脱胎换骨，成为国王、以及总统、首相等。但是，若深究其实质，仍可发现，首领之性质未变，只不过在自身力量之外，又施加了种种强化手段。目的依然是突出其非凡的力量，彰显与众不同的权威，以慑服众人。

具体而言，面向首领本人的权威强化主要表现在五个方面：

一是身份的神化。作为首领，在小的群体中可以依靠自身的强力保持地位，随着群体组织的扩大，这种强力已不可能是他人无法挑战的，而且，群体组织扩大后权威的认可往往由直接变为间接，由直接的力量变为间接的威慑。因此，最有效的途径就是身份的神化。首领并非来自凡间，或如东方之天子是龙子龙孙，或如西方之君主是半人半神的英雄。

西汉刘邦由一介农夫成为开国君主后，做的第一件事就是变更出身。他编造了这样一个故事：刘邦一次酒后夜行，行至水泽之傍，有大蛇当道，刘邦拔剑斩蛇，随后，便见一老妇在道旁哭道："吾子，白帝子也，化为蛇，当道，今为赤帝子斩之，故哭。"说完即突然消失。这是在告诉世人，刘邦表面上是一介农夫，其真实身份却是赤帝之子，由此完成了身份的神化。

西欧中世纪查理曼帝国的缔造者也被充分神化。传说中的查理曼拥有非凡的武力和神力，平日睡意十足，一旦被臣民唤醒，便所向无敌。在北欧神话中，北斗七星的指代词就是"查理之车"。

二是场景增强。通过宏大的场景衬托首领之高大，增强其力量与权威。古代世界几乎所有君主都采用高大的殿堂、巍峨的王座以及长长的廊道，增进君主自身的高大与神圣。10世纪中叶，一位意大利历史学家记载了前去觐见东罗马皇帝君士坦丁七世时的场景："皇帝的御座前站立着一颗镀金的铁树，铁树的枝叶上镶嵌着镀金的各种鸟类，这些鸟能够发出各种鸣唱。御座本身制作得十分巧妙，以致初看上去它显得很低……过一会儿它又上升得很高。御座两旁站着镀金的金属或木头雄狮，尾巴拖地，张开血盆大嘴，伸出舌头，高声嗷叫。两名太监把我带到皇帝的面前，当我跨进宫殿的大门时，镀金的狮子嗷叫，镀金铁树上的小鸟鸣唱……三次跪拜之后，我才敢抬起头，向皇帝致意，我第一眼就看到他的御座正好在我的头顶上，然后迅速升到大殿的顶上，皇帝身穿大袍，我不知道这一切是如何发生的……"[1]这里面的细节或许有夸张的成分，但基本内容应当较为真实，从其他文明古国尚存的宫殿中，不难看到类似的场景。比如，俄罗斯圣彼得堡的彼得宫始建于彼得大帝时代，后逐步扩修，形成了园林、喷池、宫殿交相辉映的富丽堂皇格局，被视为欧洲宫廷花园的典型代表（图6-2）。

图 6-2　俄罗斯圣彼得堡的彼得宫

三是语言增强。人类群体中早期首领为表达威严，会借助语言的力量，多是语气加重或严厉斥责。随着文明的进展与语言文字的丰富，首领们开始垄断一部分词语的使用权，借以增强权威。比如，中国古代早期王朝的首领都被称作天子，秦始皇统一全国后，自认为德兼三皇，功过五帝，将名号改为皇帝，皇帝的命令又称为制或诏，皇帝自称为朕。此后，皇帝的专用词汇不断增加，形成了完整体系，出行称巡狩、巡幸、移跸，所乘车辆为辇、玉辂，马为御驾；皇帝又被称陛下、今上、圣；皇帝死称崩、薨、宫车晏驾、驾崩；皇帝即位称践位、践阼、继大统、践极。几乎事关皇帝的所有用词都有专用规范，以此保障帝王的权威与神圣。

四是仪式增强。在首领的各项活动中，实施大量奢华、铺陈的仪式，以显示高贵的身份与高高在上的地位。《新唐书·仪卫志》曾讲明其中的道理，该志认为，帝王起身举动，后必随扇，出入之时撞钟，出行之时卤簿与鼓吹。之所以如此，是要帝王保有"慎重"之形象，"故慎重则尊严，尊严则肃恭"，"夫仪卫所以尊君而肃臣"。

以该书所记帝王出行之仪卫为例，凡帝王出行，除了王公大臣等核心随员外，还有十余路仪仗护卫，有清游队、朱雀队、诸卫马队、玄武队等。每一路仪仗又都有一套复杂的组合，如朱雀队包含九个组合，首先是专业车队，有指南车、记里鼓车、白鹭车、鸾旗车、辟恶车、皮轩车，每车均四马驾车，车上有正道匠、卫士、太卜令、驾士等乘员；其次是引驾队列，共十二层，每层二人，骑马，带横刀；再次是鼓吹队伍、麾杖队伍，还有太史、相风、金钲、刻漏等行列。整个仪仗队伍浩浩荡荡，难以备述。

从人类历史看，仪式的使用并非某地某国所独有，而是十分普遍的现象。如西方的拜占庭帝国也充斥着各种复杂细致的仪式，皇帝的出行、接见、上朝以及其他各种活动，都有严格的仪式条规，甚至细致到被接见人员与皇帝宝座的距离都有不同规定。10世纪的《拜占庭宫廷礼节书》就有153卷，对各种仪礼与程式都有明确细致的规定。

这种针对首领的仪式直到现代社会依然存在，无论是美国总统，还是英国女王，出行时的安保、开道、护卫车辆与人员并非都是安全所需，更重要的原因还是以此彰显首领地位与权威。

五是形象增强。人类社会中的首领往往通过服饰、配饰等强化自身的尊严与权威。动物世界中的首领在躯体强壮之余，往往还有漂亮的羽毛、异于同类的角齿等，早期人类群体中的首领便学取了这一特点，以羽毛或其他物品对自己进行装饰，后来这些装饰逐渐发展为独特的冠冕服饰。《后汉书·舆服志》即记道："上古穴居而野处，衣毛而冒皮，未有制度"，后世"见鸟兽有冠角髯胡之制，遂作冠冕缨蕤，以为首饰"。随着文明的进化，模仿鸟兽冠角髯胡的首饰转化为冠冕衣着及各种配饰。比如，中世纪以来的西欧各国君主都有特定的冠饰、服饰，包括假发，基本风格是增高增大，夸张伸展，以体现首领人物的高大与威严。中国古代帝王也是如此，如唐朝皇帝的冠服就有14种之多，包括大裘冕、衮冕、毳冕、绨冕、玄冕、缁布冠、武弁、弁服、黑介帻、白纱帽、平巾帻、白帢等。每一种冠服都有特定样式与特定用途。

进入现代社会后，首领尊严的体现更多地表现在权力的行使与间接的强化，但自古以来相沿袭的面向首领本人力量的强化逻辑仍然在发挥着作用，只是较之古代略为含蓄而已。

三、人类的权力

动物世界与人类世界都有权力的存在，权力的原初意义只有两项，即主张权与制约权，前者指可以按照自己的独立意志实施外在行为，后者指可以依照自身或集合的意志决定他者的行为。两者合并，则称之为权力。但是，动物世界与人类世界的权力体现又有明显差别。动物世界的权力体现十分直接，一切权力都依靠自己在群体中的能量获得，有多大的体能与智能，就能拥有多大权力。人类世界的权力体现则复杂得多，初期，权力获得的方式与动物世界类似，随着文明化的进程，权力逐渐复杂化、抽象化，最终走向异化。

人类文明的起源当在距今一万年前左右，随着农耕与定居的聚落出现，各种文明因素得以萌生。在文明诸因素中，有别于动物世界的人类权力的生成是十分重要的一环。最早的人类权力与贫富分化无关，与私有制也无必然联系。原始聚落时代的居民处在同一个血缘组织之中，共同劳动、统一分配，聚落内的公共事务以及生产组织、分配管理都由血缘组织中的各级家长进行。此时的权力是比较单一的血缘权力，由其在血缘组织中的位次决定，个人并无选择权，他人亦无剥夺权。这一时期的权力仍可视之为直接权力。

在人类文明进程中，超出聚落的社会组织开始出现，聚落间的联合组成聚落群，聚落群间的联合组成更大尺度的部落联盟，由聚落群演化为方国，由部落联盟演化为方国联盟，最终形成国家及国家权力。国家及国家权力形成的过程又是此方国对彼方国的征服或联合过程，是此方国联盟对彼方国联盟的征服或取代过程。在这一过程中，各政权组织为凝聚力量，一致对外，逐渐将各成员的权力从血缘体系内释放出来，赋予相对平等的社会权力。罗马早期共和国时代的公民、中国西周时代的"国人"，都拥有相对平等的社会权力，他们享有从政权、从军权以及相应的经济权益、祭祀权，甚至可以决定共同体内首领的去留。但为时不久，随着国家与社会权力格局的稳定，公民与国人的权力也发生了变化，有的被迫让渡给了元老院，又交给了权力的独裁者；有的则直接交付给了国君与各级官僚机构（图6-3）。对他们而言，社会成员间的平等犹存，但社会权力所余无几。

进入中世纪后，西方社会成员的权力出现了集体化与间接化趋势，乡村社会中形成了相对独立的村落共同体，村民们把个人的社会权力让渡给村落共同体，集体进行权益维护、争取以及对外诉讼。新兴的城市社会中则较为普遍地发展起各种代议机构，如威尼斯、佛罗伦萨等城市都有议会，议会负责选举执政官并对其进行监督，执政官的职责主要是对外事务和对内秩序的管理，市民们部分地让渡了自己的社会权力。这一时期的东方仍然延续了此前的传统，国君与官僚机构代持着民众的个人社会权力，同时又将其中的一部分予以返还，但主导权始终掌握在国君与官僚机构手中。

近代社会以来，随着启蒙运动以及其他社会变革的推动，人性自觉与个人权力的实现成为新的社会潮流，在新的社会机制下，个人权力得到充分的保障与张扬。从居住权、工作权到选举权、个人财产权，从结社权、集会权到出版权等，应有尽有。但是，在实际行使与主张时，真正属于个人的权利少之又少，个人的各种权利被复杂规范的设置抽象，无法直接行使与主张。比如，以美国公民对社会政治的参与权而言，从法律上看，每一个公民都有选举权和被选举权，可以选举议员、总统，可以竞选议

图 6-3　元老院所在的古罗马广场

员与总统。但这个选举权只是程序中的一个环节而已，竞选者得
票多少、能否当选更多的是依据党派背景与实力，依据宣传造势
与操作手段。选民只能根据外在的间接判断行使其中一票的选
举，而且，一旦自己主张的竞选者败选，则此后的政治权益又会
被简单多数的另一方所代持。

更为重要的是，即使是自身的选举主张得到实现的一方，一
旦选举完成，他们每一个人对国家政治再无参与空间，完全凭由
政治家们进行运作。

又如，以个人所享有的工作权而言，每个人工作机会的获得
都是个人能力与竞争的结果，每一个国家都不能保证每一个人的
就业，更不能保证每个人按照个人意愿就业，更不能保障每个不
愿工作的个人的生存权。所谓的工作权只是一个抽象概念。

造成这种状态的根本原因是人类团体的扩大化与公共权力行
使的专业化。随着文明的发展与社会的进步，每个人都不会只生
活在原始聚落那样的有限社会空间中，而是要面对更为庞大的社
会存在。在这种情况下，个人的社会权力无法直接行使，只能交
由他者代持，他者就是国家公共权力的运作者和实施者。现代社
会"他者"对个人权力的代持越来越专业化、独立化，已经异化
为反客为主的自主性公共权力机器。

以现代美国为例，社会公共事务的各大领域都有独立的管理
体系代为管理，宏观经济政策与货币政策有美联储，司法有各级
法院，立法与重大事项决策有参众两院，治安与社会秩序维护有
各种警卫队与警察系统等。这些系统在行使权力时并不会征求大
众意见，也不会顾及将影响多少人的工作岗位或社会保障，尤其
是各种执法与司法审判充斥着暴力、强制与冷漠。

在这样一种社会管理体系中，不仅公民个人的权利形同虚

设，就是在位总统对各个管理系统能够施加的权力也少之又少，总统更像是权力机器操纵下的玩偶。

人类权力就这样一步一步地被间接化、被抽象，最终走向异化。抽取了每个人应有权力的国家机器成为社会的主宰，主宰着每一个具体的人，每个人包括所有阶层的所有身份的人都是被主宰者，都是权力机器的附庸或牺牲，个人的权力实际上已经失去。

四、人类的家庭

家庭是人类社会的基本标志，稳定的配偶与后代的血缘组合或可见于某些动物中，但人类家庭组合所拥有的功能与作用是任何一种动物都不具备的，这些独有的功能与作用使家庭成为人类文明的内核与根基（图6-4）。舍此，人类社会难以发展到今天。

家庭的起源、形成和发展与人类文明的起源、形成和发展丝丝相扣，两者互为动力，相辅相成，但行进方向恰恰相左。就整

图6-4　古罗马的家庭生活（大英历史博物馆藏）

体而言，文明起源与形成伴随着人类群体的不断膨胀与联合，与之同时发生的家庭的形成却是血缘组织不断内凝的结果。以中国早期文明为例，在农耕时代之初的原始聚落时代，各聚落相对独立，每个聚落都是自成一体的血缘组织，所有成员共同劳动、共同生活，同处一个血缘大家庭中。此时尚未出现一夫一妻制的小家庭，聚落中的成年男子要到外聚落寻找配偶，实行走婚制，人们知其母不知其父，母亲的兄弟即母舅是子女的男性家长，他们中的尊者就是聚落首领。

在距今五六千年前的仰韶文化与大汶口文化时代，随着农业生产的发展与人口的迅速增加，聚落的膨胀与裂变不断发生，若干聚落组合成聚落群，形成了中心聚落与普通聚落的差异。聚落内部也形成若干家族，家族有了分工的不同，成为基本的社会单位与生产、生活单位。不同家族间的差别开始出现，强势家族成为聚落的主导者，中心聚落中的强势家族则通过其主导的聚落实现对其他聚落的控制。在这一历史进程中，强势家族中的强势男性不再屈尊前往配偶所在的聚落走婚，而是要配偶离开原聚落到其所在的聚落共同生活，有些时候还会以武力实现这一要求，以致发生抢婚与掠夺婚。女方被娶到男方聚落共同生活，生儿育女，父系家庭出现。此时的男方已不再是聚落中单纯的奉献者，他们开始实现对妻子儿女的专有，以此为基点，以家庭为单位的财产私有与权力私有进程开始启动。

最初的男子将女方娶入本聚落只是个别人的行为，仰韶文化后期与大汶口文化墓地中都出现了夫妻合葬现象，但为数较少。在此后的历史进程中，这种现象不断增加，至龙山文化时代，渐已普及。对于强势人物而言，家庭所拥有的是财产与权力；对于其他人员而言，家庭所拥有的则是财产与社会角色。因而，夫妻制家庭普及之时，也就是财产与社会角色的家庭私有普及之时。私有的必然逻辑是继承与世袭，在这种条件下，强势人物必然有增加财产与权力的需求，其他人员也会有增加财产与改变社会地位的需求。也就是在这一历史时期，聚落群发展为方国，进而形成了方国联盟。大禹时代，尚属方国联盟，随着其子启对权力的继承，夏王朝出现，中国古代社会中的文明起源完成了历史使命，进入国家时代。

在国家时代早期，亦即夏商周时代，家庭虽已普及，但家族仍是基本的社会单位与生产单位，家庭只是基本的生活单位与社会分工单位。一个村落往往由一个家族构成，家族首领同时也是村落之首，村落居民"生相近，死相迫"，共同生产，统一分配，各家庭间贫富分化并不突出，家庭地位的差别来自血缘角色与社会分工。这种社会结构是稳定的，但又是缺乏活力的，家庭被笼罩在宗法血缘关系的大框架中，没有多少自主空间。

春秋战国时代，随着宗法血缘体系的瓦解和以地缘关系为基础的社会结构的形成，家庭成为独立的社会存在，拥有了较为完整的社会地位与经济地位，每一个个体家庭都以编户齐民的角色直接纳入国家治理体系，成为社会基本单元。家庭的活力得以展现，家庭的价值得到充分发挥，在此后两千多年文明进程中，居有不可替代的重要作用。

家庭的基础性作用当然是生物学作用，作为最基础、最稳定的生物单元，它为人类的生物学延续提供了最好的条件与保障。无论是遗传选择、基因传递，还是后代养育、老弱残疾扶助等方面，都有着其他动物组织所不具备的优势。

家庭在人类文明起源与形成中的作用如上所述，这些作用实际上已使得家庭成为人类文明存续的充分必要条件，它既是人类社会的基本内核，又是人类社会的根基。言其为基本内核，是就其所具有的社会功能、经济功能、生活功能与文化功能而言的。长期以来，它是社会基本单位，其稳定与牢固决定着整个社会的稳定；它是基本经济单位，以家庭为单位的农业经营、手工业经营、商业经营是农耕经济的基础所在；它是基本生活单位，人类的家庭生活迄今为止一直是人类生活的基本内容；它是重要的文化传承单位，家中长者对后代的经验传授、文化养成与行为规范，对整个社会的文化传承有着重要价值。

言其为根基，是指家庭是人类社会所有血缘组织与宗法伦理观念的根基。各种亲属关系、血缘组合以及宗法伦理观念是人类走向文明的第一步，也是人类区别于动物界的基本标志，在农耕文明时代，发挥着重要作用，是社会的基本凝合剂。

进入工业文明时代后，家庭的地位与作用开始发生变化。随着后工业化时代的到来，这种变化更为剧烈，其中，最为突出的一点就是原有的血缘组织与宗法伦理不断消失，家庭在不断裂解中。

以工业文明历史最为悠久的欧洲为例，这方大陆上家庭的变化趋势可以视为整个人类家庭变化的先导。据研究，20世纪中叶以来，欧洲社会的家庭状况发生了一系列新的变化。其一，适龄青年结婚人数下降。适龄青年初婚率由1960年的7.47‰下降到1995年的5.22‰，此后一直在下降中，这直接造成了社会中家庭组织的减少和个体人口的增加。其二，离婚率持续上升。欧盟成员国居民离婚率由1960年的0.73‰上升到1995年的1.91‰，这同样造成家庭组织的减少，也造成了单亲家庭数量的增加。到20世纪90年代，欧洲共同体国家的单亲家庭在有孩子的家庭中的比例高达10%。其三，非婚伴侣与同居文化日益流行。彼此缺少家庭义务与责任的要求。其四，家庭代际减少。一方面是子女成年后多脱离原生家庭独立生活，另一方面则是丁克家庭增加，这都必然造成单纯的夫妻家庭增加。[2]

欧洲诸国家庭变化的状况从不同侧面昭示着家庭裂解的前景。近数十年来，尽管各国政府采取了若干政策试图遏制这一趋势，但收效甚微，其中，一个根本性的原因在于这种变化源于社会生产与社会分工的巨变，源于人们生活方式与价值追求的变化。但是，我们需要认真反思的是，家庭的这种变化趋向，是对人类特性的抹灭还是对人类特性的继续发挥？

五、人类的村落

村落是农耕文明以来人类所创造的定居形式，自一万年前以来，一直是人类最基本的居住形态、生活形态与生产形态。它一方面保持了自原始群时代以来人类就有的种种天性，另一方面又成就了独特的农耕文明，是整个人类文明的基础所在。

人类历史上的村落因地因时而异，但主体构成与内在功能是一致的，都保持了与人类早期发展的历史传承，实现了人的自然属性与社会属性的有机统一。

就村落规模而言，人类历史上的村落以中小型村落为主，少者数户、十余户人家，多者数十户人家，超出百户者即属于大型村落，为数较少。如，秦汉的基层组织是依村而设的里，秦代规定每30户设一里，汉代规定每25户设一里，这应当就是最常见的村落人户数量。汉代出土的一份《驻军图》准确标注了当地村落中的户数，其中少者12户，多者81户，平均42户。[3]以"五口之家"计，少者五六十人，多者400余人，平均200人左右。这种群体规模较之原始群而言稍有增长，但仍在较为合理的范围内。

据人类学家研究，原始群时代的规模在数十人到百余人之间，经过八九万年的积淀，在人类大脑中形成了一个社交上限，即每个人直接的社交面以不超出150人为宜，超出后，会带来一系列的社会问题。人类历史上多数村落的规模正处在这一范围内，因而十分适于人类的生存与发展。

就村落的存续时间而言，人类历史上的村落多世代相承，历史久远。比如，现代欧洲的相当一部分村庄就是从中世纪的村落发展而来的，一些村舍与公共设施已经使用了数百年甚至上千年以上。中国古代的村落也是如此，许多古村落跨越了不同朝代，源远流长。如，山东章丘宁家埠的一处古代村落遗址，开始于4000多年前的龙山文化时期，一直延续到魏晋南北朝时期，持续了2000多年。现代仍然保留的传统村落，有相当一部分始于明清时代，甚至始于唐宋时期。这种长时段定居生活所遵循的"安土重迁"理念实际上也是人类原始本性的反应。自现代人出现，虽然有过走出非洲、奔向各大洲的大规模迁徙，但那都是极长时段内的梯次行为，在一个时段内，人类还是较为稳定地居于同一地点，并无季节性迁徙传统。因而，在村落出现前的八九万年间，人类的总体习性还是"安土重迁"。

稳定的村落中，有固定的领地、熟悉的生活与生产环境、相邻相亲的村落居民，甚至对于小气候、水土以及各种微生物、菌群、病毒等，都形成了适应性共生关系。以乡邻关系为例，孟子曾概括道："死徙无出乡，乡田同井，出入相友，守望相助，疾病相扶持，则百姓亲睦。"[4]这种村落历史所沉淀的自然与人文生境是很适于人类特性的。

就村落的空间结构而言，人类历史上的村落基本上是聚居内核与周边农田、牧场的结合体。比如，中国历史上的村落多是相

图 6-5　云南东川村落

对集中居住的集村模式，村中除农舍外，还有水井、水塘、宗祠、
神庙等公共设施，不少村落有壕沟或村墙等屏障，村外则是较为开
阔的农田（图6-5）。欧洲历史上的村落结构与之大同小异，往往
被称为"原子村庄"。村民们相对集中地居住一处，周边是耕地、
牧场，更远处则是林地或山地。这种生境结构与原始群时代十分神
似。原始群时代，每个原始群都有固定的栖息之处，或穴居，或巢
树而居，群内成员相对集中地居于一处，周边区域为狩猎与采摘的
领地，当然，领地范围远大于村落的领地。

　　就村落生存系统而言，人类历史上的村落有一套有机的自循环
生存系统，村落中所需多来自村落及村落领地，村落所产生的需移
除的东西也多在村落及领地消解。村落中的用水来自水井、池塘或
河流，废水往往原地复归地下或河流、池塘；村落中的食物来自周
围农田或山林河池，村落居民的粪便又回归土地；村落中的住宅多
是天然材质，来自自然，废弃后同样可以回归自然；即使是村落居
民自身也是生于村落，死于村落，葬于村落墓地。这种生存系统对
自然造成的危害较小，是人与自然和谐共生的适宜模式。

　　就村落功能而言，人类历史上的村落都是多功能共同体，除
了农业生产以外，往往还有畜牧、养殖以及狩猎、采摘等补充，
多数村落有磨坊、手工作坊。从住宅建造、水井开凿到陶器制
造、铁器锻造等，都可以在村落内完成。因此，每一个村落几乎
都可以实现一定程度和一定时期的自给自足，是可以独立生存的
社会实体。无论社会如何动荡，环境如何变化，村落都以顽强的
生命力保障村落居民的生存，延续着人类文明的基因。从这个意
义上也可以说，村落就是进入农耕时代以来文明基因的保有者与
传承者。

　　总之，村落对于人类而言，具有无可替代的意义与价值，它

对于人性的庇护，对于人类本能的发展，对于人与自然的和谐相处，都是最适宜的选择。作为自我的人的实现在村落中是可以完成的，到目前为止，也只有在村落中才可以完成。

我们可以读一下一千多年前唐代诗人白居易所揭示的村落内涵，其《朱陈村》一诗描写了一个普通村落的生活状态，诗中首先写道："徐州古丰县，有村曰朱陈。去县百余里，桑麻青氛氲。机梭声札札，牛驴走纭纭。女汲涧中水，男采山上薪。县远官事少，山深人俗淳。有财不行商，有丁不入军。家家守村业，头白不出门。"然后讲述了朱陈村中"田中老与幼，相见何欣欣"，"黄鸡与白酒，欢会不隔旬"，温情脉脉，其乐融融；然后，又怅言自己虽然三十为谏臣，身居城市中，但却是"东西不暂住，来往若浮云"，"平生终日别，逝者隔年闻"，人情淡薄，亲情难温。最后，感叹道："一生若如此，长羡村中民。"[5]

自工业文明到来之后，人类将以往的村落多斥之为愚昧、封闭、落后，把村落的消解与城市化进程视为人类社会的进步。在抛弃村落中的愚昧、封闭与落后的同时，把村落所蕴含的人的自然属性与社会属性的有机统一也一并抛弃了。

六、人类的城市

城市是相对于村落而言的聚落形态，人类历史上的城市主要有三种类型：一是由防御性军事据点或统治中心而来的城市。随着非农业人口的聚集与工商功能的附加，这些防御性军事据点或统治中心具备了城市功能，苏美尔与希腊城邦、中国早期文明中的城邑以及唐宋以前的城市均属这一类型。二是因商业与手工业者的聚集而形成的城市。10世纪以后欧洲出现的众多工商城市、宋明以来中国出现的工商市镇都属这一类型。三是随着工业化时代的发展而兴起的城市。工业革命后出现的新兴工业城市多为这一类型，这也是近代以来城市的主要构成。

工业革命以前的城市规模较小，无论是人口还是经济体量都远低于乡村，在社会经济发展中的影响有限。工业革命以来，城市发展与工业化同步展开，互相促进，可以说，近代以来人类经济社会发展的历史就是不断城市化的历史。最早实现城市化的是老牌工业国家英国。19世纪中叶，英国基本完成工业革命，城市人口比重也达到50%左右；到1910年，英国城市人口比例高达79%，实现了高度城市化（图6-6）。紧随其后，其他国家也随着工业化进程的发展，不断推进城市化的进程。就整个人类而言，城市化进程的加快是20世纪以来的事情。19世纪初，全人类人口中城市人口占比仅为3%；20世纪中叶便达到30%左右；2007年，城市人口占比超过50%；2014年，达到54%左右；据预测，到2050年，城市人口占比将达到66%，即将进入城市化的成熟期。[6]

图 6-6　英国老城一角

可以认为，在相当一个时期内，人类城市化的进程仍会继续，城市化依然是经济社会发展的强劲动力和必然结果。但是，人类似乎忽略了一个问题，这就是自工业革命以来的二三百年间，人类社会的城市化进程已极大地改变了以往一万年甚至更长时间以来的生产与生活方式，人类的自然属性和长时期以来形成的社会属性不可能同时改变。人类实际上是拖着上一时代的身体进入新的时代，是典型的沐猴而冠。城市化与人类自然属性的矛盾无处不在，具体而言，主要表现在四个方面：

其一，城市功能划分打破了人类习以为常的群体生活模式。每个城市居民都以个体为单位活动于城市不同的功能区，离群索居。现代城市的一个突出特点就是有明确而集中的功能分区，如商务区、住宅区、产业区、娱乐休闲区、公共服务区、商贸市场区等，都相对集中地处在城市的某一处或若干处地点，人们工作所面对的人群与休闲、家居所面对的人群难以统一，与村落中集生产、生活、休闲娱乐于一体的生存模式相比，差别极大，人与人之间的冷漠、人自身的孤寂难以避免。如有学者指出："大都市中的这种交往多是一种萍水相逢式的交往，彼此之间是由于一种共同的临时利益而联系在一起。都市人之间的会面既短暂又稀疏，每个人都尽可能快地直奔主题。在这种情况下，个体在相互的交往中就不可能完全付出自己的全部真情，而会对他人有所保留。正因为如此，大都市中的人际交往就四处充溢着冷漠无情的色调。"[7]

在这样一种情况下，城市人只能被动接受，慢慢适应，但也有相当一部分人被其摧毁，陷入抑郁、焦虑、不安之中，甚至走上自杀之路。以城市化率较高的日本为例，近几十年来，日本的自杀率一直居高不下，据统计，2020年自杀人数超过2万人，同比增长3.7%；其中，女性自杀人数6976人，比上年增长14.5%。其中一个重要原因就是日本已成为人际关系疏离的"无缘社会"，许多日本人"只关注自己周围一米内"。为此，日本政府专门成立了"孤独与孤立对策室"，并在2021年2月新设"孤独担当大臣"，负责处理此类严重的社会问题。[8]

其二，城市空间的商品化特性，导致空间设计与打造难以以人为本，尤其是在城市化进程中人口不断涌入城市，加之现代建筑、交通与通信手段的应用，更使得城市发展中经济需求、发展需求成为首要需求，人的自然属性需求无法顾及，突出表现就是城市人口密度迅速提高，百万级、千万级以及数千万级大城市不断涌现。比如，从一个由欧美学者组成的学术机构发布的《世界城市名册》可以看到，2000年，世界一线城市33个，二线城市35个，到2020年便分别增加到50个与91个。

人类文明出现后，生存空间处在缓慢的变化中，农耕文明时代的人类的相对生存空间虽然较之渔猎时代已大为减少，但变化的时间较为漫长。城市化进程中，城市居民的相对生存空间则是急剧减少，城市人口的居住、工作与休闲空间不断被挤压，不断立体化。由此带来的压迫感、紧张感与日俱增，城市居民对绿地园林的执念、对乡野山林的向往实际上是人类本性的表现。更为重要的是，城市人均生存空间的极速压缩，又引发了一系列社会问题，影响到相当一部分人的生活态度，甚至引发生存危机。

对生存空间的需求是几乎所有动物的天性，任何动物的生存都不能仅有刚好满足需求的居住与日常生活空间，必须保有适度的弹性与富余，否则，哪怕是衣食无忧，也会引发剧烈内变。20世纪60年代，美国国家心理健康研究所进行了一项"老鼠乌托邦实验"。实验为老鼠打造了一个舒适的生活空间，可以满足3840

只老鼠生活，每天提供充足的食物和水源。实验之初，有4对老鼠入住，随后，老鼠正常繁衍、结群，生存状态良好，但是在数量增加到620只后，繁衍速度放缓，行为与生活习性开始发生变化。数量增加到2200只后，再无幼鼠出生，各社群陷入混乱无序之中。雄性不求偶，争斗停止，每日只是饮食起居，梳理毛皮，无所事事。整个群体迅速萎缩，近于灭绝。[9]造成这一现象的原因当然是多方面的，但生存空间的局限与固化是一个十分重要的因素。

其三，城市的不断膨胀与城市功能分区的制约，使人们的生活与工作的时间成本大为增加，能够由个人自主支配的自然时间逐渐消失。更为重要的是，城市社会中的时间具有很强的价值与商品属性，为追求利益最大化，人们已将能够使用的自然时间转化为工作时间，尽可能地向时间索取效益，甚至压缩人们所必需的自然时间。但是，很少有人意识到，自由支配的自然时间是生命的基础所在，如果丧失了自然时间，人就是一架没有生活品质与内在精神的机器。

其四，城市系统是对原有生态系统的打破与重构，原有生态系统不可能承受得住现代城市的重负，必须以新的人工系统重构。新的人工系统从规划到建筑材料，从空间分割到地下管网，都在追求利益最大化，最终构建的城市系统是物理的人工技术系统，并非自然循环的生物的生态系统。在这样一个系统中，作为生物的人其实是一个异物，无法真正融入其中，也无法进行生命系统的交换，只能寄居于此。其他生物物种同样如此，以至于异常频发，甚至不断发生种群迁徙、灭绝。以病毒为例，有研究表明，在良好的自然生态环境中，病毒会面临着"稀释效应"与"间隔效应"，但是在生物多样性贫乏的城市社区，就不存在这些效应，尤其是在单一物种占主导地位的地区，病毒的传播速率更高。

在未来的历史进程中，城市化仍会继续，它与人类自然属性之间的矛盾也不会调和，最终的结局是什么呢？人类如果失去了自然属性，所有的一切是否还有意义？

七、人类的战争

自从人类内部有了群的划分，各种争斗便不可避免。群与群之间有领地之争、猎物之争、水源之争，群内部有首领之争、配偶之争等。随着文明时代的到来，政权形成，国家出现，不同国家之间的争斗成为国与国之间的战争，国家内部的种种争斗则演化为内部战争。自此，战争便一直与文明发展共存，成为人类文明发展史上一个不可或缺的组成部分。

从宏观视角观察，人类社会中的战争有三个发展趋向。其一，战争方式由仪式向杀戮转化。最早的人类群体间的战争当如动物同类群体间的争斗，以慑服对方为目的，并非注重杀戮。战国时代韩非子所著《韩非子·五蠹》记载了尧舜时代的一件往事：舜为首领的时代，南方的有苗部族不服，禹要率众讨伐，舜不许，"乃修教三年，执干戚舞，有苗乃服"。"执干戚舞"就是挥舞兵器以示威，以这一仪式收服了有苗，其实就是以武力慑服，而又不实施战争行为。春秋时代，仪式性的战争仍是战争中的重要选项，春秋五霸之一的齐桓公曾率八个诸侯国联军南下伐楚，进至其北部边境后即屯兵不前，楚国并不畏惧，派使者责问齐国为何大兵压境。齐桓公移师向前与楚军对垒，楚国又派使节前来，齐桓公邀其乘战车巡阅联军，并提出此次南下是为与楚国缔结盟约。在强大的军事压力下，楚国与其缔约，承认齐国的霸主地位。

　　杀戮性的战争是人类历史上最为常见的战争方式，战争各方均以对敌方造成有效杀伤为目的，以此取得决定性胜利。在文明初始阶段，仪式性战争尚占有一定比例，随着文明的发展，杀戮性战争几乎成为战争的全部。这种方式对人类自身造成的伤害是极其惨烈的，动辄伤亡数万人、数十万人的战争层出不穷。至第一次世界大战与第二次世界大战期间，战争杀戮更是登峰造极。如第一次世界大战期间走上战场的战士高达7351万，直接死于战争者900万，受伤者2000多万（图6-7）。此后，虽然尚未有如此大规模的战争，但战争的方式仍以对敌方的杀戮为主要手段。

　　其二，战争收益由群体向特定人群的变化。原始群时代各群体之间的争斗都是为了整个群体领地的扩张或保护，进入文明时代之初的战争保留了这一精神，战争的获益者不仅是首领、将军与士兵，还扩及整个国家的国民。比如，罗马共和国时代，每次对外征

图6-7　英国伦敦的二战纪念墙

伐的胜利都惠及每个公民。当时的政治家西塞罗就明确认为："还能有什么其他的对祖国有利呢？这就是用暴力掠夺他人的土地来扩大自己的领土，增强自己的权力，提高贡赋额。就这样，谁能为国家获得这些被他们自己称之为利益的东西，即谁能通过摧毁其他国家、消灭其他民族而使国库装满金钱，谁能夺得土地而使自己的公民更富有，谁便会在赞誉声中被捧上天，认为他身上存在杰出的、完美的德性。"[10]

近代启蒙思想家孟德斯鸠在其名著《罗马盛衰原因论》中也对此进行了论证，他认为，罗马军团在每次完成征讨后，一方面会论功行赏，按等级在将士中分配各种财富及俘虏；另一方面，"留在罗马城里的公民也能享受胜利果实，战败者的部分土地被没收并分成两份，一份出售，其所得归公共机构，另一份分给贫穷公民，分得土地者须向共和国缴纳年租"[11]。这一战争特性在游牧民族的劫掠式战争中被长期保留，在其他战争中则逐步消失，战争获益者集中到特定人群中，主要是掌握政权与军权的政治人物。

比如，除各国独立战争与反侵略战争外，近代以来几乎所有的战争都是政治人物或军事人物发动并受益，无论是欧洲三十年战争，还是第一次世界大战与第二次世界大战，都是如此。在有些国家发动的战争中，虽然也动员起了国民的热情，甚至举国狂热，但战争的受益方并非国民，仍是特定人群。

其三，参军由权利向义务的转变。早期国家多实行全民皆兵体制，进入军队参与战争是一种权利，这与战争的受益方构成是一致的。比如，罗马时期只有罗马公民才能从军，罗马共和国初期，公民人数为30万左右，从军者便达5.2万，占公民总数的17%；至共和国晚期，公民人数为160万左右，从军者升至25万，占公民总数的16%，大部分青壮年都成为罗马军团的战士。[12]

中国的西周春秋时代也是如此。这一时代各国居民均划分为国人与野人，国人相当于罗马时代的公民，为统治部族宗法血缘集团中的成员，野人则是被征服的原住民。各国的军队由其国人组成，只有国人有从军作战的权利，野人无此权利。《国语·齐语》曾记述了在国人居民中组织军队的方式："是故卒伍整于里，军旅整于郊。内教既成，令勿使迁徙。伍之人祭祀同福，死丧同恤，祸灾共之。人与人相畴，家与家相畴，世同居，少同游。故夜战声相闻，足以不乖；昼战目相见，足以相识。其欢欣足以相死。居同乐，行同和，死同哀。是故守则同固，战则同强。君有此士也三万人，以方行于天下，以诛无道，以屏周室，天下大国之君莫之能御。"[13]

其实质是以居民的居住组织里、伍为单位编制军队，这样，军队同一单元之中都是同里同伍之人，凝聚力与战斗力必然强大。

随着文明的进展与国家机器的成熟，上述兵员体制被征兵制与义务兵制取代，近代以来又出现了雇佣兵制，军队成为被政治家掌握的职业战争工具，国民与战争的关系逐渐间接化，在战争问题上的发言权与影响力也逐渐减弱。

从人类战争发展的总体看，不论战争如何被粉饰，如何被包装得神秘莫测、玄关重重，其根本属性一直未变，即战争就是利益之争，当群体与群体之间的利益关系发生矛盾之时，会有种种解决方式，如谈判方式、调停方式、示威方式、经济与文化方式等，但战争方式是谁都不会放弃的选项。

利益是所有动物群体中的普遍存在，对自身利益的保护和对他者利益的觊觎是所有动物的本能，尤其在人类社会，随着人类文明的发展，各种利益不断增加，欲望的贪求被不断激发，人类数量的迅速增长以及对地球资源的累积消耗，又使得可供消费的资源日趋紧张。先行者之间、先行者与后来者之间都存在着难以解决的利益之争，因而战争的危险并未随着文明进步而远去，而是一把随时可以落下的达摩克利斯之剑。

人类文明的进展使人们有了羞耻之心以及道德感与罪恶感，在相当一个时期以来，多数战争行为都会被蒙上一层正义的面纱，即使是毫无正义而言的侵略与征服，也都要寻找一个冠冕堂皇的借口。但是，进入现代社会后，这层遮羞布似乎已不存在，强国对弱国可以随时发动战争，无需什么理由，各国对于战争的态度也不再以正义或非正义划界，而是取决于本国利益的得失，人类文明之行径似乎又回到了野蛮时代。

更值得注意的是，军队组成人员的变化导致了军队的专业化与职业化，其实质是工具化，而制定战争政策与进行战争决策的权力又落到了特定群体或个别政治人物手中，他们又是战争的直接受益者，在这种情况下，战争的发起往往就在某个人的一念之间，甚至核战争的发起也是如此。

八、人类的政治

政治是人类文明的成果，随着国家的出现，有了处理与调和国内诸群体以及国民间关系的需要，由此形成了国家政治；与此同时，国家与国家之间的诸关系也需要处理与协调，由此形成了国际政治。自人类文明时代以来，人类在政治方面所取得的最大成就就是各主要文明体都形成了较为成熟稳定的国家政治，有力保障了各文明体的社会进步与文明发展。比如，就整体而言，既有资本主义的议会民主制，又有社会主义共和国制，还有中东、西亚以及其他地区的不同政体。议会民主制内

图6-8　朝鲜平壤凯旋门

又有君主立宪、总统制、总理制以及执政官制等不同政治架构；社会主义共和国制下也有中国特色社会主义以及越南、古巴、朝鲜等国家的社会主义的不同政治架构（图6-8）。各国政体不同，但大致符合本国国情与社会发展道路，因而保持着国家政治的稳定性。

　　人类进入文明时代以来，在政治上的最大问题就是建立国际政治秩序的努力迄今未能实现。

　　人类至今未能建立能被各国公认的国际司法体系。人类早在三千多年前就出现了国家之间的条约，即埃及与赫梯的停战和平条约，至1648年欧洲三十年战争结束后签订的《威斯特伐利亚和约》则开启了近代国际法的历史。此后，国家与国家间签订的条约以及国际组织所颁布的国际规章日益丰富，有《国际联盟盟约》《联合国宪章》等综合性条法，又有《巴黎海战宣言》《非战公约》《关于各国内政不容干涉及其独立与主权之保护宣言》《各国经济权利和义务宪章》《各国在探索与利用外层空间活动的法律原则的宣言》等专门性条法，已基本覆盖了国际事务的各主要方面。但是，这些国际法在实施过程中得不到有效的司法保障，遇有矛盾与纠纷，缺少权威性审判或仲裁。目前，联合国国际审判法院，即海牙国际法院是最综合的国际法院，虽然其缔约国达192个，其中有66个国家认可该法院的强制管辖权，但从总体而言，其审理与仲裁结果并无强制执行效力，各当事国只是各取所需，因而，这一国际法院实际上就是一个国际宣传平台。

缺少有效的司法强制，法律条规无论多么完美、多么公正，都难以起到应有的作用，甚至得不到应有的尊重。

人类至今未能建立对各国具有实质约束力的国际组织。目前，最为庞大、功能最为完善的国际组织是联合国。联合国是第二次世界大战战胜国的重要硕果，自1945年10月24日成立至今，已拥有193个会员国，包括了所有被国际认可的主权国家。联合国总部有三层组织架构，即常任理事国、非常任理事国和成员国；有六个权力事务性设置，即联合国大会、安理会、经社理事会、托管理事会、国际法院、秘书处，联合国秘书处及秘书长负责日常事务。此外，还有开发计划署、儿童基金会、难民署以及世界银行、国际货币基金、世界卫生组织、教科文组织、国际劳工组织、粮食及农业组织、农业发展基金、国际海事组织、世界气象组织、世界知识产权组织、国际民用航空组织、国际电信联盟、工业发展组织、万国邮政联盟、世界旅游组织等专门性基金或组织。但是，联合国成立之初就埋下了两个重要伏笔。一是《联合国宪章》中明确规定，联合国的宗旨是维护世界和平，发展各国间友好关系，帮助各国改善贫困人民的生活，战胜饥饿、疾病和扫除文盲，鼓励尊重彼此的权利和自由，成为协调各国行动、实现上述目标的中心。上述宗旨并未规定各国与联合国的关系，为联合国的总定位就是协调中心，因而，联合国是一个包容性很强的国际非权力组织，对各国并无约束力。二是《联合国宪章》对五个常任理事国赋予一票否决的权利，对于安理会通过的决议，任何一个常任理事国行使否决权，该决议便无法成立。这样，在一些重大国际问题上或面临重大矛盾与分歧时，五个常任理事国不可能处于同一利益方，这也就意味着对所有重大问题几乎难以形成决议。

联合国功能如此，其他国际组织也是大同小异，难以在国际事务中发挥关键作用。

人类在推进国家间联合组织上付出了巨大努力，但迄今多停留在经济层面或军事层面，尚未出现综合性的国家间联合体。迄今为止，参与国家最多的经济合作组织是世界贸易组织，目前有160多个成员国、20多个观察国，但功能只限于关税与贸易。最具实质内容的国家间联合组织是欧盟中的欧元区诸国，由于采用统一的货币，促使其中各国在经济政策、金融政策、外贸政策等方面实施统一的政策导向。此外，还存在着不同类型的国家间经济组织，如欧盟、北美自由贸易区、亚太经合组织、中国—东盟自由贸易区等。军事层面的国家间组织最具代表性者是华约与北约。华约即华沙条约组织，是20世纪50年代到90年代存在的苏联与东欧有关国家的军事合作组织；北约即北大西洋公约组织，是1949年成立的以美国和西欧有关国家组成的军事合作组织。这两大组织实质上都是国际军事同盟，并以此为基点形成了较为紧密的政治同盟。1991年，华约随着东欧剧变而解体，北约则不断扩大其范围，但本质属性并未改变，尚不具备国家间联合体的性质。

　　总之，上述有关构建国际秩序体系的努力取得了一定成效，但一直未有实质性进展，而且随着全球经济一体化的进展，各国间经贸、人员与文化联系日益紧密，各国的国家本位意识和对本国权益的维护却更加强化，由此形成的明显的矛盾反差难以弥合，一些国家甚至逆全球化而动，重新回归一国本位和保守主义传统。这种矛盾反差如果继续拉大，将对人类文明发展带来巨大创伤。

　　问题出在哪儿？依照常规理论，全球经济一体化必然会带来文化的一体化、人们生活的一体化，进而会加强不同国家与地区间人们的联系，形成共为一体的地球村。但现实恰恰可能给出另外一种答案。究其原因，是因为到目前为止人类尚未出现公认的普世价值，也未形成共同的利益基础。那么，人类各个国家、各个文明体能放下自身价值，去构造或融入另外一种所谓的普世价值吗？不同文明背景、不同发展阶段，拥有不同利益的各个国家、各个文明体间能形成共同的利益基础吗？

九、人类社会的本质

　　我们所讲的人类社会是指农耕时代到来后发展起的与动物社会不同的社会形态。经过了一万多年的发展，人类社会拥有了越来越多、越来越庞大的现代城市，创造了人类所独有的国家、军队与法律，发展着日益丰富的艺术与精神追求，越来越多的人终生致力于追求财富、地位或者享乐。人类似乎已经创造了一个与动物社会全然不同的新世界，而且还要把它推进到更加美好、绚烂的天地。

　　如此发达、进步的人类社会的本质究竟是什么，一直是哲学家们孜孜以求的问题。到目前为止，众说纷纭，未有定论，但产生了诸多学说，据统计，仅是对人类社会的定义就有百种以上。我们认为，解决这一问题的最佳方案就是化繁为简，从人类社会和动物世界的区分与联系上寻找人类社会最本质的特征。

就人类社会与动物社会的区别而言，迄今为止，最深刻的论述仍是马克思与恩格斯做出的有关论述。

在这个问题上，他们首先明确了人与动物的区别，恩格斯在《劳动在从猿到人的转变中的作用》一文中写道："动物仅仅利用外部自然界，简单地用自己的存在在自然界中引起改变；而人则通过他所作出的改变来使自然界为自己的目的服务，来支配自然界。这便是人同其他动物的最后的本质的区别，而造成这一区别的也是劳动。"[14] 在手稿的页边，恩格斯还特地对"劳动"做了解释，标注道："加工制造。"这就把人与动物严格地区分开来。在此基础上，马克思与恩格斯又将动物社会的生产与人类社会的生产进行区分，马克思提出，"动物的生产是片面的，而人的生产是全面的；动物只是在直接的肉体需要的支配下生产，而人甚至不受肉体需要的影响也进行生产"[15]。恩格斯进一步对此进行了阐释，他从达尔文提出的弱肉强食的生存斗争出发，论述道："我们暂且接受'生存斗争'这个词句。动物所能做到的最多是搜集，而人则从事生产，他制造最广字义下的生活手段，这是自然界离开了人便不能生产出来的。因此，把动物社会的生活规律直接搬到人类社会中来是不行的。一有了生产，所谓生存斗争便不再围绕着单纯的生存手段进行，而要围绕着享受手段和发展手段进行。在这里——在社会地生产发展手段的情况下——从动物界来的范畴完全不能应用了。"[16]

具体而言，动物的"生产"只是满足生存之需，而人类的生产则在满足生存之需外，还要满足人类的享受之需与发展之需。其中根本的一个原因是人类拥有自主意识，有了生存之外的更高层面的追求，并由此构建起超脱于动物世界的人类社会。

有学者在此基础总结：许多动物也具有社会性，但是它们的这种社会性完全是出于本能，不是人所独有的作为人的意识对象的那种自觉的社会性。动物和它的社会性是同一的，它不把自己从这种社会性区别开来，它就是这种社会性，动物在这种社会性中所进行的生命活动也根本不是自由的有意识的实践活动，也不具备以需要为内涵的发展的本质。人的社会性则是将其变为自己意识的对象，进行自由的有意识的实践活动。因而，正因为人与动物不同，人的社会本质"不是人与之直接融为一体的那种规定性"[17]，而是人自己意识的对象，是可以不断地进行再造和创新。经过长期的历史过滤和积淀，人的社会本质最终衍生出人的共同体本质、人的社会联系本质和人的社会关系总和本质。[18]

近数十年来，在动物社会与人类社会区分问题上比较有影响的观点还有美国学者马斯洛提出的需求层次说。他把人类需求分为生理需求、安全需求、归属与爱的需求、自尊需求和自我实现需求五个层次，前两个需求属于生存需求，是人与动物所共有的，后三个需求属于更高层面的精神需求，更多地被人类所特有，尤其是自我实现需求，更是属于人类所特有。他认为："高级需要是一种在种系上或进化上发展较迟的产物。我们和一切生物共同具有食物的需要，也许与高级类人猿共有爱的需要。而自我实现的需要（至少须借助创造力）是人类独有的。越是高级的需要，就越为人类所特有。"[19]

总之，从人类与动物的区别看，人类社会除了具有与动物社会相似的特性外，还有着独有的鲜明特征，这就是人类有意识的实践活动，或者可以说是不断的自我实现。这也是人类社会属性的本质所在。

不过，从人类社会与动物社会的自然属性来看，两者之间似乎并未真正分离。两千多年前的孟子就认为，人异于禽兽者几希。恩格斯认为，人来源于动物界这一事实已经决定人永远不能完全摆脱兽性，所以问题永远只能在于摆脱得多些或少些，在于兽性与人性程度上的差异。他在《劳动在从猿到人的转变中的作用》中进一步阐释道："人们就愈多地不仅感觉到，而且认识到，自身是和自然界一致的，而那种关于精神和物质、人和自然、灵魂和肉体间的对立的荒谬的、反自然的观念，也就愈来愈成为不可能的东西了，这种观点从古典古代衰落以后发生于欧洲并在基督教中得到它的最高的发展。"[20]

当代人类学以及分子生物学等学科的最新研究成果充分验证了孟子的猜测，也验证了恩格斯的论断。现代人类的自然特质与1万年前甚至10万年前的人类相比，都没有明显变化；从基因角度看，现代人类与灵长类的差异也并不突出。

从人类的社会属性看，人类自觉的能动的实践活动正推动着人类社会以加速度的方式疾步向前，已经到达了动物社会遥不可及的属于人类自己的世界。但不幸的是，所有当代人类成员的体质似乎仍旧停留在1万年前甚至10万年前，处在狩猎与采集时代。

人类的社会属性与自然属性间的差距不断拉大，在未来的时间中，只有两个可能，或者自然属性的进化追上社会的发展，或者自然属性与社会属性分道扬镳，两者似乎都不可能实现。

古典文明时代，从两河流域、古代埃及，到希腊一带，广

图6-9　斯芬克斯（法国卢浮宫藏）

泛流传着斯芬克斯的神话，斯芬克斯或是牛身人首，或是羊身人首，或是鹰身人首，形式多样（图6-9）。总而言之，就是半人半兽，或可以此印证人类社会的本质。

注释：

[1]（英）诺曼·戴维斯著，郭方、刘北城等译：《欧洲史》（上卷），世界知识出版社，2007，第302页。

[2]参见穆光宗、常青松：《欧洲家庭发展和家庭政策的变迁及启示》，《中国浦东干部学院学报》2016年第6期。

[3]参见马新：《中国古代村落形态研究》，商务印书馆，2020，第167页。

[4]焦循：《孟子正义》，中华书局，1987，第358~359页。

[5]中华书局编辑部点校：《全唐诗》，中华书局，1999，第4790页。

[6]参见杨筠：《发达国家的人口城市化进程及特征》，《重庆三峡学院学报》2019年第6期。

［7］杨向荣：《现代性·货币·都市风格——文化社会学视域下的齐美尔货币哲学思想解读》，《云南社会科学》2008年第5期。

［8］参见师艳荣：《自杀率升高与"无缘社会"：日本设立"孤独担当大臣"的表与里》，《世界知识》2021年第8期。

［9］参见John Bumpass Calhoun, "Death Squared: The Explosive Growth and Demise of a Mouse Population," *Journal of the Royal Society of Medicine*, No.66（January 1973）：80-88。

［10］（古罗马）西塞罗著，王焕生译：《论共和国》，上海人民出版社，2006，第235～237页。

［11］（法）孟德斯鸠著，许明龙译：《罗马盛衰原因论》，商务印书馆，2016，第5页。

［12］参见马克垚：《汉朝与罗马：战争与战略的比较》，北京大学出版社，2020，第98～99页。

［13］陈桐生译注：《国语》，中华书局，2013，第249页。

［14］恩格斯：《自然辩证法》，人民出版社，1984，第304页。

［15］中共中央马克思恩格斯列宁斯大林著作编译局编译：《马克思恩格斯全集》（第三卷），人民出版社，2002，第273页。

［16］恩格斯：《自然辩证法》，人民出版社，1984，第291～292页。

［17］中共中央马克思恩格斯列宁斯大林著作编译局编译：《马克思恩格斯全集》（第三卷），人民出版社，2002，第273页。

［18］参见张奎良：《人的本质：马克思对哲学最高问题的回应》，《北京大学学报（哲学社会科学版）》2015年第5期。

［19］（美）A.H.马斯洛著，许金声、程朝翔译：《动机与人格》，华夏出版社，1987，第114页。

［20］恩格斯：《自然辩证法》，人民出版社，1984，第305页。

柒

谁在构建世界

人类到现在也未搞清楚，构建他们以及他们所在世界的根基元素是什么，但明白了一点，即所有构成他们以及他们所在世界的粒子都不是生硬简单的物质存在，而是充满无限活力与无限空间的另一个世界。

一、活性的原子与能动的夸克

早在2000多年前，古希腊哲人德谟克里特就提出了原子论，他认为世界万物都是由原子构成的，原子是不可分割的最基本的物质微粒，无生无灭，处在永恒的运动中。原子充实坚固，无限之多，以其形状大小之不同构成不同的物质。当然，原子的运动需要宏大空间，这就是"虚空"，虚空并非真空，也是同原子一样的客观实在，原子与虚空共同构成了世界。

随着近代自然科学的发展，德谟克里特的原子论逐步得到验证。人们以实验证实，原子的确是构成世界万物的基本材料，而且接近于无生无灭。据统计，原子的平均寿命应当是10^{35}年，可以称得上是与天地同在了。从天地万物到人类都是由原子构成的，人的每个细胞大约由10^{14}个原子构成，每个人的细胞总量也恰恰是10^{14}个，这样每个人所含原子是10^{28}个左右。当然，从宇宙中的星系到人所居住的地球，从岩石、土壤到高山、河流，也都完全是由原子构成的。有人曾推测，整个宇宙中所能观测到的所有物体与物质共由10^{78}个原子构成。

最为重要的是，原子绝不仅仅在构造生命体时是活性的，在构造岩石、钢铁以及其他所有物体时，也都是活性的。原子由原子核、电子以及原子空间组成，原子核的质量为整个原子的99.971%；其体积则因内部所含粒子不同而各不相同，小者如氢原子核，直径只有1.6飞米[1]，大者如铀原子核，直径为15飞米。总体而言，原子核在原子中的比例只有1/10000000000000000（千万亿分之一），其余广阔的空间则是电子活动的世界。电子一方面高速自旋，一方面又似乎永远在绕原子核而动，其速度是惊人的，大致在每秒2200千米。在极小

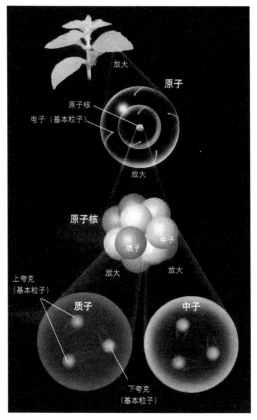

的空间内以极高的速度运行，电子也因此被认为在相同时刻可能处在其轨道的所有位置。基于此，电子或被认定为波，或被认定为粒子，或被认定具有波粒二象性，既是波又是粒子。迄今为止，人们公认其具有不确定性。

原子核最初被认为是单一的实体物质，后来发现其内部又可以分为质子与中子两类物质。中子总是与质子紧密相扣，又可以说是原

图 7-1　原子内部结构示意图

子核内所有质子的黏合剂，无论有多少质子，都会被中子紧紧聚集为一体（图7-1）。[2]原子核中质子数量的不同，构成了不同的原子核属性，也构成了不同的原子。比如，氢原子核中有1个质子，氦原子核中有2个质子，锂原子核中有3个质子，氧原子核中有8个质子，铀原子核中则有92个质子。在原子核内部，只有质子带有正电荷，中子无电荷，因而原子核含有多少质子就携带多少正电荷。在一个统一的物质形态中，正电荷与负电荷必定相互抵消，达到引力与斥力的平衡，这样，由质子与正电荷的数量就会推导出各原子所携带负电荷的数量。由于负电荷都是由电子携带的，每个电子稳定地携带一个负电荷，所以又可以推导出每

个原子的电子数量。比如，氢原子中含1个电子，氦原子中含2个电子，锂原子中含3个电子，铀原子中含92个电子，等等。

到目前为止，人们对原子内部运行机制仍在探索中。依据传统物理学理论，原子既然是活性的，电子在绕原子核运动中必然要损失能量，长此以往会造成自身能量不足而被原子核吸附。但实际情况是，几乎所有的原子结构都坚固而长久，在没有强大外力干扰的情况下可以近乎无限。为什么？为了解释这一问题，科学界进行了持久研究，提出了许多假说，从泡利不相容原理，到矩阵力学、波动力学，再到量子力学，各种解释都不是尽善尽美的。德国物理学家海森堡还进而提出了不确定性原理，其核心观点是，对原子内部结构的研究已是量子世界的范畴，而我们又是用这个世界之外的工具对它进行观察或测量，因而，在观察或测量中必然会对被测量对象施加干扰，或改变其速度，或影响其动量与位置，不可能得到真正准确值。

构成宇宙万物的原子内部是如此不确定，整个宇宙又如何？是否充斥着难以确定的、随时可以展现的随机性？[3]相当一个时期以来，人类认为原子核中的质子与中子连同原子中的电子就是基本的物质构成要素，基于此，形成了若干物理学基本定律。至20世纪中叶，随着物理实验技术的提升，大量更细小的粒子被发现，其存在形式、结构状态不断刷新人们对物质世界的认知。

到目前为止，人类已经知道，除电子暂时还无法进一步分割外，质子与中子都可以分割为若干夸克。夸克是目前所知最基本的物质构成要素，有上夸克、下夸克、奇夸克、粲夸克、顶夸克以及底夸克，共6种（图7-2）。[4]其中，组成原子核的只有上夸克和下夸克两种，1个下夸克与2个上夸克组成1个质子，2个下夸克与1个上夸克组成1个中子。上夸克与下夸克均携带电荷，其中，上夸克携带2/3个正电荷，下夸克携带1/3个负电荷。其组合成质子或中子的过程中所带电荷并不丢失，这样，当携带1/3个负电荷的1个下夸克与携带2/3个正电荷的2个上夸克相遇，其合并电荷数便是1，这就是质子所携带的1个正电荷的来源；当携带2/3个正电荷的1个上夸克与携带1/3个负电荷的2个下夸克相遇，其合并电荷数便是0，这就是中子电荷为零的来源。

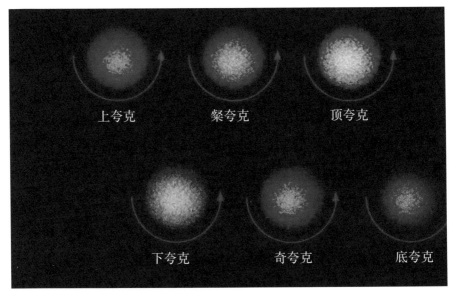

图 7-2　夸克示意图

上夸克与下夸克是夸克粒子中最为稳定者，它们的组合动力并非来自自身，而是来自另一种粒子——胶子。胶子在微观空间传递强相互作用，方式是夸克之间不停地交换胶子，由此形成强大的引力使其密不可分，最为奇特的是，这个作用力会随着夸克间空间的拉大而增强。有研究认为，只有极特定的外在力量才能将凝聚的夸克分离，如两万亿度的超高温，这样的条件只在宇宙大爆炸时瞬时出现过。但是，令人不可思议的是，在微观空间还存在着一种弱相互作用，其实施者是被称作"上帝粒子"的希格斯玻色子中的W^+、W^-以及Z，它们的最大特长是会导致某些核子分裂。比如，它们可以使中子中的一个下夸克变为上夸克，使其转换为质子，同时，可以逸出W^-，而W^-可以经由衰变转换为电子和电子反中微子。

需要明确的是，由夸克凝聚而成的质子与中子并非都是由夸克构成的完整实体，其中存在着十分开阔的空间。据研究，上夸克与下夸克相对于质子而言十分精巧，其直径在质子直径的千分之一以内。因而，质子内部除夸克外，还有99.94%的空间，这一空间的填充者是胶子在夸克间交换所产生的动能。夸克可以在质子内自由移动，其间距越大，夸克间用于交换的胶子数量便越多，动能也越大，动能转化为质量，使质子坚不可摧。

需要说明的是，在6种夸克中，只有上夸克与下夸克是稳定的物质存在，其他4种夸克都有极强的衰变性质。比如，顶夸克会衰变为底夸克，底夸克会衰变为粲夸克，粲夸克会衰变为奇夸克，奇夸克会衰变为上夸克。就衰变速度而言，奇夸克最慢，其半衰期为1/10000000000秒，而其他夸克较奇夸克要快10万亿倍左右。[5]

因此，从地球到宇宙深处所有物体都是由以上夸克与下夸克为主的夸克构成的，这种宇宙构成是如何形成的呢？依照当代物理学的理论，所有粒子都有与之并存的反粒子，夸克也是如此，霍金曾不无诙谐地告诉世人："如果你遇到了反你，注意不要握手！否则，你们两人都会在一个巨大的闪光中消失殆尽。"[6]那么，为什么在我们已知的世界中观察不到或感觉不到另一个世界的存在呢？或者说，为什么夸克的数量远大于反夸克的数量呢？

霍金先生从两个角度进行了探讨。第一个角度是粒子与反粒子是否服从统一定律。近代物理定律有一个公认的法则，即分别服从于电荷对称、宇称对称与时间对称，亦即C对称、P对称、T对称。进而又形成一个定理：凡服从相对论与量子力学的定律同时也须服从CPT联合对称。20世纪50年代以来，这一定律被陆续打破。比如，C对称要求粒子与反粒子使用完全相同的定律，但研究发现粒子与反粒子构成的宇宙行为是各不相同的；又如，P对称要求，任何事物与其镜像使用完全相同的定律，但研究发现，在弱力条件下，两者以不同的方式发展；再如，T对称要求，如果将粒子与反粒子运行方向倒置，则事物会返回原点，但研究表明，在运行方向与时间倒置的情况下，物理学定律必然脱出T对称而改变。

第二个角度是在早期宇宙不服从T对称情况下，夸克与反夸克是一种怎样的关系。他这样推论道："由于存在着不服从T对称的力，因此当宇宙膨胀时，相对于将电子变成反夸克，这些力更容易将反电子变成夸克。然后，当宇宙膨胀并冷却下来，反夸克就和夸克湮灭，但由于已有的夸克比反夸克多，少量过剩的夸克就留下来。正是它们构成我们今天看到的物质，由这些物质构成了我们自己。"[7]

二、分子的世界

分子是由两个以上的原子组建而成的，它是物质世界的基本构件，无论是无机世界，还是有机世界，都是由分子构建的。分子既然是原子的集合，要把握其内在实质，还是要从原子入手。

原子的外在活性与原子核无关，而是体现在电子上，不同的原子拥有不同的电子数，电子数达到一定规模的原子中会形成电子运行的空域划分，被称为壳层。最里面的壳层为K层，向外依次可以有L层、M层、N层等。在原子内只拥有1～2个电子时，一般只有一个壳层；随着电子数量的增多，壳层也会相应增加。每个壳层可容纳的电子数有较大差异，K层只可容纳2个电子，L层可容纳8个电子，M层可容纳18个电子，N层可容纳32个电子，等等。一般而言，电子所使用的壳层会自内到外依次填充，内层填满后再填充外层。如，钠原子中含11个电子，分布在自K到M三个壳层，三个壳层电子数分别是2，8，1；氯原子中含17个电子，也分布在自K到M三个壳层中，各壳层电子数依次为2，8，7。但在N层及以外壳层则可能会部分填充后便再向外壳层扩展。如，氙原子中含54个电子，分布在五个壳层，数量依次为2，8，18，18，8；氡原子中含86个电子，分布在六个壳层，数量依次为2，8，18，32，18，8。

研究表明，电子并非都有对外交往意向或交流能力，在正常情况下，已填满壳层中的电子惰性很强，不易交流，自第三壳层起，以外各壳层，即使未填满壳层，当同一壳层内电子数达到8个时，也会形成惰性，保持稳定，这一规律被称作"八隅体规则"。一些惰性元素如氦、氖、氙、氡等，都是如此。当然，这一规则主要运行于主族元素中，比如碳族、氮族、氧族等，这些原子中的电子对外交流主要发生在最外的壳层中；一些副族元素比如钒、铬、锰、铁、铜等，在次外层壳层中的电子也可能会产生对外交流。

总体而言，原子中电子的对外交流有一个最简单的原则，即多数原则，当外壳层中的电子数接近饱和或接近8个时，往往以接纳为主；当外壳层中的电子数较少，达不到饱和或为八隅的半数时，往往以给出为主；当外壳层中的电子数处于饱和或八隅的中间值时，则会出现较为复杂的情况。

原子中电子的对外交流主要有三种方式，即交换、共享和混合。交换就是不同原子间进行的电子的给出与接纳，通过交换可以建立一种共同体，即分子。比如，食盐即氯化钠，由氯与钠2种原子组成，钠原子共有11个电子，最外层只有1个，为给出方；氯原子共有17个电子，最外层电子有7个，只需增加1个便可达到稳定的8隅，所以为接纳方，两者相遇必然一拍即合，共同组合为Na^+Cl^-。需要说明的是，钠原子给出一个电子，就会出现与内部质子数的不平衡，使原子携带正电，整体呈阳性；反之，氯原子会因接纳一个电子而使其电荷呈阴性。两者结合的媒介就是这一个电子，因此，又称离子键式的组合。但是，这一个电子的交换就严格意义上讲，又不是真正的由此到彼的交换，只是一种移动倾向，即由钠向氯不断移动的态势，并非真正脱钠入氯。正因如此，才会形成能将两者连为一体的离子键。这种方式形成的分子或更大的物体坚而不韧，易于断裂，如骨骼、水泥等都是由此类物质构成的。

　　共享就是原子间不产生电子的给出或接纳，而是共同拥有某个或若干个电子，形成共价键，被共享的电子既绕此原子核运动，又绕彼原子核运动，以此形成原子间的共同体，即分子。如，水分子就是由2个氢原子和1个氧原子构成的，氧原子共8个电子，内层2个，外层6个，需接纳2个电子才可实现平衡，氢原子只有1个电子，并不稳定，但也不会给出其电子，当两者相遇时，只能将其唯一的电子与氧共享，氧原子获得2个电子的权益即可实现平衡，因此只能与2个氢原子结合，由此形成水分子H_2O。

　　混合是指原子间既有共享电子的行为，又有交换电子的行为，主要通行于金、银、铜、铁等金属原子间以及一些硫化物及其他化合物中。其基本方式是一些金属原子将可给出的余数电子给出后，这些电子并不直接与其他原子形成归属关系，而是成为公用资源。一方面，带正电荷的金属原子可以被其吸引，形成离子键关系；另一方面，这里面的每个电子又可以由多个原子共享，形成共价键。由于这种模式多发生在金属原子间，所以又被称作金属键。这一共同体的最大特点就是稳定的原子结构与较强拉伸性的分子结构。张思芝、周明所作"含金属键的导电硫化物 Ni_3S_2 和 CO_9S_8 晶体结构示意图（图7-3）较清楚地展示了金属键的这种结构特性。[8]

正是由于分子的组合中所具有的特性，分子世界是一个十分活跃的世界，原子间、原子的电子间都处在无休止的运动和无限的可能中。以水分子为例，在H与O的结合中，虽然2个氢原子都拿出自己仅有的1个电子与氧原子共享，但氧原子内所含的8个电

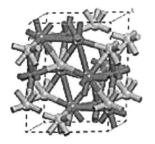

Ni_3S_2 晶体结构

Ni_3S_2 中的 Ni–Ni 键

CO_9S_8 晶体结构

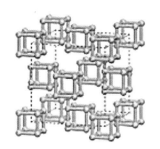

CO_9S_8 中的 Co–Co 键

图 7-3　含金属键的导电硫化物 Ni_3S_2 和 CO_9S_8 晶体结构示意图

子使其占据优势，电子驻足氧原子一侧的时间会略长，因此在这
一侧会呈弱负电，反之在氢原子一侧会呈弱正电，这样一个水分
子中同时具有正负两极性，不同的水分子极易组合为一个庞大的
联合体，但这个联合体又是极不稳定的，弱负电荷与弱正电荷的
氢键结合十分脆弱，在100℃左右或以上的高温下，在-100℃以
下的低温下，都会断裂，使水分子各奔东西。

再以SO_2为例，有研究者曾还原了铁原子（Fe）与其发生反
应的全过程。第一步会生成分子复合物$Fe-SO_2$，Fe的介入，使与
之发生作用的S原子与O原子的键长拉长；第二步，该S-O的键长
继续拉长，Fe原子绕其邻近O原子旋转；第三步，在Fe原子的动
态作用下，形成Fe-O与S-O两个组合；第四步，另一个Fe原子介
入，与SO中的O原子发生反应；第五步，S-O之连接键被拉长，
直到S原子被脱除。[9]但这绝非终点，新的一个变化过程又要开
始，无休无止。

三、光是什么

光无时不在，是每一个视力正常的人无法离开的存在，也是
人类社会发展中至关重要的自然存在与技术存在。自文明诞生至
近代自然科学出现以来，人们倾注了无尽精力，试图明白光是什
么，但一直未有确切答案。20世纪50年代初，提出光量子理论的
爱因斯坦曾不无诙谐地写道："整整五十年的自觉思考没有使我
更接近于解答'光量子是什么'这个问题。的确，现在每一个无
赖都相信，他懂得它，可是他在欺骗他自己。"[10]直到今天，
爱因斯坦的遗憾仍然无人化解，对于"光是什么"这样一个最为
基本的问题，尚无确切答案。

对于光的特性，我们已经有了足够多的了解，我们已经知道

光只是电磁辐射的一小部分，即电磁辐射380纳米～780纳米之间的可见光，除此之外，电磁辐射还可分为无线电波、微波、红外线、紫外线、X射线以及伽马射线等。[11]光的速度是每秒299792458米，约等于每秒30万千米，这也是其他各种电磁辐射的速度。由于空间中引力的作用，光在空间的行进路径并非直线，如广义相对论所言，光线必须被引力场所折弯。[12]

对于光的来源，人们也有了公论，所有处在绝对零度之上的物体或粒子都会产生电磁辐射，且随着温度的升高，电磁辐射量也会不断提高。这也是光的基本来源。[13]

光的性质是最令研究者困扰的难题。人们对光的第一个判断是波，第二个判断是粒子，双方争执不下。最后，归结为波粒二象性，即光既具有波的性质，又具有粒子的性质。波粒二象性的依据主要是杨氏双缝实验，在光线透过双缝投射到背景板时，可以得到干涉图样，无法知道光经由哪一条缝到达背景板，可以证明光的波动性；如果只保留一条单缝，则背景板上不会出现干涉条纹，可以明确知道光穿越的缝隙，可以证明光的粒子性。但这只是演绎推论，相当一个时期以来，缺少进一步的实验证明，在对光的研究中出现了众说纷纭的现象。

比如，波粒二象性应当清楚其中的"波"究竟是什么波。根据逻辑推演，光属于电磁辐射的一个频段，光波自然应当属于电磁波，但电磁波是经典性宏观波动，在空间的传播方式只是能量与动量的传播，如此，光的粒子特性无法体现。有研究者认为光波是与电子波相同的几率波，但电子有完整的几率波方程，而光的几率波方程一直未能得出。又有研究者试图中和两者，提出电磁波与光的几率波是一致的，达到相应数量的光子可以把几率波转换为因时而变的能量与动量分布，从而具有电磁波的性质。

又如，波粒二象性还应当清楚其中的"粒"究竟是什么。传统电磁理论与狭义相对论表明，光子本身不具有静止质量，是一种无质量粒子；在量子力学研究中，有研究者把引力势作用引入量子波方程，提出光波穿越真空时，光子可以分解为正电子与电子，两者又可以合为一个光子。这就是量子的真空涨落。近一个时期以来，随着对单个光子的全程监测的实现、对静止光子的获取以及对单光子应用的开发，光的粒子性得到较为充分的验证，但其本质仍未得到确认，研究者认为它是一种独特的微观粒子，与其他构成物质的粒子并不相同，因此，光波则同时兼具电磁波与几率波双重性质。[14] 这实际上又回到了波粒二象性的原点。

光的波粒二象性的实质究竟是什么？各种推论、演绎层出不穷，最终的答案还是要用实验说话。2007年以来，法国学者Roch及其课题组对波粒二象性进行了延迟选择等一系列实验，实验结果完全满足波粒二象性不等式$D^2+V^2 \leqslant 1$，可以充分验证光的波粒二象性（图7-4）。但是，其最终结论却是："单个光子最终表现出波动性还是粒子性，完全取决于测量装置的设置，而与光子本身的行为无关。即使光子已经穿过第一个分束器这一事件已经发生，该光子呈现干涉波动性还是呈现粒子性，仍然取决于

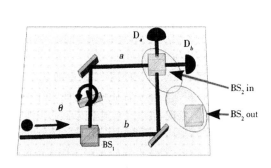
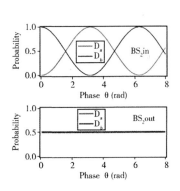

图 7-4 延迟实验示意图

用什么样的方式进行观测。即谈论光子本身多大程度呈现波动性或者粒子性是没有意义的，光子的行为完全取决于我们的观测方式。"[15]

这一结论也可以理解为，光的实质已超出了我们已有的认知，现有的狭义相对论等理论已无法对其进行阐释。

值得我们注意的是，波粒二象性并非光的特质，早在1924年，法国物理学家德布罗意就提出，所有粒子都具有波粒二象性，这一论断很快就被实验证实。一些物理学家进而提出，一切物质都具有波粒二象性，从沙粒到地球，都是如此。若果真如此，比照Roch所得出的实验结论，是否可以认为，我们对这个世界的了解实在太少了？

四、诡异的中微子

中微子一度被称作幽灵粒子，广泛分布于宇宙时空，但由于其神秘特性，直到100多年前才被人们察觉，70年前被实验证实存在。近若干年来，天文学家们先后从若干活动星系中找到了中微子发射的证据，进一步确定了中微子源的多样性。[16]

20世纪初，英国物理学家、中子的发现者查德威克在对中子β衰变测试中发现了一个异常，依常规理论，中子可以衰变为质子与电子，衰变后形成物质的质量应当等于衰变前中子的质量，这也就是能量守恒定律。但查德威克发现并非如此，而是衰变后形成物质的质量总是小于衰变前中子的质量。他提出了两种可能，一种可能是衰变过程中发生了能量逸出，亦即有物质逃逸；另一种可能就是产生了质量低于原有中子的质子与电子。对这一发现，形成了两大观点，著名物理学家玻尔认为，前一种可能纯属猜测，后一种可能是可以验证的解释，因此，至少可以认为在β衰变中不适用能量守恒定律。另一位著名物理学家泡利则认为，第一种可能性是完全有可能出现的，他推测，在中子β衰变中，除了形成质子和电子外，还生成并逃逸了一个幽灵粒子，这个粒子可能不带电，自旋为1/2。若计入这个粒子，则能量守恒定律依然有效。不久，又有一位著名物理学家介入其中，将幽灵粒子命名为中微子。

20世纪50年代，研究者们突然发现了这种幽灵粒子的踪迹，美国洛斯阿拉莫斯国家实验室通过核反应堆β衰变的研究，证明了电子反中微子的存在，实际上也间接证明了中微子的存在，这也是人类发现的第一种中微子。1962年，第二种中微子μ中微子被发现；2000年第三种中微子τ中微子被发现。至此，中微子家族的成员基本到齐（图7-5）。[17]

中微子是当代宇宙中的幽灵，极难发现，但它的前世也曾极其辉煌。在宇宙大爆炸的最初一瞬间，它与光子是原初宇宙的基本构成粒子，光子占宇宙能量密度的28%，中微子则占72%；到宇宙大爆炸38万年之时，中微子在宇宙能量密度中的比例仍达10%，当然，当今它的份额已不到1%。注意，不要忽视这不足1%的份额，在宇宙空间中，由原子构成的物质世界也只占不到5%，其余95%以上都属于暗物质与暗能量，中微子就是暗物质的一种。

自宇宙大爆炸以来存留的中微子目前作为宇宙背景而存在，

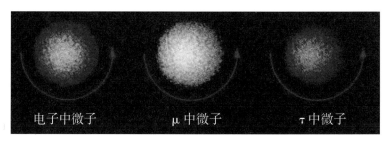

电子中微子　　　　μ中微子　　　　τ中微子

图7-5　中微子示意图

另外，现有的不到5%的物质世界也在不断创造和释放中微子。在超新星爆发、双中子星纠缠以及各种剧烈天体演化中，都会释放出大量中微子。此外，能够进行核反应的所有物体都在随时随地释放着中微子，从作为恒星的太阳到作为动物的人都是如此。对于人而言，每秒会有万亿个以上的来自太阳的中微子穿越而过，与此同时，每具人体每秒会释放出4398个反中微子和532个中微子。如果以天计算，这个数值便十分庞大了，比如，每天穿越每个人身体的太阳中微子有86400万亿个以上，每人每天释放的反中微子约为3.8亿个，中微子约为0.46亿个。[18]

中微子的最大特性是不带电荷，几乎没有质量，几乎不与任何物质发生反应，因而被划入暗物质，正因如此，物质世界对它而言几乎可以视为不在，可以任意穿越。据测算，中微子在穿越厚度3500光年的铅以后，才可能被吸收。

中微子家族共有三组中微子，分别是电子型中微子与反中微子、μ型中微子和反中微子、τ型中微子和反中微子。划分的依据是不同的来源。

电子型中微子与反中微子来自中子，中子可以衰变为一个质子、一个电子和一个反中微子，一个反中子可以衰变为一个反质子、一个正电子和一个中微子。此处的中微子与反中微子均为电子型。

μ型中微子与反中微子来自μ粒子，该粒子质量是电子的207倍，可以衰变为一个电子、一个电子型反中微子和一个μ型中微子。

τ型中微子与反中微子来自τ粒子，该粒子质量是电子的3500倍，它的衰变过程是先衰变为μ子，再演化为电子和τ型中微子与反中微子。

三组中微子连同作为其来源的电子与正电子、μ子与反μ子、τ子与反τ子均为粒子世界中的轻子，这也是到目前为止人类已知的全部轻子。在这12种轻子中，电子、正电子以及中微子的状态最为稳定，尚未发现衰变现象。它们是否为构成宇宙的最基础的材料？[19]

五、引力波与宇宙中的四种基本力

如果只有粒子、只有物质、只有各种物质形态而没有粒子、物质与物质形态间的力，这个世界将是一片混沌；力就是作用力，是物质世界组成与运行的基本力量。到目前为止，人们公认的宇宙之力中有引力、电磁力、强力与弱力四种。霍金先生曾对此进行过精辟概括：引力是万有的，所有粒子都因其质量或能量而产生引力，单个粒子所拥有的极弱引力可叠加产生巨大力量，如太阳与地球之间的引力就是宏大可见的，其实质就是构成其本身的粒子之间的引力子交换，此引力子的交换与流动又构成了引力波。

电磁力是带电荷的粒子所拥有的力，表现为同类电荷的排斥力和异类电荷的吸引力，其强度远大于引力。在大型物体间，由于各自内部的正电荷与负电荷基本持平，所以电磁力可以忽略不计。带负电的电子可以绕原子核运动，就是因为原子核内有带正电的质子，两者形成的电磁力保障了其动力。电磁力的媒介是光子，正负电荷方向光子的交换构成了电磁力。

弱力又称弱核力或弱相互作用，它对放射性粒子的衰变产生作用，其作用力只在自旋为1/2的粒子上呈现。其作用媒介是玻色子粒子，有W^+、W^-和Z^0三个种类，在高能量下，这三种粒子可以有相似的弱力。日本学者村山齐曾以碳14的衰变为例做了进一步说明：在碳14原子核的衰变中，玻色子的弱力起到了至关重

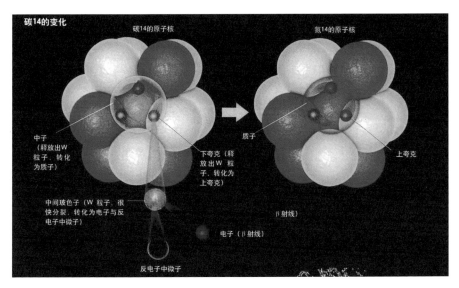

图 7-6　碳 14 衰变示意图

要的作用，碳14原子核中的中子释放出W⁻粒子，转化为质子，下夸克释放出W⁻粒子转化为上夸克；这一原子核也就转化为氮14的原子核。与之同时，W⁻粒子迅速分解为电子与反电子中微子（图7-6）[20]。

强力又称强核力或强相互作用力，这种力只发生在原子内部，其作用的媒介是胶子。胶子是一种自旋为1的粒子，它可以将自身与夸克紧紧黏合在一起，由此，再将质子与中子紧密黏合，它与夸克的组合甚至可以视为一个粒子。不过，胶子之强力主要存在于正常能量环境中，在高能环境下，胶子之力会大为弱化，夸克与胶子会如同自由粒子，各自东西。

霍金指出，人们一直致力于对宇宙基本力的统一，而且已将电磁力与弱力统一到一种力学体系中。"统一电磁力和弱力的成功，使许多人试图将这两种力和强核力合并在所谓的大统一理论（或GUT）之中。这名字相当夸张，所得到的理论并不那么辉煌，也没能将全部力都统一进去，因为它并不包含引力。"[21]

霍金做出此论断之时，人类对引力的探测尚无任何进展，他的这一论断也充分说明了引力的重要性。可喜的是，到2015年，人类成功地探测到了宇宙间的引力波，随后又接连进行了若干次成功准确的观测，对于引力波有了初步了解。研究表明，引力波可分为两大类。一类是宇宙学起源引力波，包括极早期宇宙阶段形成的原初引力波、宇宙相变过程产生的引力波。前者属广谱引力波。另一类是相对论天体物理起源的引力波，如超新星爆发、致密双星转动等极端运动引发的引力波。[22]除了以上两类外，宇宙天体间无时无刻不在形成着引力，也必然引发不同频段、不同力度的引力波，只是难以探测而已。

引力波的成功探测，是否就意味着人类对宇宙四种基本力业已掌握？否！引力波的探测只是证明了爱因斯坦广义相对论以及他对引力波的推论。早在100多年前，爱因斯坦就提出引力的本质是宇宙时空的弯曲，美国引力物理学家惠勒曾精炼概括为："质量告诉时空如何弯曲；时空告诉质量如何运动。"[23]除此之外，引力波的探测并未产生多么开创性的认识，更何况引力作用的媒介引力子尚未出现。

尽管如此，人类寻求关于宇宙基本力的大一统理论的热情迄未衰减，其中，最有代表性的是"超弦理论"。这一理论认为所有基本粒子都是由富有弹性、可以振动的弦构成的，振动方式的不同导致粒子的差异与区别，但其本质并无不同。

日本学者村山齐教授认为只有找到了超对称粒子，才有可能建立起统一各种力的理论体系。什么是超对称粒子呢？他这样描述道：标准模型理论中的基本粒子中，既有构成物质的基本粒子，也有传递力的基本粒子。在超对称粒子中，既有构成物质的基本粒子的伴子，也有传递力的基本粒子的伴子。构成物质的基本粒子的伴子与传递力的基本粒子非常相似，传递力的基本粒子的伴子与构成物质的基本粒子非常相似。也就是说，超对称有可能统一力与物质。超对称粒子与原有基本粒子的自旋不同。构成物质的基本粒子的伴子的自旋与传递力的基本粒子的自旋相似，而传递力的基本粒子的伴子的自旋与构成物质的基本粒子的自旋相似。对于"超对称"的实质，他认为：超对称是能够超越分类界限的新的对称。类似于左右相反的镜像那样，把看上去不同的东西联系到一起，称为"对称操作"。超对称可以把构成物质的基本粒子转换成与传递力的基本粒子相似的基本粒子，能把乍一看完全不同的东西联系起来，比通常意义上的对称性更为神奇，因此，称为"超对称"。

但是，到目前为止，"超对称"还只是一种设想，所以村山齐不无遗憾地表示，虽然科学家孜孜不倦地用各种方法和实验在寻找超对称粒子，却始终未能发现它的踪影。因此，没有人知道超对称粒子是否真的存在。现在，我们只能说有这样一种学说。[24]

我们认为，在构建宇宙基本力大一统理论的进程中，人们似乎忽略了一个选项，即暗物质的世界，对此，在稍后的内容中我们将再加涉及。

六、希格斯粒子

希格斯粒子在基本粒子成员中是最后一个被发现的，早在1964年，英国物理学家彼得·希格斯等就提出，在粒子世界中存在着一个为其他粒子赋予质量的基本粒子，有它的存在才可以构成粒子物理的基本拼图，这一可能存在的粒子被命名为希格斯粒子。到希格斯粒子被发现前，人类已经观测到了构成物质本体的基本粒子，包括夸克、电子与中微子，也观测到了实施作用力的基本粒子，包括传导电磁力之光子、传导弱力之玻色子、传导强力之胶子。传导引力之引力子虽然尚未出现，但人类已测定了引力波的存在。2012年，希格斯粒子的发现，使理论物理学所构建的粒子物理标准模型基本实现，人类可以以此为基点，走向更为深远的物理世界。

希格斯粒子与其他各类粒子都不相同，具有独特的意义与地位。夸克、电子与中微子这一类物质构成者的自旋都是1/2，实施作用力的各种粒子光子、玻色子、胶子等自旋为1或2，希格斯粒子的自旋为0，为标量粒子，其所在为标量场。作为标量粒子的希格斯粒子与宇宙大爆炸暴胀中的暴胀子有直接关系，既促成着物质世界的生成，又与另一个世界即暗物质的世界存在着极大可能的必然联系。

在宇宙大爆炸的瞬间，整个宇宙所有粒子都没有质量，以光速飞行，当温度开始转而下降之时，希格斯粒子充斥空间，与高速运动的各类粒子发生激烈碰撞，根据碰撞力度的不同，实现不同的能量与质量转换，生成各不相同的物质粒子，其运行速度也大幅下降，这也就是宇宙演化中的"真空相变"。那些未能与希格斯粒子相撞的粒子一般是质量为0或者基本为0的粒子，则仍以光速运行，如光子。

引人注目的是，希格斯粒子还有一个重要特性，即它对高能标度以及高能标度位置的重粒子极为感兴趣，处于弱标度的希格斯粒子会不安本位、不停地向上登攀，追逐高能标度，这样会使所有因其势能而拥有质量的粒子一同前行。若任其作为，则宇宙仍会一片混沌，但真实世界并未上演这样的剧本，希格斯粒子在赋予其他粒子质量的同时也完成了自身的衰变，适可而止地退出了舞台。

促成这一完美格局的机理是什么？物理学界提出了超对称理论，如前篇所言，超对称是指每一个粒子都有其超对称伴子，它们在粒子世界背后组成了超粒子世界，来自这个世界的制约遏制了希格斯粒子固有的不安分。有物理学家用童话般的语言描述道："它用优美的对称性压制住了希格斯粒子质量中的量子效应，从而稳定住了希格斯粒子的质量。"[25]

到目前为止，对于超对称伴子仍然只是猜测，也就是说仍然只是童话。但人们已确切认识到希格斯粒子或许就是打开超对称之门的钥匙，所以，对它投入了极大的热情，在发现其真实存在后，即刻又开启了进一步的探测之旅。

从已知的关于希格斯粒子的知识，我们认为有两个问题需要明确。第一，在今天的宇宙世界中，希格斯粒子在或不在？物理学界多认为希格斯粒子已是历史，如杨金民先生即认为："我们身边早就没了希格斯粒子的踪影，希格斯粒子只是在宇宙创生之初昙花一现，它在完成使命（破缺电弱对称、给其他粒子赋予质量）之后马上就涅槃了。"[26]但是，在超对称伴子的世界中，它是否存在，是我们无法确定的问题。而且，人类能以大型对撞机施加的极端物理环境逼出希格斯粒子，就表明它一直存在于我们的世界中，一旦条件适宜，它们就会蜂拥而出。

第二，希格斯粒子在宇宙形成中的造物主身份确定无疑，而且，它不仅仅是物质世界的赋予者，也应当是反物质世界的赋予者。处在正反两界之间的希格斯粒子目前隐身于其他粒子中，或蛰伏于反物质世界，希格斯场是稳定的。但是，一旦它被重新唤醒，超对称世界就会被打破，宇宙格局是反向逆转，还是发生真

空衰变，均未可知，起码，我们生存于其中的物质空间会被吞噬
化解，不复存在（图7-7）。[27]

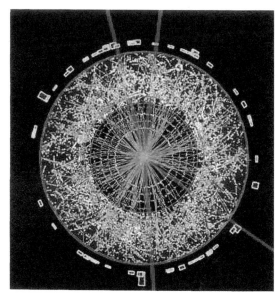

上图为 ATLAS 实验观测到的疑似希格斯粒子反应的踪迹。4 条红线
代表的是 μ 子的轨迹，这 4 个 μ 子可能是从 2 个 Z 粒子衰变来的，而
2 个 Z 粒子是由中心对撞的质子产生的希格斯粒子衰变来的。

图 7-7　希格斯粒子的踪迹

七、量子与量子纠缠

　　量子并非某项特定指称，而是一个类项的统称，具体而言，
是指宇宙中最小规模的存在，或存在的最小单位。量子有两个
要件：一是它的完整性，不可再分割（a-tom）；二是它的分立
性，即不相连（in-teger）。[28] 从类别上看，量子又可以分为物
质粒子与能量子。

　　量子是人类深入微观世界后最为烦恼的存在，它的活动方
式、运动规律以及几乎所有存在特性都与经典物理学相去天渊，
不可思议的结果不断发生。比如，在经典物理学规则中，原子中

的原子核与电子有着标准的运行方式，原子核居中，各个电子沿不同轨道绕其运转。但量子力学研究已经证实，原子中的电子并无确定的轨道，其本身也不是可以检测的存在，它在原子中既在此，又在彼，出现的区域并不确定。有研究者曾根据波函数定理，将氢原子中5个电子的出现概率点量化，形成了5朵云形图案，命名为概率云。如果仅止于此，我们可以认为，原子之中的电子状态不管以什么方式存在，都是在原子这一固定有限的区域内。但是，现实恰恰不肯止步于此，人们很快便发现，在更大的物理空间，量子们仍然表现出独有的规则与个性，其中最引人注目的是量子的叠加态与纠缠态。

所谓叠加态是指即在非在，即此非此，是一种多种状态存在可能的描述。此前曾述及的薛定谔的猫处在非死非活的状态、杨氏双缝实验中电子同时穿越双缝而形成的干涉条纹都是具体例证。叠加态的最大特点是，一旦进行观测，叠加态就不复存在。比如，电子穿过双缝时，一旦施加人为观测，就只会穿过其中一个缝隙；薛定谔非死非活的猫也只有一个结果，生或死，两者必居其一。

依照经典物理学的理论，存在是一种客观实在，无论如何进行观测，都不会影响其性质与状态。而量子力学则认为，只要对物体进行观测，就会使本处于叠加态的物体具有某种特定状态，而每次观测都会在一定范围内得到不同的结果，对这些结果的统计，可以得出其存在的概率状态。

所谓量子纠缠就是指两个粒子间的密切关联。如，两个电子若处于纠缠状态，则无论相距多远，对其中一个电子的测量会瞬间影响到另外一个电子，其传递速度可以超出光速，以至于爱因斯坦将其称作"幽灵般的超距作用"。[29]

　　两个粒子只要同属于一个波函数或者其自旋状态纠缠在一起，都可形成量子纠缠。尽管对量子的统一理论体系尚未建立，但人们对它的利用已远远走在了前面，无论是量子通信、量子计算，还是在各个领域的量子应用，都取得了重要进展。以量子通信为例，人类已经可以批量生成纠缠的光子，将其应用于异地通信传输，甚或空地通信传输。其方法是，先生成纠缠的一对光子A与B，将它们分别发送到两点，再使用另外的光子加载信息，与A或B构成纠缠关系，它们携带的信息会即时被B或A所携带。

　　量子世界至今仍是充满疑问的星辰大海，有两组基本认识是了解这个世界所必须掌握的，一是定域性与非定域性，一是相干与退相干。

　　所谓定域性，是指任何一个物体自身运动状态的改变，都必须有明确的外力推动，如各种撞击引发的冲力、各种吸引与排斥引发的引力等，而且这些作用力的传递速度都要低于光速。这是经典物理学中的一个重要规则。非定域性则是指量子运动状态的改变可以不受定域性的制约，无论在宏观层面，还是微观层面，都是如此。如美国量子物理学家查德·奥泽尔所言："任何定域性的理论——认为粒子在任何时候都有确定的性质，在一个地方进行的测量并不会受到其他地方测量的影响——都无法描述我们的宇宙。"[30]

　　所谓相干，是指量子在发生纠缠后的无条件的即时与持久的关联，这是量子世界的核心所在。若仅此而已，则宇宙中的一切会变得诡异、无序，不可理喻。因而，与"相干"相对应的便是"退相干"。退相干是指相纠缠的粒子间的关联度被某些特定因素减弱甚至消解。这些因素可能包括观测过程的扰乱、大气环境的改变、引力场的干扰等。尤其在宏观世界的运转中，正因为有了退相干的制约，才保障了我们所在的宇宙的正常与有序。对这一问题，美国学者迈克尔·S.沃克有一段宏论，引述如下："在多世界诠释里，在这个宇宙中的我，看不见也意识不到另一个分裂出的宇宙中的我。但是这两个宇宙都是从同一组波函数演化出来的，它们应该相互联系、相互干涉，就如同双缝实验电子与自身干涉一样，因为它的波函数以某种方式感知到了另一个狭缝的存在。而在实际生活中，宇宙和宇宙间的关联并没有发生，每个宇宙中的许多粒子都在不断干扰着波函数、改变波函数的相位，因此相干和干涉都不复存在。因此，两个宇宙不会相互影响，就如同两个孤立系统一样。退相干甚至也让哥本哈根诠释变得更有说服力，它解释了微观系统和宏观系统的相互作用之间的差异，解释了为什么宏观物体没有表现出量子行为。宏观物体中上亿个原子的扰动导致了退相干，因此最终我们看见的是最高概率的结果，这就像当你试图观察电子通过哪个狭缝时，你的行为破坏了电子的干涉，最后的结果是电子只通过了一个狭缝。" [31]

八、反粒子与反物质

依经典物理学规律，对称性是物质世界的基本规律，在宇宙大爆炸后的物质形成过程中，各种物质粒子与反粒子应当成对产生，具有同样的数量，而且两种粒子构成的镜像以同样的方式逆向发展，这也就是"CP联合对称"。反物质学说的创始人英国学者狄拉克曾对此形象地描绘道："如果我们在研究自然界的基本物理规律时接受粒子与反粒子完全对称的观点，那么我们就必须认定地球上乃至整个太阳系主要包含电子和质子的事实纯属偶然。很有可能在一些其他的星球上情况正好相反，即这些星球主要由正电子和反质子构成。实际情况也许是，半数的星球由物质组成，而另外半数的星球由反物质组成。这两类星球的光谱完全相同，目前的天文观测手段无法区分它们。"[32] 这实际上是把整个宇宙一分为二，为人类探索反物质提供了前沿基点。

那么，什么是反粒子呢？就是与物质粒子具有基本相同的面貌与状态，在某一关键点上恰恰相逆的粒子。比如，质子具有一定质量并携带正电荷，反质子与之具有同样的质量，携带负电荷；同样，电子携带负点荷，反电子携带正电荷，两者之面貌与状态完全一致。如果粒子与反粒子相遇，就会发生剧烈反应，以致湮灭。在湮灭过程中，两者的正负电荷被中和，或者说消失，两者的质量则会转化为能量，释放出与两者质量之和同等能量的γ射线。

在狄拉克提出反物质说以后的近百年时间里，人类进行了大量的艰苦探索，得出了一系列新的认识。比如，认识到狄拉克所讲的半数的星球由反物质组成并不确切，在人类可以直接观测到的星球中，应当都是由物质构成的。但是，人类也构建起了新的宇宙学模型，对宇宙的总物质能量提出了新的判断，即物质占宇宙质能的5%，暗物质占27%，暗能量占68%。[33] 更为重要的是，到目前为止，人类只是在实验室中制造出了反粒子，如反夸克以及反物质超核—超氚核、反物质原子核—反氦4以及电子与正电子对等，也在宇宙射线中观测并推导出正电子的存在（图7-8）。[34] 但对反粒子与反物质进行的直接测量尚无结果，也就是说还未在宇宙和自然空间直接找到反粒子。

在探寻过程中，人类开始思考，之所以难觅反粒子与反物质的踪迹，是否由于物质世界在能够观测到的宇宙中过于强大，而反物质世界过于弱小了？在可观测的世界中，物质与反物质的不对称究竟是什么造成的？1956年，李政道与杨振宁发现，物质的镜像对称性在弱相互作用中会被破坏，亦即宇称不守恒；不久，又有学者发现，粒子与反粒子以及左右镜像反演的联合对称性也会被破坏。[35]2020年，《自然》杂志发布当年十大科学发现，其中有T2K合作组在实验中发现的轻子违反粒子—反粒子镜像对称性的现象。[36]学术界由此对粒子与反粒子是否存在对称性展开

γ光子轰击原子核产生电子—正电子对过程的气泡室内粒子径迹照片。

图7-8 电子与正电子对示意图

了激烈争论，这实际上是事关宇宙起源与演化的重大问题，值得深入讨论。

但是在认识上述发现与争论时，有三个问题需要引起重视。

第一，上述实验都是在微观世界层面进行的，如李政道与杨振宁的宇称不守恒是在弱作用力条件下的结论，T2K合作组的实验对象是中微子。将其结论放大到宏观世界是否可行，还有待进一步研究，起码不能以此否定宇宙总体的宇称守恒。

第二，美国布鲁克海汶国家实验室中的相对论重离子对撞机和欧洲核子中心的强子对撞机的有关实验，模拟了宇宙大爆炸后宇宙物质的生成过程，据介绍："RHIC可以将金核加速到每核子100GeV的高能量，利用两束接近于光速的金核对撞来模拟宇

宙大爆炸，产生类似于宇宙大爆炸之后几个微秒时刻的物质形态。这种物质是由基本粒子，即夸克、胶子组成的等离子体新物质形态，又称为夸克-胶子等离子体（Quark-Gluon Plasma, QGP），它具有大约是太阳中心25万倍的极端高温。然后，夸克-胶子等离子体迅速冷却产生大约等量的质子与反质子，这为研究反质子间的相互作用提供了极佳的机会。这种相互作用力使得核子或者反核子能够相结合成原子核或者反物质原子核。"[37]这一实验的核心是"夸克-胶子等离子体迅速冷却产生大约等量的质子与反质子"，这实际上是验证了宇宙物质生成中粒子与反粒子的对称性。

第三，反粒子和反物质与粒子和物质世界的对称性可以从两个方面理解。一方面，在宇宙宏观结构中，反物质与物质世界保持着对称与守恒，在物质世界之外，必定存在着另一个反物质世界，但其存在方式未必如狄拉克所言是完全一致的。两个世界的对称与守恒保障着整个宇宙的结构平衡。另一方面，在微观世界中，粒子与反粒子的对称与守恒同样保障着原子世界或核子世界的结构平衡。比如，原子中的原子核所拥有的正电荷与电子所拥有的负电荷相吸相斥，保障了原子的存在；原子核中质子内部的夸克与反夸克对不断地此起彼伏，填满真空。在质子的内部深处，反粒子总是存在着的。[38]

九、谁在构建世界

宇宙中的任何存在都可能是世界的构建者，因为世界并不复杂，也不够大。研究表明，大肠杆菌每昼夜可繁殖72次，这在细菌界是极普通的速度。从理论上讲，一个大肠杆菌只需24小时便可扩展为4722吨左右的菌群；48小时后，其重量便可相当于

4000个地球；72小时之后，其重量便可达到人类可观测到的天体的总重量。如果真的有这一天，这些重量的大肠杆菌当然不会凭空产生，而是要吞噬、消化所有人类可观测到的物质，使其转化为大肠杆菌。如此，一个大肠杆菌构建的世界可以在三天之中轻松完成。

在大肠杆菌构建的新世界中，基本的构建还是原子，这与它所取代的世界并无不同。因为原子是最坚固的原材料，它可以用于构建人类可观测到的任何物质，而且，可以在宇宙中自由存在，供使用者所用。比如，2022年，中国科学院国家天文台徐聪团队利用"中国天眼"FAST发现了一个巨大的原子气体系统（图7-9），该系统位于斯蒂芬五重星系的外围，为氢原子气体，其尺度达200万光年，比银河系大20倍。[39]

相当一个时期以来，人类一直认为原子是物质的最小尺度，是构成世界的最基本材料。随着近代自然科学的发展，人类发现了原子内部一层又一层的世界。人类先是发现原子内部的原子核

图 7-9　氢原子气体

与电子，知道了在原子的世界中，原子核只占有千亿分之一的空间，在其余广袤的空间，只有极速运动着的电子。人类继而又发现，如此小巧的原子核中竟然还拥有一个世界，这就是质子与中子的世界；质子的世界中同样又有更深的一层世界，即夸克与胶子的世界。到目前为止，人类仍致力于对更深一层的物质的分解，这种分解如无止境，则世界终极构建者的真实身份便无法揭晓。

人类的视角并未仅止步于原子世界，近几十年来，又不断发现了新的粒子形态。比如，希格斯粒子、中微子等，对于暗物质、暗能量以及反物质的探索也不断取得进展。但在这条道路上对世界终极构建者的寻找同样杳无消息。

问题出在哪儿？出在人类的思维定式上。人类，起码物理学家与天文学家们，执着地认为世界是物质的，因而，推导出了牛顿力学、能量守恒定律、狭义相对论、广义相对论等一系列解读物质世界的定律，也一直沿着这些定律划定的路径去寻找物质世界的终极构件。但他们忘记了，物质世界只是一过性的存在，世界的本质既是物质的，又不是物质的。

我们可以先回到人类设定的世界的起点，多数学者认为，宇宙大爆炸前是一个密度无穷大的奇点，霍金对奇点的描述是"宇宙的密度和时空曲率都是无穷大"，并表示，"数学不能处理无穷大的数"，广义相对论"在该处理论自身失效"。也有的学者将奇点设定为直径小于10^{-30}米的微粒，相当于质子直径的千万亿分之一，而且密度为10^{94}克/立方厘米。这都是将物质极度压缩的构想，并未考虑物质如此浓缩的可能性，当然也无法考虑这一可能性。也正因如此，霍金才客观地承认数学与广义相对论都无法处理这一问题。

实际上，人类关于物质世界的基本定律是对于物质世界的正确解读，其无法处理的范围就是超出了物质世界的范围。换言之，在宇宙大爆炸前的奇点中，并无物质与非物质之分，也无所谓宇宙的密度，更不存在10^{94}克/立方厘米的密度。在暴胀与大爆炸初期所创造的只是空间与能量，没有物质粒子，也没有反物质粒子。当宇宙空间达到一定尺度，能量就会陆续转化为各种粒子，形成各种物质与反物质形态。到目前为止，所有天体运行的原动力，都来自宇宙原生能量。所谓的宇宙背景辐射也是它的指征。

当然，对于宇宙奇点暴胀与大爆炸所创造的空间与能量不能以人类视域中的空间与能量定义。空间可以是不同维度的构架，有低维空间，也有多维空间以及高维空间，各个空间可以并存、平行，可以容纳不同的能量以及能量转换。与之相应，能量也可以是不同向度的存在，既可以有正向度的能量，也可以有反向度的能量，甚至不断变换向度的能量。它们存在于不同的空间，构建着不同的世界。

需要说明的是，到目前为止，宇宙膨胀一直在继续，能量转化而来的各种粒子似乎永不止息地运动着，比如，光子、中微子以及其他所有粒子都是如此，实际上，各种宇宙天体也同样处在永远的运动中。运动的动力何在？其原初动力来自奇点生发的能量，但其持续不断的运动动力应当还来自源源不断的新的能量赋予，否则这种运动难以赓续。

更让人类百思不得其解的是，宇宙不仅在继续膨胀中，而且还出现了加速膨胀。20世纪80年代以来，美国天体物理学家佩尔马特、施密特等三位著名学者系统观测了大约50颗超新星爆发现象，结果发现"它们处在比预期距离更远的位置上。也就是说，宇宙膨胀是在加速的"。这三位学者同时获得了2011年度的诺贝尔物理学奖。[40]

对于宇宙的加速膨胀，既有的暴胀与大爆炸理论难以解释，因为依照这些理论，暴胀的宇宙或大爆炸后不断膨胀的宇宙暴胀与爆炸之后只能逐渐减速，不可能出现再加速。因此，也有研究者以此向暴胀说与大爆炸说发出诘难。

如何看待这一现象，我们认为关键在暴胀与大爆炸的模式。依照经典的暴胀与大爆炸理论，暴胀与大爆炸是奇点的一次性整体效应，比如，暴胀说认为，在宇宙最初的约10^{-32}秒，宇宙的膨胀值达到了膨胀前的10^{26}倍。大爆炸发生后，奇点消失，再无新的爆炸发生。因此，宇宙不可能在100多亿年后又重新加速膨胀。但是，如果换一种思维，可以假定宇宙奇点的膨胀与大爆炸并非一次性完成的，而是不断膨胀、不断爆炸，只是在宇宙膨胀作用下，奇点距人类可见宇宙越来越远，人类无法观测到而已。但它们所释放出的能量可以源源不断地注入人类视域的宇宙，使宇宙可以变速膨胀，使宇宙中的各种物质、反物质形态具有源源不断的动能。

当宇宙的奇点消耗殆尽，宇宙再无新的能量补充之时，空间的压力，或者说支撑庞大空间所需的能量就需要从各种物质与反物质形态中获取，但这些又是有限存在，它们不断转化的过程，又是宇宙空间不断坍缩的过程，转化到再无可转化的形态之时，宇宙的所有空间会回到起点，所有能量则转化为原奇点中的能量形态，新的奇点又告诞生。

这一过程的演进，其实已经揭示了宇宙的构建者，这就是"能量"。两千多年前，春秋时代的哲人老子就说"道生一，一生二，二生三，三生万物"。什么是道？老子又说："有物混成，先天地生。寂兮寥兮！独立而不改，周行而不殆，可以为天地母。"[41] 用老子所言之"道"代替奇点，作为宇宙的起点，似乎更为准确。

注释：

[1] 1飞米=10^{-15}米。

[2] 图参见王乔编译：《何谓希格斯粒子？——详解作为"质量生成之源"的希格斯粒子》，《科学世界》2012年第10期。

[3] 参见（美）艾萨克·阿西莫夫著，朱子延、朱佳瑜译：《亚原子世界探秘——物质微观结构巡礼》，上海科技教育出版社，2019，第76~91页。

[4] 参见魏俊霞译：《四种基本力：支配宇宙万物的引力、电磁力、强力与弱力》，《科学世界》2016年第8期。

[5] 参见（美）托马斯·R.斯科特著，王艳红译：《宇宙的本来面目：地球、空间、物质和时间》，人民邮电出版社，2019，第22~26页。

[6] （英）史蒂芬·霍金著，许明贤、吴忠超译：《时间简史——从大爆炸到黑洞》，湖南科学技术出版社，2002，第65页。

[7] （英）史蒂芬·霍金著，许明贤、吴忠超译：《时间简史——从大爆炸到黑洞》，湖南科学技术出版社，2002，第75页。

[8] 图文均参见张思芝、周明：《含金属键的导电硫化物基水裂解电催化剂研究》，《分子科学学报》2019年第1期。

[9] 参见廖文裕、苏亚欣、周鳞等：《铁原子与SO_2反应的密度泛函理论研究》，《原子与分子物理学报》2016年第2期。

[10] （美）爱因斯坦著，许良英、李宝恒、赵中立等编译：《爱因斯坦文集》（第一卷），商务印书馆，2009，第706页。

[11] 参见《中国光学》编辑部：《激光脉冲激活人眼：开启红外光世界》，《中国光学》2015年第1期。

[12] 参见（英）史蒂芬·霍金著，许明贤、吴忠超译：《时间简史——从大爆炸到黑洞》，湖南科学技术出版社，2002，第31页。

［13］参见《中国光学》编辑部：《激光脉冲激活人眼：开启红外光世界》，《中国光学》2015年第1期。

［14］参见黄志洵：《光子是什么》，《前沿科学》2016年第3期。

［15］图文均见杨晨、贾爱爱、王志辉等：《波粒二象性探微》，《山西大学学报（自然科学版）》2017年第3期。

［16］ICECUBE COLLABORATION等撰：《来自附近活动星系NGC 1068的中微子发射证据》，《科学》2022年11月4日，第378卷第6619期。

［17］参见何红建：《揭秘中微子振荡与质量起源》，《科学通报》2015年第36期；图参见魏俊霞译：《四种基本力：支配宇宙万物的引力、电磁力、强力与弱力》，《科学世界》2016年第8期。

［18］参见邢志忠：《中微子振荡之谜》，上海科技教育出版社，2019，第22～26页。

［19］参见（美）艾萨克·阿西莫夫著，朱子延、朱佳瑜译：《亚原子世界探秘——物质微观结构巡礼》，上海科技教育出版社，2019，第182～189页。

［20］图文均参见魏俊霞译：《四种基本力：支配宇宙万物的引力、电磁力、强力与弱力》，《科学世界》2016年第8期。

［21］（英）史蒂芬·霍金著，许明贤、吴忠超译：《时间简史——从大爆炸到黑洞》，湖南科学技术出版社，2002，第70页。

［22］参见张宏浩：《解读2017年诺贝尔物理学奖：引力波的直接探测》，《物理与工程》2018年第2期。

［23］张宏浩：《解读2017年诺贝尔物理学奖：引力波的直接探测》，《物理与工程》2018年第2期。

［24］参见魏俊霞译：《四种基本力：支配宇宙万物的引力、电磁力、强力与弱力》，《科学世界》2016年第8期。

［25］杨金民：《希格斯粒子之理论浅析》，《物理》2014年第1期。

［26］杨金民：《希格斯粒子之理论浅析》，《物理》2014年第1期。

［27］参见许林玉编译：《仍然隐藏于希格斯玻色子中的物理学》，《世

界科学》2019年第5期；王乔编译：《何为希格斯粒子》，《科学世界》2012年第10期。

［28］参见曹则贤：《什么是量子力学》，《物理》2020年第2期。

［29］参见陈哲、韩永建：《量子非局域、量子纠缠及其可能揭示的新物理》，《科学通报》2016年第10期。

［30］（美）迈克尔·S.沃克著，李婕译：《量子世界的发现之旅》，中信出版社，2019，第107页。

［31］（美）迈克尔·S.沃克著，李婕译：《量子世界的发现之旅》，中信出版社，2019，第110～111页。

［32］邢志忠：《中微子质量起源与宇宙的原初反物质消失之谜》，《科学通报》2021年第33期。

［33］参见常进、刘浩：《寻找暗物质还有多远》，《前沿科学》2021年第3期。

［34］参见曹则贤：《什么是量子力学》，《物理》2020年第2期。

［35］参见陈金辉、马余刚、张正桥等：《RHIC能区反物质和奇特粒子态研究》，《中国科学：物理学 力学 天文学》2019年第10期。

［36］参见《中国科学基金》编辑部：《Nature 2020年十大科学发现解读》，《中国科学基金》2021年第2期。

［37］陈金辉、马余刚、张正桥等：《RHIC能区反物质和奇特粒子态研究》，《中国科学：物理学 力学 天文学》2019年第10期。

［38］参见（英）戈登·弗雷泽著，江向东、黄艳华译：《反物质——世界的终极镜像》，上海科技教育出版社，2002，第115页。

［39］齐芳：《“中国天眼”发现宇宙中最大原子气体结构》，《光明日报》2022年10月20日第14版。

［40］韩锋：《超新星爆发及宇宙加速膨胀——2011年度诺贝尔物理学奖简介》，《物理通报》2011年第11期。

［41］汤漳平、王朝华译注：《老子》，中华书局，2014，第95页。

捌

地球之上

地球之上，气象万千，俨然是 80 亿人的乐园。站在月球一侧，才知道，地球只是飘在无垠太空的一颗蓝色星球；走出宇宙之门回望之际，它更是万千尘埃中的微尘，无从识辨。

一、地球的大气层

地球实际上是一个被一团大气包裹着的巨大球体，其中，地壳以上的部分可延伸到3000千米以上，地壳以下的部分大约6300千米左右。地壳以上的部分基本由气体构成，被称作大气层。长期以来，人类总是将大气层视作地球的保护层或地球的附加层。其实，无论是从其由来，还是从其目前与地壳以及地壳之下的种种关系来看，它都是地球的一个组成部分，或者可以直接视为地球的气壳。

大气层大致可以分为5个层圈，自上而下为外层、热层、中间层、平流层以及对流层。外层的外边缘距地壳大约19000千米左右，略低于地球与月球的中线。这一区域受太阳风影响较大，地球引力相对不足，因而仅含有少量气体分子，如氢与氦，而且还处在不断逃逸中，所以该层又被称为逃逸层。

外层与热层的接合部是一个动态的边线，因受天文与地球物理的影响，热层的上界线时高时低，在350千米至800千米间波动。这一区间的各种分子在太阳辐射作用下处在快速运动中，故温度可达1500℃。

热层与中间层的接合部在地表85千米到100千米间，中间层的最大特点是气温骤降，上部可低至-100℃，底部也有-2℃。原因是上层拦截了外来的短波辐射，下面的臭氧层又几乎吸收了太阳紫外线。

中间层与平流层的接合部在地表50千米左右，平流层的温度自上而下逐步下降，由-2℃陆续降至-60℃。这一层面缺少水汽，气流多呈平行流动。其最大特点是在地表以上30千米左右形成了臭氧层，原因是太阳紫外线在这一位置可以激发多种光化学反应，使氧气和一些微量大气成分化合为臭氧。臭氧层可以充分吸收太阳紫外辐射，避免地球地表过多暴露在紫外辐射下，同时，又可形成平流层中的重要热源，具有重大意义。

平流层与对流层的接合部在地表10千米左右，对流层温度自上而下处在逐步上升中，自−60℃起，每下降1000米，便上升6.5℃。对流层是大气层中气流运动最为活跃的层面，水汽含量丰富，可以直接接受来自地表的热量循环，产生剧烈的垂直对流活动，形成剧烈持久的气象运动。[1]也正因如此，民航客机起飞后多要升至平流层，不会长久地停留在对流层（图8-1）。

需要说明的是，上述大气层的划分主要是就大气气流和温度状况的划分。若按其他标准划分，则会形成另外的分层，比如，若按电离状况划分，可分为电离层与非电离层，两者的区界在地表以上50千米左右。在宇宙射线和太阳高能带电粒子的作用下，大气层中的原子与分子会发生电离，形成等离子层，

图 8-1　飞进平流层

亦即电离层。在距地表90千米内的电离层的底部，大气环境复杂，自由电子很不稳定，大气并不导电，处于部分电离状态；距地表90千米以上的大气层则形成了较为稳定饱和的电离层，可以导电，又被称作磁层。

还需要明确的是，大气层与地球的内在关联性无处不在，对此，可以从三个方面认识。

第一，大气层的发展与地球内部的发展完全同步。就目前我们所直接面对的大气而言，氮与氧占据了绝对优势地位，氮的含量高达78.08%，氧的含量也有20.95%。其余不到1%主要由氩与二氧化碳构成。其他气体虽也可测到，如氦、氖、氙、甲烷、一氧化碳、臭氧等，但含量微乎其微。这是适于人类生存的最佳大气构成，但这一构成并非从天而降，而是在地球生成与发展的进程中逐步形成的。在地球生成之初，高温、高压、强辐射是其主要特征，大气层尚未形成，地球实际上是大量的水蒸气加上氢气、氮气以及二氧化碳包裹着的灼热内核。经过数十亿年的冷却，到距今20多亿年前，随着地球的不断冷却，水蒸气下沉地表，大量氢气飘入太空，地球形成了较为完整的大气层，此时的大气层以二氧化碳、氮气以及一氧化碳为主。此后，在各种植物的蓬勃发展中，绿色植物的光合作用不断消耗二氧化碳，制造氧气，再加上地表水对氧气的合成与分解，至6亿年前左右，就形成了目前的空气结构。当然，到目前为止，地球内部的每一点变化仍在每时每刻地影响着大气层的发展与变化。

第二，大气层与地球间具有明确的宏观作用力。大气层可以给地球施加种种力量，地球对大气层的影响也十分突出，而且两者间还存在着明显的跨越不同层圈的垂直作用通道。

据研究，大气对地球自转产生着重要影响，被认为是在季节性时间尺度上地球自转变化的主要激发素。"考虑了风和大气压的贡献后，大气在周年和半年时间尺度上对日长变化的贡献分别可达95%和88%。"[2]日长变化主要就是地球自转速度变化。

另据研究，地表强大的喷发所产生的尘埃等物质可以到达平流层，并在该层面驻留2～3年，这些尘埃会剧烈散射和反射太阳辐射，导致平流层增温，对流层降温，进而影响全球的气候变化。

第三，大气层与地球间具有明确的等离子作用力。比如，等离子层中的分子电离后，可以与地球南北两极发生作用，形成极光。这种联系并非偶尔为之，而是一种持续的存在。有研究表明，"在地磁平静时期，地球等离子体层中的离子不断向外扩张；在地磁活跃时期，等离子体层会向地球方向收缩，在日侧的等离子体层顶位形变化更多，而在夜侧，等离子体层顶的位形比较稳定。同时在等离子体层顶的位形发生变化时，其结构也会发生较大改变"[3]。

还有的研究表明，地震前后地球内部岩石圈与大气层及电离层会产生较为明确的关联作用，比如，"在地震前几天或者前几个小时出现电离层明显异常，尤其是在地震前1～2 d震中附近，排除太阳活动和地球磁场影响，初步认为该异常与地震有关"，而且，"电离层电子密度出现异常区域一般涵盖震中区域，与震中位置有少量偏移，而且离震中区域越近，电离层异常变化越大"[4]。又如，对日本2011年3月11日大地震前后电离层的研究，"发现了震前存在明显的电离层异常，确认在3月8日即震前3天存在的震中附近6 h的大范围正异常，其异常区域沿着磁赤道对称分布，不断移动。并发现了在震后3 h内，多站与多星的路径上存在程度不同的电离层扰动异常，并且扰动逐渐远离震中，能量逐渐衰减"[5]。这些研究充分证明了大气层与地球内部运动的一体性，是地球的有机组成部分。

二、地球气候的变化

地球表层的气候变化是人类感受最为强烈的一个内容，无论是平常性的风雨雷电、旱涝冷暖，还是极端性的厄尔尼诺与拉尼娜现象，都在影响着人类正常的生活。人类在认识这些现象时，往往从当下和自己所处的环境着眼，试图探索其中的规律与趋势，并为将来可能出现的全球性气候变暖等预期付出了诸多努力。但是，若将视野放大到整个自然时空，从地球形成以来的气候变化以及影响这一变化的自然因素入手，便会得出一些不同的认识。

从以千年计的近期气候变化看，目前影响最大的周期性气候事件是厄尔尼诺和拉尼娜。厄尔尼诺是形成于赤道太平洋东部的海洋异常升温现象，往往引发大面积的风暴、高温等气候异常（图8-2），大约每7年出现一次，每次持续2年左右；拉尼娜是出现于同一区域的海洋异常降温现象，一般紧随厄尔尼诺出现，无固定周期，每次持续2到4个月。其特点是引发大面积的风暴、低温等气候异常，其强度与影响力较之厄尔尼诺要低许多。

从气象学上看，

图 8-2　大面积风暴的生成

比前两者影响时间更长，也更规律的还有拉马德雷现象。拉马德雷是太平洋上空出现的高空气压流，每50～60年为一周期，以北美大陆附近海面的水温变化计量，分为暖位相与冷位相。据对1890年以来的气象记录统计，厄尔尼诺与拉尼娜均发生在拉马德雷的冷位相时期，[6]也就是说，它们也是拉玛德雷周期变化的组成部分。上述气候周期形成的原因十分复杂，有关研究表明，月球轨道的变化引发的地球内外的变化是重要原因。月球轨道与地球赤道的关系面会有周期性摆动，月球轨道平面远离地球赤道面时，对地球的引力变小，反之引力增强。每一个摆动周期是18.6年。这种周期性变化首先带来的是海洋潮汐强度的周期性变化，影响洋流与海面温度的变化，[7]厄尔尼诺一往一复两个周期大致与之对应，也是18年左右。

也有的研究表明，地球在自转过程中，其地转轴在进动的基础上会叠加小周期的摆动，即"章动"。章动对气候的影响周期也是18.6年，[8]章动应当与月球轨道摆动周期相关。还有的研究表明，潮汐强度在影响大洋环流的同时，也会影响大气环流以及地球内部的岩浆潮，甚至影响地球固体潮，由此可以引发地震与火山活动，从而对地球气候施加全方位影响。[9]

对于月球轨道变化与拉马德雷的关系，有研究认为，月球三个轨道变化周期对应一个拉马德雷周期。拉马德雷冷位相期对应月球轨道平面距地球赤道平面的两个近点与一个远点，为强潮汐主导时期；拉马德雷暖位相期对应两个远点与一个近点，为弱潮汐主导时期。[10]另外，太阳黑子的周期性变化也与拉马德雷周期相对应，如，太阳黑子延长极小期可与潮汐最大值对应，也可与拉马德雷冷位相对应。[11]

从以万年计的中长期气候变化趋势看，自地球稳定之后，一直处在大尺度的气候变化中，具体而言就是冰期与暖期的交替变化。其中，最后一次大冰期是第四纪冰期，大约起始于300万年前，至今仍未结束。第四纪大冰期又由若干冰期与小冰期、间冰期组成，气温处在周期性波动中，其波动时间有2万年、4万年和10万年三种。塞尔维亚学者米兰科维奇在20世纪中叶提出了较为系统的冰期天文理论，具体而言，就是以地球运行中的地球轨道偏心率、地轴倾角以及地轴进动三个轨道参数的变化幅度与周期来揭示气候变化的主要动因。经过多位学者和研究机构的持续努力，逐步验证了冰期气温起伏的2万年周期、4万年周期、10万年周期与米兰科维奇理论中地球轨道偏心率、地轴倾角、地轴进动的变化周期高度吻合。[12]

　　从以亿年计的超长期气候变化规律看，较为确定的长时期的大冰期至少有3次，即6亿年前的前寒武纪大冰期，3亿年前左右的石炭–二叠纪大冰期和第四纪大冰期。有学者使用太阳系公转周期来解释三大冰期的成因。所谓太阳系公转周期就是太阳系在银河系中运行的周期，不同周期位置上的太阳系距银河系中心的距离并不相同。也有的学者认为在不同位置上的太阳系受到的银河系引力与辐射不同，可能会带来一系列变化。著名天文学家叶叔华先生曾提出："在距今0.65亿~1.4亿年前的白垩纪，地球上发生了许多令人费解的事件：地磁场突然倒转；出现许多黑色岩系，说明此时岩浆活动非常剧烈；大洋洋底裂开；大气温度比现今温度高18℃左右；海平面比现在约高150米；地球的自转变快；古生物大量灭绝；大气中CO_2的含量十倍于现在；陨石增多；造山运动弱，夷平作用大。"她在列举了上述现象后，先提到了对此的常规性解释："对于这些事件的解释可能是，由于一颗小行星撞击了地球。"但同时又点出了另一种可能："另外此时的太阳系正处在一个特殊的位置，位于银河系中的远银心点。"[13]

综上，地球气候的变化主要原因在地球及其所处的宇宙空间，除了上述因素外，还包括地球的极移、地磁场的倒转、地球内核转速、地幔流动异常与热幔柱、地球质量中心运动以及地球形态变化等。每一个因素又都是互相影响、互相激发的。以地球自转为例，地球自转变化会直接影响到气候变化、火山与地震，但它的变化又受大气、海洋变化以及地壳内部运动的影响，无论是大气环流变化、洋流方向与流速变化，还是冰川雪线变动，地壳不同层圈的摩擦、潮汐摩擦等，都是地球自转变化的影响因子。大自然就是这样互为因果，浑然一体。

三、运动着的海洋

地球上的海陆比例极不协调，海洋占地表面积的71%，陆地仅占29%。而且，地球上的海洋可以互相贯通，是一个完整的整体，陆地只是被包围在海洋中的几块岛屿而已。无怪乎有人说，人类居住的这颗行星与其被称作地球，不如称作"水球"更为恰当。

依最新海洋划分规则，有人把地球上的海洋划分为太平洋、印度洋、大西洋、北冰洋。各大洋深浅不一，大小差异更大。太平洋居各大洋之首，面积占地表面积的1/3，超出其他四大洋面积之和，它的平均深度为4000米左右，同样居各大洋之首。北冰洋是四大洋中最小的，占地表面积的3%，几乎被陆地所包围，它的海底1/3的面积是各个大陆架的延伸，因此，平均水深只有1200多米，是平均水深最浅的大洋。

根据海洋的水深，又可以将其划分为五层。第一层自海面到水下200米止，被称作光合作用带，阳光可以到达这一区间的所有水域，有效地发生光合作用；第二层自水下200米到1000米，被称作中间层，基本无光照，所以又被称作暮光区；第三层自水下1000米到4000米，被称作深层带或午夜区，黑暗、稳定，有着4℃左右的恒温，但也有着400个大气压强，基本属于无生物区。到此为止，已可包括绝大部分的海洋深度，在此之下，还有深达6000米的深海带和10000米左右的超深海带，主要是一些深海海槽或海沟所在的海域。[14]

海洋最大的特点是全球性的流动，所有海洋有着统一、协调的洋流流动，使其成为有机统一的运动着的整体。从海洋总的洋流流动看，其基本方向是从太平洋到北冰洋，到大西洋，到印度洋，再返回太平洋，形成了大洋环流的循环结构。

研究表明，大洋间的洋流交换有六大通道，其中，北冰洋附近海域有两大通道，一是通过格陵兰海和挪威海的大西洋与北冰洋通道，二是通过白令海峡的太平洋与北冰洋通道。南极绕极洋流区有三大通道，一是印度洋与南大西洋通道，二是太平洋与南印度洋通道，三是大西洋与南太平洋通道（图8-3）。此外，印

图8-3　大西洋与南太平洋交汇处

度尼西亚海是连接太平洋与印度洋的通道。

大洋洋流表面看来应当是浩浩汤汤、汹涌澎湃的，但具体分析，却是形式多样，各具特色。比如，南极绕极洋流的最大特色是立体性，其中的反时针环流所驱动的海水自表层到接近海底，还向北延展形成相连通的大洋底层水；再如，北大西洋湾流北向流动中，随着水温的降低，海水中盐的密度会逐渐增加，含盐高的海水比重自然加大，海水不断下沉，与北冰洋南下海流汇融后形成低温高盐的北大西洋深层水，其下沉深度可达2000米。[15]

在大洋间流动的洋流中有一种"旋涡流"，此旋涡并非水面上常见的旋涡，而是一种相对稳定庞大的水体组合，其直径多在数十千米到数百千米间，存在时间短则数月，长则2年，是海洋中一种独特的水体形式。如，墨西哥湾流中，因冷水、暖水交汇形成若干"旋涡流"，又被称作"湾流环"，其直径可达数百千米，存在时间可达6个月。又如，地中海含盐量明显高于大西洋，当温暖高盐的地中海水进入大西洋后，往往会形成旋涡流，被称作"地中海旋涡"。由于它们的形状貌似圆盘，又如镜子，又被称作"地中海盐透镜"，其直径可达50千米，厚度有数百米，多位于水下1000米左右的深海，存续时间可达2年。[16]

大洋洋流是地球的重要活力体现，对大气气流、天气变化、地球自转等，都有着重要影响。但是，其形成机制至今仍未有完整统一的解释。较为重要的因素有地球自转的影响、大气环流的影响、月球与太阳引力的影响、不同洋域水温差与盐度差的影响等。还有的学者别开生面地提出不同海域海平面高度的差异是大洋洋流的重要驱动力。比如，北太平洋的海面高于北冰洋，白令海峡南部相对于北部有0.5米的高度差，北冰洋又高于北大西洋，"这是构成从北太平洋流入北冰洋，最终经由格陵兰海流入大西洋的这支洋际贯穿流的主要驱动力"。又如，印度尼西亚海的东西两侧的海面高度有明显落差，东侧的海面高度特征值为1.6米，高于西侧；与之相应，西太平洋的海面高度特征值为1.6米，印度洋南纬30度处的海面高度特征值仅为0.6米。这一落差驱动着自东向西的印度尼西亚海洋流传输。[17]

上述诸说各有其依据，也多能自圆其说。若着眼于更大的视域还可发现，它们都关注到了问题的一个方面，整个海洋系统其实是地球循环系统的重要组成部分，是较为完善的自循环子系统。其根本驱动力是地球自转，地球自转所引发的驱动力又称科里奥利力，该力有两个鲜明特点：一是该力在赤道地区趋于零，由赤道向南北两极逐渐加大；二是该力的取向在北半球朝向右，南半球朝向左。[18]各大洋海平面的差异与科里奥利力的分布直接相关，当然，与月球与太阳引力也有关，与地轴倾角也不无关系。科里奥利力对于大气环流、地球内层运动也有着重要作用。与之同时，海洋洋流的运动，特别是海洋潮汐对科里奥利力也起着调整与抑制作用。所以，地球自身就是一个相对完整的自循环系统，其原初动力之源还是在地球内部。

四、海陆变迁与板块构造

对于地球上海陆变迁的关注，始终与人类社会相伴生，从龟驮陆的传说，到沧海桑田的推论，再到近代的大陆漂移假说，不断接近客观实在的真相。20世纪60年代，在大陆漂移说基础上发展形成的板块构造学说，是迄今为止最为系统的地球海陆变迁的学说。该学说认为，地球的岩石圈并非统一整体，而是由若干板块构建而成的，计有太平洋板块、美洲板块、欧亚板块、印度洋板块、非洲板块与南极洲板块等六大板块。地球上可见的各大陆、岛屿与海洋都只是每个板块的承载物，比如，太平洋板块之上就包含了太平洋与其中的绝大部分岛屿，印度洋板块则承载着印度洋、南极洲一部分和印巴次大陆以及澳洲大陆。

自地球逐渐冷却，岩石圈与地壳基本稳定后，岩石圈就因冷凝与稳定的时间差异、引力差异、重力差异等，形成了大小不一、形状各异的不同板块。这些板块虽然最终拼接为相对完整的岩石圈，但一直处在游移、碰撞、浮沉之中，这种旷日持久的变动，导致了其承载的大陆与海洋的分合变化。岩石圈之上的大陆有时可以组合为一个超级大陆，海洋也完全合一，地球表面成为海洋中的一方大陆；有时又逐步裂解，形成若干相对独立的陆地和可以区分的不同的海洋。

据研究，地球上最早的超级大陆出现于30亿年前，被称作超级克拉通。此后，先后出现了四次超级大陆组合，分别是20亿年前左右的哥伦比亚超大陆、10亿年前左右的罗迪尼亚超大陆、5.4亿年前的冈瓦纳超级大陆和2.5亿年前的潘基亚超大陆。各超大陆中间的历史时期则是分裂成若干部分的大陆与海洋。

目前地球表层的海陆分布就是从潘基亚超级大陆分解而来的。大约1.8亿年前，潘基亚超级大陆分解为北半球的劳亚古陆和南半球的冈瓦纳古路；1.5亿年左右，冈瓦纳古陆分解为非洲、印度、澳洲、南极洲以及南美等不同大陆。此后，南美大陆逐步远离非洲大陆，印度与澳洲大陆北上。劳亚古陆也分解为北美大陆、格陵兰岛与欧亚大陆。南美大陆与非洲大陆在分离到一定程度后，均转而向北，分别与欧亚大陆与北美大陆相接；印度大陆与澳洲大陆在印度洋板块的带动下不断北上，在与欧亚大陆冲撞过程中导致了喜马拉雅运动与青藏高原的崛起。

图 8-4　阿玛西亚超级大陆示意图

大陆分解的过程实际上又是新的超级大陆重新组合的过程，根据各大板块的运动轨迹与速度推算，到2.5亿年后，北美大陆会与欧亚大陆相遇，太平洋消失，大西洋扩张，其面积或许会大于太平洋。澳洲大陆会并向东亚，南极洲也会北上与新的超级大陆会合。有学者甚至为这个未来超级大陆取名为"阿玛西亚超级大陆"（图8-4）。[19]

对于岩石圈板块构造与移动以及海陆变迁的研究，已可以大致勾勒出地质时期的变化轨迹，但在变动动力与途径上尚有许多问题未能解决，在一些关键问题上也未达成共识。到目前为止，较有代表性的有两种假说，一是壳幔循环说，二是岩浆自发驱动说。

壳幔循环说实际上是俯冲带与地幔柱两种假说的整合。俯冲带假说认为，岩石圈各大板块在挤压中，一个板块会俯冲到另一个板块之下至少80千米深处，甚至可以到达核幔接合部，可以影响其上部的板块运动与岩浆活动。印度洋板块北上与欧亚板块相遇后，就俯冲到欧亚板块之下，俯冲前缘已抵达怒江缝合带与金

沙江缝合带，青藏高原的隆起与高原上广泛存在的岩浆遗存都是
这一俯冲的结果。[20]

地幔柱假说认为，地幔内部的热物质在一定压力或推力作用
下会自下而上涌动。在软流层时，可以激发软流层的水平流动；
到达岩石圈时，会四面散溢，形成蘑菇状柱头，直径可达1000到
2000千米，可以激发所在区域岩石层隆起，隆起高度可达1000到
2000米。部分热物质冲破岩石层，可以形成岩浆溢流或火山喷
发。这都可以形成板块移动的推动力。[21]

有研究者曾对壳幔循环说概括道："在板块汇聚边界，大洋
岩石圈可以穿越层圈结构俯冲至地幔过渡带、下地幔乃至核幔
边界，大陆岩石圈也可以俯冲到150～300 km，然后超高压变质
岩快速折返；而地幔柱可以把俯冲到地幔深部的物质带回到浅
部。"[22]这种壳幔循环不仅为地球提供了垂直的穿越层圈的能
量与物质交换，也为板块构建提供了基本动力。

岩浆自发驱动说认为，整个地球板块的运动起于大陆板块，
而大陆板块运动是在热力驱动下自行发生的。具体而言，有三个
环节：第一，在地幔上涌作用下，大陆板块裂解，岩浆涌出，凝
固，再涌出的过程中，推动板块移动；第二，由于大洋板块俯冲
在大陆板块之下，移动的大陆板块俯冲在大洋板块之上向前移
动；第三，大陆板块对大洋板块的重力会激发大洋裂隙与地幔流
上升，出现洋底扩张，但洋中脊喷出的岩浆很快会被海水熄灭，
因此海底扩张不能持续，而大陆板块漂移后在其后面持续不断地
涌出岩浆并不断被海水熄灭，这个热力推动过程才能持续推动大
陆板块向前漂移。[23]

不过，到今天为止，人类仍未能真正理清地球板块移动的动
力问题，所有认识都只是在"假说"之中。更为重要的是，在地

球板块移动中，为什么总是以大陆的聚合与分解为导向？因为，如果没有大陆的不断聚合与分解，地球不会拥有如此适于生命存续的自然与环境，也不会成为一个充满生机的"生命伊甸园"。依人类的科学常识，这只是结果，不会是板块移动的原因。

五、地球内层结构

自地表以下至地心都属于地球内层，按照地球物理学的划分，可以分为三大层次，即地表、地幔和地核；也可以根据不同层次内的移动圈层，细分为地壳、上地幔、过渡层、下地幔、D"层、外核和内核等7个圈层；还可以根据外在形态划分为岩石圈、软流圈、中间层、液态和固态等5种形态（图8-5）[24]。

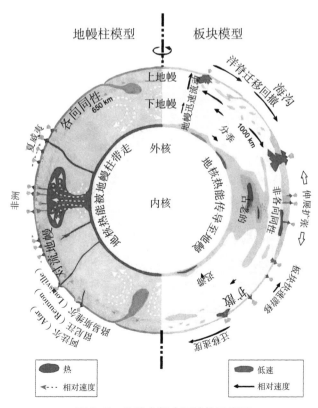

图 8-5　地球内部分层结构示意图

地壳是地球的浅表层，在地表复杂多变的环境中，既有高原峻岭，又有洋底深沟，因而地壳厚度也很不均匀。青藏高原一带的地壳厚度可达80千米，大陆平原地区为30千米左右，大洋洋底的地壳厚度平均为7千米左右。整个地壳的平均厚度为17千米左右。地壳的上部主要为绿片岩，中部为角闪岩，下部为麻粒岩。人类所能开掘的所有地下水、石油、页岩气以及其他各种矿产，都在地壳上部。到目前为止，人类直接钻探的最大深度为12262米。因此，人类对地球内部的认识与了解主要还是依靠间接手段，而且，尚未形成完整清晰的地球内在认知。

上地幔的下限在地表下400千米左右，过渡层的深度在地表下410千米～660千米之间，下地幔的下层边界在2900千米左右。上地幔的上层与地壳均为固体岩石结构，共同构成了地球的岩石圈；至200千米～230千米以下的区域，因高温高压造成了各种物质的变化，形成了软性以至可以流动的软流圈。到目前为止，对于软流圈范围内的地幔还缺乏统一的认识，比如，经初步判断，这个范围内仍存在着水与碳一类的重要挥发分。一方面可以以羟基形式存在于矿物质中，另一方面还可以以水分子、高压冰和分子氢等形式存在；碳则可以以碳化物、金刚石等形式存在。但对于存在的深度、区域以及交换与否等问题仍不太清楚。

D"层相当于下地幔的附加层，位于下地幔下部，厚200千米～300千米。这一层面是地球内部热能与地幔之间的强相互作用带，是地球化学演化与热演化的策源地。[25]

外核距地表大约2890千米左右，主要成分是液态铁，具有很强的流动性，其温度大致相当于太阳表面温度。

内核居于地球中心，半径为1221千米，处在极端高温高压环境之下，压强可达到330～364吉帕，温度可达到6000开尔文

（1K=273.15℃）。内核的主要成分应当是铁，其次是镍和轻元素。实验推测，在内核高温高压环境下，铁合金应当是六方密排结构，是十分坚硬稳定的晶体。据最新研究，在内核核心300千米～600千米的范围内，可能还存在着一个内核之芯，又称内内核。[26]

在地球内部结构中，有一个现象十分重要，这就是物质密度自外向内不断逆进，比如，地壳岩石密度只有地球整体平均密度的一半左右。具体而言，距地表2900千米以内的物质密度在2.5～5.6克/立方厘米，地核内部的物质密度10～13克/立方厘米左右。[27]这种密度的递进与地球形成进程中旋臂效应有直接关系。另外，到目前为止，地球各圈层也都处在自我旋转之中，以地球内核的转速最快，自内向外依次递减。据测算，地球内核的旋转速度是地球本身旋转速度的27倍。[28]在这种圈层的持续旋转中，地球物质的重心仍在不断内敛，外疏内密格局持续强化。

六、地球磁场

地球磁场是地球之于人类最大的恩赐，适当强度、持续不断的磁场所发出的磁力线为地球施加了有效保护层，保护着地球免受宇宙粒子和太阳辐射的伤害，保护着地球的大气与水，更保护着地球上的生命。地球磁场是典型的双极磁场，磁力线从南半球的地磁极发出，以长长的弧线返回到北半球的地磁极，最高点可到达太空。

地球磁场并非如固体磁铁的磁场那么稳定，而是处在飘逸游动之中，近百年来南北磁极的游移速度便可达到每年40千米左右。更让人类担心的是，地球磁场的两个磁极还会发生周期性反转，亦即南北磁极对调。在可统计的确切范围内，南北磁极翻转的周期是25万年左右，但是自上一次翻转至今已有78万年。人们已经注意到地球磁场近一百多年来已减弱了9%左右；全球磁场强度的分布也发生了明显变化，南大西洋地磁场强度大范围下降，亚洲则略有增强。有研究者推测，地球可能已到了新的一轮地磁磁极变动期，但其翻转时间还要在数千年后（图8-6）。[29]

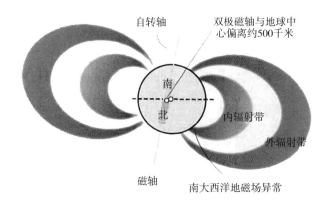

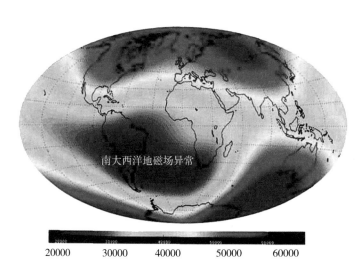

图 8-6　变化的地球磁场示意图

　　从太阳系各行星的状况看，有的行星存在着较弱的全球性磁场，如水星，其磁场强度相当于地球磁场的1%左右；也有的行星星曾经有过全球性磁场，但后来消失了，如火星；还有的行星存在着更为强大的全球性磁场，如木星磁场的强度就是地球磁场的2万倍左右。[30]但是，对于行星中磁场形成的原因一直众说纷纭，到目前为止，还未有定论。就地球磁场的成因而言，最具代表性的有两种观点，即"发电机说"与"铁磁体说"。

　　"发电机说"认为，因为地球内部周期性的对流运动产生了地球磁场。具体到对流方式，又有两种代表性假说：一种假说是地核外核的对流，在外核中的液态铁会与其上层的地幔形成对流，不断将热量向上传导，被冷却的液态铁密度增大后又会回流至地核。由于铁具有很好的导电性，这种液态铁的对流运动就会产生很强的电流，进而产生地球的强大磁场。[31]另一种假说是地核相对于地球其他圈层的差异自转对流形成磁场。其机理是地核内部物质处于高温高压条件下，电子或在地球半径方向上相对向地核表面集中，或逃逸原子的束缚，使地核表面"带电（负电荷）"。地核相对于地核以外的地球其他部分及其地面和大气圈存在着差异旋转运动，使得地核相对于地壳（以及地核以外其他圈层物质）有电流运动——运流电流，运流电流的方向与差异自转运动的方向相反。地核相对后者产生感应磁场。[32]

　　近年来，有研究者通过对地球内核结构及其运动状态的研究，提出地球内核并非统一的实体，其东西两个半球存在明显差异，这种东西半球差异表明东西半球凝固状态存在差异，内核西半球不断凝固并释放潜热和轻元素，东半球则不断熔化并吸收潜热和轻元素，这意味着外核对流的驱动力在东西半球呈现截然不同的相反方向；并进一步指出，这种内核边界热化学驱动力的不均匀性，可以为新一代的地球磁场发动机模拟提供约束和指导，使人类在了解地磁场起因上更靠近一步。[33]

"铁磁体说"认为地球内部形成了巨大的铁磁体，由此才有了全球性的地球磁场。这一假说历史较为悠久，受到的质疑较多，相当一个时期以来逐渐被边缘化。近十余年来，又有研究者在原有的"铁磁体说"基础上重新考察与论证，进一步提出了"磁核说"。认为地球内核在高温高压条件下可以形成铁磁体，在这一过程中，会产生一个"小型的饱和磁化的永磁球体"，随着温度的逐渐下降，磁球体不断增大，最终会形成"一个位于内核中心处的饱和磁化的永磁球体——磁核"。磁核就是地球磁场中的主体部分——偶极磁场。地球磁场的另一部分——非偶极磁场是由磁偶极子的磁场叠加而成的，磁偶极子的来源是磁核，磁核形成的偶极磁场被外核流动的液态铁切割时，会形成涡流，激发出磁偶极子。[34]

上述诸说都是计算与推理的结果，无法验证。因此，也可以说，到目前为止，关于地球磁场的成因仍无准确答案。但有一点是肯定的，随着地球内部的逐步冷却，无论是圈层与内核的异动，还是外核流体对磁核磁场的切割都会终止，到了此时，磁场便不复存在，一如如今的火星，只留下曾经有过磁场的岩土记忆。

七、自转着的地球

地球自形成起，就处在迄未停歇的自转中，但自转动力何在，一直困扰着人类，特别是近代自然科学产生以来，人类一直试图揭开类似于永动机般的地球自转之谜，提出了种种推论与假说。到目前为止，人类达成的共识是，地球自转是由外力与内力共同驱动的。

所谓外力，主要是太阳引力和地球形成过程中留存的惯性力。据地球动力学研究，地壳、地幔与地核的惯性力矩存在较大区别，其从大到小的顺序是地幔、地核、地壳。具体而言，地球自转中，能动性最大的部分在地幔。所谓能动性，主要就是惯性、动能与惯性力。但是，地核又是地球自转惯性速度的控制层，地球的自转惯性主要由深部控制，深部自转加快则会随之加快，深部自转减慢则会随之减慢。[35]

所谓内力，主要是地球内部形成的力源。目前，关于地球内部运转机制的研究已较为丰富，既有传统的地球收缩说、膨胀说、脉动说、潮汐说等，又有新兴的地球圈层差异转动假说。圈层差异转动假说的要点是，通过地球内部圈层的差异转动，驱动地球的自转。其中，较有代表性的有旋转对称两层地球自转理论和旋转对称三层地球自转理论。前者针对弹性地幔和流体地核的旋转关系，给出了旋转对称两层地球的联合自转方程；后者针对可变形的弹性地幔、可压缩的流体外核以及可变形的固体内核的旋转关系，引入了外核与地幔、内核之间的电磁耦合，给出了旋转对称三层地球自转的方程。均可自圆其说。[36]

无论哪一种假说、哪一种模式，都需要动力驱动。具体而言，地球内部的动力源只能是热能，这是地球内部各种运动的根本力源。目前可知的或者说可以推导出的地球内部的热能主要有三大来源，即核能、重力能和惯性力能。

核能是地球内部放射性元素的衰变产生的热能，据估算，其形成的热量约为1.1×10^{31}焦耳，可使地球升温约1645 K；重力能是地球自上而下形成的压力给内部物质带来的绝热（绝热指无热交换的热能）增加，其热量贡献约为1.18×10^{31}焦耳；惯性力能是地球转动形成的惯性势能，其热量贡献约为1.5×10^{31}焦耳。从可统计的地球内部热量总量看，目前地球的产热率仅有散热率的一半左右。而且，在一些关键性地球内部运动中，尚不明确其热能来源。比如，有学者提出："由于核幔边界，即D"层是一个热动力边界层，它既是板块俯冲、消减后形成地幔冷柱的场所，同时又是地幔热柱产生的源地，且在热动力作用下驱使地幔物质上涌，那么核幔边界D"层的强势热能又是怎样产生的？"（图8-7）[37]

类似的谜团不仅存在于地球内部，在太阳系以及更大的星系空间也存在着难以解释的谜团。其中一个较具代表性的就是牛顿力学在星系空间遇到的难题。比如，依牛顿动力学理论，旋涡星系发生的旋转曲线应有一个明显的开普勒下降区域，但在实际测算时却发现，该曲线不仅未见下降，而且是一条延伸的平直曲线；依牛顿动力学理论推算的星系团维里质量与依实际光度测得的质量也有较大差异。因此，有研究提出，牛顿动力学仍然成立，但是需要设想在宇宙中存在某种大量的弥散的暗物质，在星系和星系团周围形成暗物质晕，其空间分布的尺度可以是星系发光区域尺度好几倍的大小，并且假设这种暗物质的粒子只参与引力相互作用，其存在只能通过引力效应来探测。通过暗

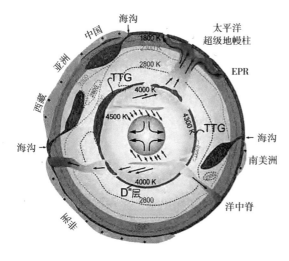

图 8-7　地球内部物质与能量交流示意图

物质在空间的适当分布，就可以解释上述平直转动曲线。但此说也备受争议，比如，有研究认为，由于暗物质受到了地球引力的吸引作用，在地球附近分布的暗物质的密度要大于离地球较远的空间中暗物质的密度。但是，根据牛顿力学建立的月球运动方程计算的结果却是暗物质对于卫星角速度的影响非常微小，也可以说对于地球引力系统，暗物质的效应是完全可以忽略的。暗物质极大可能是不存在的。[38]

还有的研究认为："当我们根据星系内的物质分布密度估算出星系的质量时，然后再用太阳系中使用的万有引力常数，就会发现'不正常的现象'……就自然会提出'必然存在'所谓的'暗物质'。可是通过观测，又不能发现可观测的'暗物质'，这就使得科学探索处于两难的境地。"[39]该研究解决这一难题的方案是重新对牛顿力学中的万有引力常数进行调整，使其符合太阳系中使用万有引力常数所出现的"不正常的现象"。

上述两说各有其道理，但也存在明显缺陷，前说之方程推算并无问题，但其前提与结论都只限于太阳系与月地空间，忽略了地球甚至太阳内部可能存在的反物质。后说对于万有引力常数的修正可以解决理论逻辑的内在统一问题，但无法说明暗物质是否存在，更无法解释地球深处D"层中的强势热能是如何产生的等一系列问题。

我们认为牛顿万有引力常数应用于太阳系所面临的问题应当就是暗物质的作用所致，但是这个暗物质并不在太阳系诸天体空间，而是在其内部。地球地核之内核很有可能就是它们的居所，正因如此，才会源源不断释放出巨大热能，使外核呈现为金属液态，使D"层拥有强势热能，也使得地球能够不停地自转。

图 8-8　地球身边的月亮

八、地球身边的月球

月球很小，很美，在人类眼中，它一直在默默地绕着地球转。的确，与地球相比，月球的体量明显较小，它的平均半径只有1737.1千米，仅是地球平均半径的27.3%，其质量只是地球质量的1.23%，引力也只是地球引力的1/6。最新的月球探测表明，月球表面存在水分，月球内部也分为月壳、月幔与月核等层次，月核也由灼热的岩浆组成。月球晚期火山活动多种多样，既有平静的溢流，又有剧烈的喷发，岩浆中有大量的挥发分，月球并非寂静之地。[40]

更为重要的是，月球绝不仅仅是地球的环绕者，它与地球是一个互相依存、互相影响的地月共同体（图8-8）。

首先，从月球与地球运行的力学结构看，两者都既有自转，又有公转。月球的自转周期是27.32天，其绕地球公转的周期也是27.32天，因此，它朝向地球的一侧是固定的，人类在地球上永远看不到月球的另一面。在月球与地球都在自转且月球绕地球公转的同时，地月还同时绕太阳公转。地月上述相对运动的中心点并非地核或月核，而是两者的公共质量中心，可以称作"地月质心"。不仅月亮与地球在做相对运动时以地月质心为中心点，地球携月亮的绕日公转也是通过地月质心实施的。[41]地月质心的位置在地球地表下1600千米处。

与之相应，在地月力学体系中，地月引力间的中心连线并不对称，而是一个力矩作用于地球，另一个反方向的等量力矩作用于月球。力矩所形成的力可以影响地球自转速度，使其逐渐减缓；而地球自转形成的动量连同部分角动量会转移到月球上，促使月球拉大与地球的距离。[42]

其次，月球对地球引力可以形成巨大潮汐作用，而海洋潮汐产生的摩擦力直接影响着地月的运动状态。据研究，月球潮贡献的能量耗散是影响地球自转的首要因素，太阳潮在地球潮汐能量耗散上的贡献仅是月球潮的1/6。月球与太阳引发的地球潮汐能量耗散加上前面讲到的地月力学体系中力矩的作用，造成地球自转速度目前每年减慢2.01毫秒（每毫秒等于0.001秒）。在月球引发的潮汐能量耗散影响地球动能的同时，会有一小部分地球自转能转化为月球的轨道运动能，因而，月球引发的潮汐摩擦耗散也同时会拉大地月距离。目前的地月平均距离每年的增加值为3.83厘米。[43]

再次，月球对地球的引力除了引发水文潮汐外，同时还会形成复合性的地球响应，有固体潮、气体潮、地心潮等。固体潮就是月球引力对地壳造成的起伏波动，气体潮是月球引力对大气层带来的气压与气流的波动，地心潮就是月球引力对地幔与地核造成的波动。这些波动对地球而言或福或祸，不一而论，但影响都是不容忽视的。

比如，据研究，月球引力可以牵引地核内层的硬核，使其在外核溶液中滚动变位，可偏离地心点3千米左右，这种位移所形成的连锁反应可直接影响地球磁场的变化。而且月球引力对软流层与岩石层的不同引力与应力，也是地球内部圈层差异运动以及地球自转的重要动因。[44]

又如，有研究表明，地震活动周期与月相变化存在着内在关联性。中国华北地区的强震就多发生在朔望前后。1945年以来，河北平原地震带上发生的5.7级及以上烈度的主震共7次，其中有6次发生在这一月相区间。而且，对1300年到1990年间华北地区6.0级及以上烈度的地震周期的分析表明，其周期时间为29年左右，而月相朔望周期为29.53年，两者也应当存在着内在必然性。该研究还认为，大量统计表明，地震不一定沿断裂层发生，也未必都是板块运动的结果。上地幔与地壳内存在流体是孕育强震的必要条件。在地球圈层运动中，软流层与地核流体在月球引力强盛时可能会快速涌出，激发强烈的地震活动；在月球引力降至低位时，也可能会带来圈层局部的松动与裂变，也会引发地震。[45]

此外，月球引力对地球之上的几乎所有存在都产生着影响。比如，对所有生命体包括人类的影响就十分明显，人类的生理循环、内在运行都受到月球引力的作用。心脏的异常、血压的波动乃至精神状况的起伏变化，都与月球引力有着不可避免的关系。

九、地球在何

人类所居住的地球可以说是硕大无比，高山峻岭、平原江河、浩瀚的海洋，容纳着80亿人口以及不胜枚举的自然万物，承载着一路走来的人类文明的历史。这样一个星球上不仅有七大洲、四大洋，还有200多个国家和地区，也有众多的国际组织，战争与和平，民族与宗教……（图8-9）

现在我们需要了解的是，这颗星球身在何处，在天下的什么位置？人类眼中的"天下"只是地球之上，还是我们所说的天下是宇宙之中，或者说是已知的宇宙之中？

地球是太阳系的一员，太阳系是以太阳为中心组合成的星系系统。地球到太阳的距离大约是1.5亿千米，以此为一个天文单位，我们可以用这把尺子丈量一下太阳系空间。

太阳系的空间范围最大值以奥尔特云为界，其距太阳的距离约为5万天文单位，有研究认为奥尔特云最边缘处距太阳的

图8-9　地球在何

距离为20万天文单位，相当于地球与太阳距离的20万倍，折合为3.16光年。奥尔特云是太阳系形成过程中残留物质组成的彗星群，其总量可达1000亿颗。在奥尔特云以里如此辽阔的空间中，分布着包括地球在内的八大行星、若干矮行星、205颗卫星，还有近100万颗小行星。在太阳系中，太阳绝对是至高无上的存在，其直径是地球的109倍，质量是地球的33万倍，在太阳系可以测算的总质量中，仅太阳这颗恒星就占99.86%。由此可以看出，地球在太阳系中的空间地位与质量位次。[46]

太阳系当然不是天下，只是天下一微粒，是银河系中的普通成员。对银河系空间的计量就无法使用天文单位了，只能以光年计，一光年相当于6.3万个天文单位。银河系是一个直径约8万光年的扁平圆盘状星系，有2000亿颗以上的恒星定居其中，太阳只是其中的1/2000亿。银河系有四条旋臂，由近及远是盾牌臂、人马臂、猎户臂和英仙臂。盾牌臂距银河中心点最近，约有1.6万光年；英仙臂距银心最远，约有4万光年。太阳位于人马臂和猎户臂之间，距银河中心点2.7万光年以上。[47]银河系在自转的同时，也在与其他星系做相对远离运动，在宇宙空间中的运行速度可达每小时210万千米；太阳系随其所在的猎户臂绕银河中心点运转，其速度也达到了每小时80万千米，即使以这样高的速度运转，也需要2.3亿年才可绕行一周。[48]当然，地球也必须随同整个太阳系一道运转。

如此庞大的银河系依然不是"天下"，与人类已知的宇宙空间相比，银河系仍只是沧海一粟。据目前的测算，已知宇宙的空间至少930亿光年，其中有1400亿个星系，银河系只是极普通的一个星系，有的星系比它要大1000倍；各星系共有600万亿亿颗恒星，太阳只是其中一颗小型恒星。有学者曾用信件邮寄地址的形式形容地球在宇宙中的位置，借其内容，我们可以以另外一个宇宙来客的身份去访问地球上的一位朋友。

到达本宇宙后的第一步要找到拉尼亚凯亚超星系团。这个星系团内还有400个超星系团，直径为5.2亿光年。

第二步，在拉尼亚凯亚超星系团中找到室女座超星系团。这个超星系团拥有100个星系团、1亿亿颗恒星，直径为1.5亿光年。

第三步，在室女座超星系团中找到室女星系团。这个星系团拥有2000个星系，直径为5000万光年。

第四步，在室女星系团中找到银河系所在的本星系群。这个星系群直径为1000万光年，拥有50个星系。

第五步，在本星系群中找到银河系。这一步比较简单，但到达银河系后又会面临着3000亿颗恒星。

第六步，在银河系中找到猎户臂。这个星臂组合宽达3500光年，其内侧附近便是太阳系的位置。

第七步，在猎户臂中找到太阳系。到达太阳系后，再寻找第三颗行星，就可以到达地球了，然后还需要在近80亿人中找到自己的朋友。[49]

这样一来，就大致可以明了地球在已知宇宙中的位置了。但已知的宇宙还不能称作"天下"，只能称作"已知的天下"，其边界到目前为止还不清楚，而且是否只有目前这一个宇宙也不得而知。

现在可以预测一下地球的未来了。地球只是太阳的行星，对自己的命运没有任何决定权，只能以太阳的归宿决定自己的命运。据天文学家测算，太阳的寿命应为125亿年左右，目前只有45亿岁，在未来的演化中，太阳亮度会逐渐增加，温度会不断增长。在其55亿岁之内，亮度会增加10%，温度也会相应提高，地球温度会不适于任何生命生存。到太阳75亿岁时，地表温度会达400℃，已成火球。

在太阳进入100亿岁后，会逐渐向红巨星演化。一方面，星体膨胀，其直径会是目前的200倍；另一方面则是温度大幅提升，其亮度将是目前的5200倍。在其125亿岁时，它会告别恒星使命，成为一颗白矮星，虽然体积与质量骤降，但亮度仍是目前的35倍左右，表面温度可达12万℃。

在这一过程中，水星会首先被太阳吸入，随后便是金星被太阳吞没。地球被太阳吞食的可能性同样很大，而且在此之前还有可能与金星相撞。当然，天文学家们也预测了另外一种可能，即地球在这一过程中飞离太阳系。一种方式是被太阳系逐出，概率为40万分之一；另一种方式是被路过的其他恒星俘获，概率为200万分之一。[50]

不论哪一种命运，都与人类无关了，因为在太阳55亿岁之内，地球上所有的生命会全部消失。

注释：

［1］参见吕达仁、陈泽宇、郭霞等：《临近空间大气环境研究现状》，《力学进展》2009年第6期。

［2］虞南华、郑大伟：《大气对地球自转季节性变化的贡献》，《天文学报》2000年第2期。

［3］杜沛珩、张效信、何飞等：《地球等离子体层顶与地磁活动的关系研究》，《地球物理学报》2018年第1期。

［4］刘莹、章文毅、戴吾蛟等：《基于GPS电离层层析技术的地震电离层异常研究》，《大地测量与地球动力学》2015年第2期。

［5］王园、白征东、元荣：《东日本大地震电离层异常分析》，《测绘通报》2015年第3期。

［6］参见杨冬红、杨学祥、刘财：《2004年12月26日印尼地震海啸与全球低温》，《地球物理学进展》2006年第3期。

［7］参见：《月球如何影响地球气候变化》，《中国科学探险》2022年第4期。

［8］参见杨新兴：《地球气候变化及其主要原因》，《前沿科学》2017年第3期。

［9］参见杨冬红、杨学祥、刘财：《2004年12月26日印尼地震海啸与全球低温》，《地球物理学进展》2006年第3期。

［10］参见杨冬红、杨学祥、刘财：《2004年12月26日印尼地震海啸与全球低温》，《地球物理学进展》2006年第3期。

［11］参见杨冬红、杨学祥：《全球气候变化的成因初探》，《地球物理学进展》2013年第4期。

［12］参见周尚哲：《冰期天文理论的创立与演变》，《华南师范大学学报（自然科学版）》2014年第2期。

［13］叶叔华：《人类对地球的新认识》，《科学》1999年第1期。

［14］参见（美）托马斯·R.斯科特著，王艳红译：《宇宙的本来面目：地球、空间、物质和时间》，人民邮电出版社，2019，第212～214页。

［15］参见朱耀华、魏泽勋、方国洪等：《洋际交换及其在全球大洋环流中的作用：MOM4p1积分1400年的结果》，《海洋学报》2014年第2期。

［16］参见（英）迈克尔·汤普森主编，傅德谦译：《天文学与地球科学》，中国青年出版社，2006，第236页。

［17］参见朱耀华、魏泽勋、方国洪等：《洋际交换及其在全球大洋环流中的作用：MOM4p1积分1400年的结果》，《海洋学报》2014年第2期。

［18］参见（英）迈克尔·汤普森主编，傅德谦译：《天文学与地球科学》，中国青年出版社，2006，第240～241页。

[19] 参见李三忠、余珊、赵淑娟等:《超大陆与全球板块重建派别》,《海洋地质与第四纪地质》2014年第6期;许志琴、王勤、孙卫东等:《地球的层圈结构与穿越层圈构造》,《地质评论》2018年第2期;赵文津:《大陆漂移,板块构造,地质力学》,《地球学报》2009年第6期;图见后文。

[20] 参见许志琴、王勤、孙卫东等:《地球的层圈结构与穿越层圈构造》,《地质评论》2018年第2期。

[21] 参见滕吉文、宋鹏汉、张雪梅等:《地球内部物质的运动与动力》,《科学通报》2016年第18期。

[22] 许志琴、王勤、孙卫东等:《地球的层圈结构与穿越层圈构造》,《地质评论》2018年第2期。

[23] 参见梁光河:《印度大陆板块北漂的动力机制研究》,《地学前缘》2020年第1期。

[24] 参见滕吉文、宋鹏汉、张雪梅等:《地球内部物质的运动与动力》,《科学通报》2016年第18期;许志琴、王勤、孙卫东等:《地球的圈层结构与穿越圈层的构造》,《地质评论》2018年第2期;毛竹、刘兆东、张友君等:《实验矿物物理的发展现状与趋势:2.弹性和波速》,《地球科学》2022年第8期。

[25] 参见滕吉文、宋鹏汉、张雪梅等:《地球内部物质的运动与动力》,《科学通报》2016年第18期。

[26] 参见温联星、田冬冬、姚家园:《地球内核及其边界的结构特征和动力学过程》,《地球物理学报》2018年第3期。

[27] 参见褚伟、徐亚、段杰翔等:《地球内部结构及其密度分布特征研究综述》,《地球物理学进展》2021年第2期。

[28] 参见张中信、陈殿有、周菊仙:《关于地球圈层差异旋转理论研究的综述》,《世界地质》1997年第4期。

[29] 图文均参见Robert Naeye撰,关蕴豪译:《变化的地球磁场》,《中国国家天文》2018年第3期。

［30］参见Robert Naeye撰，关蕴豪译：《变化的地球磁场》，《中国国家天文》2018年第3期。

［31］参见Robert Naeye撰，关蕴豪译：《变化的地球磁场》，《中国国家天文》2018年第3期。

［32］参见周会庄：《基于圈层异旋假说的地球暨地磁成因之探讨》，《地球》2019年第2期。

［33］参见温联星、田冬冬、姚家园：《地球内核及其边界的结构特征和动力学过程》，《地球物理学报》2018年第3期。

［34］参见李安生、李振亭：《地球基本磁场的形成与变化的探讨》，《地球物理学进展》2007年第3期。

［35］参见安欧：《地球公转自转与地壳动力学》，载中国地震局地壳应力研究所编《地壳构造与地壳应力文集》（21），地震出版社，2009，第1～15页。

［36］参见郭志亮：《三轴三层地球自转的本征模及极移激发》，博士学位论文，武汉大学固体地球物理专业，2020，第17～20页。

［37］滕吉文、宋鹏汉、张雪梅等：《地球内部物质的运动与动力》，《科学通报》2016年第18期。

［38］参见张杨、赵文、韩金林：《MOND理论和暗物质模型的检验》，《天文学报》2003年第4期。

［39］钱凤仪：《万有引力形成机制与暗物质谬误研究》，《长春工业大学学报》2019年第2期。

［40］参见肖龙、凌宗成、张昊等：《月球科学的新认识：嫦娥三号月球车探测成果》，《中国科学基金》2016年第3期。

［41］参见马祖利：《月亮对地球自转的影响机理新探》，《山东师大学报（自然科学版）》1993年第2期。

［42］参见刘清超、陈晓东、徐建桥等：《潮汐摩擦对月球轨道与地球自转影响的研究综述》，《地球科学进展》2021年第5期。

［43］参见高布锡：《潮汐能量耗散与地月系统演化》，《天文学报》

2020年第5期。

［44］参见马祖利：《月亮对地球自转的影响机理新探》，《山东师大学报（自然科学版）》1993年第2期。

［45］参见杜品仁：《华北地区强震活动与月相的关系及其机制》，《地球物理学报》1999年增刊。

［46］参见施韡：《走近天文之四：太阳系——熟悉又陌生的家园》，《物理》2020年第6期。

［47］参见王家骥：《太阳在银河系中所处的环境》，《自然杂志》2006年第1期。

［48］参见（美）托马斯·R.斯科特著，王艳红译：《宇宙的本来面目：地球、空间、物质和时间》，人民邮电出版社，2019，第292页。

［49］参见（美）托马斯·R.斯科特著，王艳红译：《宇宙的本来面目：地球、空间、物质和时间》，人民邮电出版社，2019，第316~317页。

［50］参见（美）Peter Tyson撰，吴蕴豪译：《太阳系的未来命运》，《中国国家天文》2017年第10期。

玖

世界何在

　　存在主义哲学认为世界因人的感知而存在，在人心灵之外并无独立的存在；多重宇宙假说则认为，人类所在的世界只是宇宙暴胀过程中生成的无数小泡泡中的一个，不断膨发，不断幻灭。那么，世界究竟何在？

一、世界何来

当今所有关于宇宙起源的假说都有一个共同的前提，即宇宙的不断膨胀。宇宙膨胀最基本的观测证据是美国天文学家爱德文·鲍威尔·哈勃所发现的星系红移现象。哈勃观测到，星光光谱随着星系与地球距离的拉长而逐渐向光谱仪的红端移动，表示亮度的降低。哈勃提出，这相当于多普勒效应作用，表明所有星系都在远离地球而去，其实质是宇宙的不断膨胀，由此提出了哈勃定律和哈勃膨胀学说。

既然当前的宇宙处于不断膨胀中，以此为基点逆推，则可以认为宇宙中的所有形态，包括空间与时间，会有一个共同的起点。对这个起点有两种观点：一种观点认为它是密度无穷大的一个奇点，有人甚至设定其直径小于10^{-30}米，只相当于质子直径的1000万亿分之一，密度为10^{94}克/立方厘米。[1]另一种观点认为奇点应当是粒子运动路径的终点，只能适用于数学表达，而非物理学表达。彭罗斯与霍金则以数学定理的方式证明了"时空至少存在一条具有起点的运动轨迹"[2]，亦即证明了宇宙的起点——奇点的存在。大爆炸起源说认为，宇宙就是由这样一个奇点爆炸产生的（图9-1）。[3]

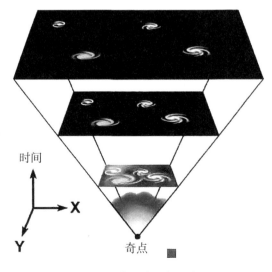

图9-1　宇宙大爆炸示意图

　　大爆炸起源说虽然在一定时期内似乎成为宇宙起源的"公论"，但其弱点也显而易见。比如，宇宙观测清楚地表明，当前的宇宙时空是光滑、平坦的，亦即是相对均匀、平衡的，这就要求早期宇宙的能量密度要精准地调节为临界密度，若稍有偏差，这种偏差会随着大爆炸引发的直线膨胀被不断放大，无法形成光滑平坦的宇宙时空。[4] 但这种调节是不可能自然形成的，除非有另外一种力量在起作用。又如，起始于奇点的大爆炸说无法说明此前的宇宙是什么状态，宇宙的真正起源并不明确。

　　对于这两个问题，霍金曾坦承："在这被我们称之为大爆炸的那一时刻，宇宙的密度和时空曲率都是无穷大。因为数学不能处理无穷大的数，这表明广义相对论（弗利德曼解以此为基础）的预言，在宇宙中存在一点，在该处理论自身失效。这正是数学中称为奇点的一个例子。事实上，我们所有的科学理论都是基于时空是光滑的和几乎平坦的基础上被表述的，所以它们在时空曲率为无穷大的大爆炸奇点处失效。这表明，即使在大爆炸前存在事件，人们也不可能用之去确定之后所要发生的事件，因为可预见性在大爆炸处失效了。正是这样，与之相应的，如果我们只知道在大爆炸后发生的事件，我们也不能确定在这之前发生的事件。就我们而言，发生于大爆炸之前的事件不能有后果，所以并不构成我们宇宙的科学模型的一部分。因此，我们应将它们从我们模型中割除掉，并宣称时间是从大爆炸开始的。"[5]

　　为解决大爆炸理论中难以解决的这些问题，美国天文学家古斯等人提出了宇宙暴胀假说。该假说提出，在大爆炸发生前的极小瞬间，亦即宇宙最初的约10^{-32}秒，宇宙发生了剧烈膨胀，数值达到了膨胀前的10^{26}倍。在这一时空区间内，不管原有的宇宙是否平坦，现有宇宙空间几何会被拉伸得十分平坦。暴胀子是暴胀的主力，它的衰变凝聚起巨大热能，促成了宇宙在暴胀基础上的大爆炸。[6]

这一假说同样存在着一些难以自洽之处，比如，它虽然从源头上解决了当今宇宙空间的平坦性问题，但对于这种平坦性是如何保持的却未能说明。根据爱因斯坦设定的定理，宇宙空间曲线与宇宙中的平均能量密度呈正相关。在平坦宇宙中，空间曲率为零，这就要求平均能量密度必须等于一个临界能量密度，亦即两者的比值为1。但实际测算结果却相去甚远，低值仅为0.1，高值也只有0.26。如果这另外90%或74%确实不存在，那么宇宙中所有星系便会四散而去，宇宙不会如此平坦；如果它们确实存在，但又实在找不到足够的分量。鉴于此，天文学家们只好引入爱因斯坦创设的宇宙学常数，使两者比值能在数学公式上达成1，但宇宙学常数的真正内容只能有待来日了。[7]

又如，这一假说将宇宙的源头前移，并给出了大爆炸发生的动力形成机制，但它同时又提出了宇宙暴胀前处在一个并非真空又是真空的空间中，被称作"假真空"或"伪真空"，其实质是暴胀子场。暴胀子场中大大小小、此起彼伏的量子扰动会激发一个又一个暴胀现象，相当一部分会演化为类似我们所在宇宙的宇宙，同样也会拥有星系与类似的时空，这也就是多重宇宙或平行宇宙。从而，不仅未能解决宇宙的本源问题，反而引出了更难验证或解释的一个假说。[8]

20世纪末到21世纪初，天文学界又提出了关于宇宙起源的新假说，有基于弦理论的反弹暴胀说，认为本宇宙出现的暴胀子场的另一个方向还存在着一个伸缩子场。暴胀子场的暴胀来自伸缩子场的反弹，伸缩子场体现了宇宙的收缩相，如此循环往复。也有基于弦理论的膜宇宙说，认为本宇宙处在一个三维膜上，此膜在额外维中运行，当与另外的膜相遇时，两者的撞击会使膜宇宙经历反弹。[9]直到目前，各种假说仍在不断出现。

值得注意的是，有关宇宙起源的所有假说都是立足于宇宙是不断膨胀的这一基本前提进行的数理推算。尚未有人认真反思一下宇宙膨胀的真实性。

21世纪初，美国国家航天局的斯必泽空间望远镜在极其遥远的星系中发现了已有几十亿年历史的红巨星。依宇宙暴胀说，目前能观测到的远距离星系是宇宙形成早期传递而来的光影，应当是年轻天体。在这个空间发现了老年恒星，是宇宙膨胀说的重要反证。[10]

前已述及，宇宙膨胀说最基本的观测依据是红移现象，但最新研究表明，所谓"红移"只是光子动能在长期飞行中的衰减效应，并非其他。因此，光行定律及其光行距离告诉我们：所谓的"宇宙膨胀"，只能是一种臆想，并非客观真实的物理现实；星系光谱之"宇宙红移"，并非"宇宙膨胀"效应，而是光或光子遨游宇宙的过程中，其能量损耗的表现，乃光或光子之动能的红移（衰减）效应。光或光子在宇宙中傲游，其动能红移或衰减是必然的，不是推测；而星系退行乃至宇宙膨胀则只是一种推测、一种猜想，甚至是一种臆想。[11]

叙述至此，人们是否可以认为人类对宇宙起源的研究又回到了原点呢？

二、多重世界的假说

多重世界或平行世界的假说是20世纪中叶以来最引人注意的天文学与物理学假说，尽管尚未得到任何证实或验证，但其在学界和公众视野中的影响力仍在与日俱增。其原因无非两条：第一，人类可知世界的有限性。目前的世界或许是宇宙大爆炸的产物，其历史只有138亿年。这个范围内的世界就是人类可知的世界，又可称为"粒子视界"。在这个有限的世界之外，是否还有另外的存在，自然会被人类所关注；而且，当代量子物理学研究已经确定，人类可知的世界也并非大爆炸所形成的世界的全部，从微观存在到宏观存在，都有大量的人类尚不知晓的部分，比如反物质、暗物质与暗能量等。这自然也会被人类所关注。第二，随着近代自然科学的发展与人类知性的觉醒，宗教的光环渐渐褪去，面对生生死死与命运的摆布，人类的孤独感、无助感难以缓释，需要另一个世界所带来的希望与依托，也必然热衷于对类似话题的讨论。

在讨论这个问题之前，应当先明确两个概念：一个是大爆炸所生成的宇宙，不论是物质构成的宇宙，还是以其他方式构成的宇宙，我们一概称之为"世界"，多重世界与平行世界中的世界、多重宇宙与平行宇宙中的宇宙都是"世界"。另一个是宇宙，无论是大爆炸之前的时空，还是所有世界所处的时空，都是宇宙的组成部分，依中国古代哲人文子的定义，"往古来今谓之宙，四方上下谓之宇"[12]，宇宙就是所有时空的总和。宇宙中既有暴胀、大爆炸以及大爆炸所生成的世界，又有尚未进入暴胀的种种存在。

现在，可以讨论多重世界了，依该假说代表人物、美国天体物理学家迈克斯·泰格马克在其名著《穿越平行宇宙》中的表述，多重世界可以分为四个层次，亦即四个类型。

第一层次是启始于同一起点的多重世界。依暴胀模型的计算，当一份暴胀体开始启动暴胀模式后，便进入永恒暴胀；一份暴胀体扩张到3倍时，其中1/3会发生衰变；进入大爆炸以及创造世界阶段，其余部分会继续暴胀；当暴胀又使其达到3倍体量时，又会有1/3发生衰变，如此循环不休（图9-2）。[13] 泰格马克把这一无限过程中可能形成的无限多的世界都划为"第一层平行世界"，这些世界与人类所在的世界尺度相仿，演进路径相仿，物理定律也与我们相同，他甚至进一步猜测每个人可能在其他世界中存在分身。

他认为："由于暴胀创造出了无数个第一层平行宇宙，这就像让量子涨落掷了无数多次骰子，保证了你的分身存在于其中一

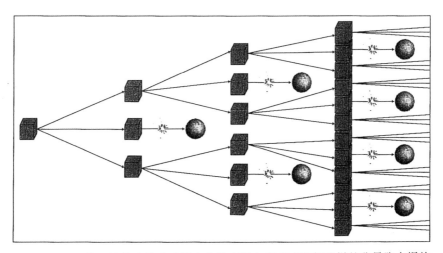

　　每有一份体积的暴胀物质（用立方体表示）衰变成我们这样的非暴胀大爆炸宇宙，就有两份体积继续暴胀下去，体积增长到3倍。结果就是一个无止境的过程，大爆炸宇宙的数量按1、2、4等这样的规律增加，每次翻1番。所以，我们的大爆炸（用火花表示）并不是万物的开端，而是我们这部分空间暴胀的结束。

图9-2　宇宙暴胀示意图

个平行宇宙中的可能性为100%。实际上，你的分身并不止存在于一个平行宇宙中，而是无数多个平行宇宙，因为无穷大的一小部分还是无穷大。更有甚者，无限的空间中不仅包含和你一模一样的人，它还包含许许多多和你大体相似但略有差别的版本。所以，如果你遇到最近的那个分身，你们很可能无法交流，因为他可能只会说你听不懂的外星语言，也拥有着和你截然不同的人生经历。但是，在这些讲鸟语的分身中，总会有一个讲英语或中文的，居住在一颗和地球几乎完全一样的行星上，经历着和你在各方面都几乎完全相同的人生。这个人的主观感受和你非常相似。尽管可能存在一些细微的差异，比如大脑中粒子的运动方式不同，但这太过微妙，根本无法察觉到。"[14]他还认为："这引出了一个有趣的哲学观点，如果真的存在无数个和你拥有相同过去和记忆的'你'，这将扼杀掉传统的决定论观点，也就是说，即使你完全了解关于宇宙整个过去和未来的所有知识，你也不能预测自己的未来！你之所以无法预测，是因为你不知道在这么多分身中，哪一个才是'你'（他们都觉得自己是你）。由于你们的人生最终将走向不同的轨迹，所以你最多只能预测从今往后你可能会经历哪些可能性。"[15]

第二层次是在不同起点的不同暴胀体暴胀进程中形成的多重世界。据泰格马克的概括，"同一个空间，许多个宇宙"可以转换为"同一个宇宙空间，许多个多重世界"。他还说，"我们没有理由认为暴胀不会在几个相邻的体积内发生"。

对于第二层次中的多重世界的性质，泰格马克有两个推论：第一，第二层次中的所有世界和第一层次中的任何一个世界都是平行关系，不会相交。"这意味着，如果你居住在其中一个第一层多重宇宙中，你根本不可能去拜访相邻的某一个——暴胀不停地在边界区域创造出空间，速度非常快，你根本不可能穿越过去。"[16]第二，第二层多重世界与第一层多重世界使用不同的自然法则，可能"从根本上改变了我们对物理定律的传统观念。许多曾被认定为放诸四海而皆准、不随时间和空间而变化的基本定律，到头来原来都只是有效物理定律，就像只对本地人有约束力的地方法规一样，每个地方的旋钮设定都可能不一样，从而形成不同的相"[17]。

第三层次是在量子力学基础上构建的多重世界。这一多重世界的初创者是美国学者埃弗雷特，其假说的立足点是对波函数的新解。依经典的波函数理论，在双缝干涉实验中，在不加观测的情况下，电子会同时穿过双缝，与薛定谔方程吻合；在施加观测时，则只会穿过一条缝隙，表现为粒子态，这一现象被解释为"波函数坍缩"。埃弗雷特提出，波函数永远不会坍缩，当对电子施加观测时，观测者的实质也是波，同样存在于不同的位置。观测者与通过一个缝隙的电子构成一个符合逻辑的量子体系，而这位观测者另外一个存在或以波的方式与穿越另一缝隙的电子也组合为一个量子系统，到达了另一个世界。[18]

中国科学院国家天文台的知名天文学家陈学雷曾特地介绍道："根据该诠释，宇宙中无时不在发生的各种相互作用都相当于量子测量，这使世界迅速分裂成难以想象的巨大数量的各种可能分支，每一分支中发生的情况各不相同。例如，在这一世界中，此刻笔者正在撰写这篇文章，在另一个可能世界里，笔者可能并未打算撰写这一文章，在更多的其他可能世界里，也许根本没有笔者这个人，甚至根本没有人类乃至地球。这听上去极为疯狂，但逻辑上是完全自洽的。不过，对于量子实验中看到的几率现象在多世界理论中如何解释，还是存在一些争议——既然每种可能性都实现了，又如何谈到几率？埃弗里特以及后来的一些人试图从量子力学的数学形式本身证明通常量子力学中作为基本假定的玻恩规则，但关于这些证明，现在还存在一些争议。"[19]

第四层次是不同的数学结构构建的多重世界。泰格马克认为这一层次的多重世界没有任何自由变量，所有平行宇宙的全部性质（包括那些自知的子结构所产生的主观感知）原则上都能由一个极其聪明的数学家推导出来。他在肯定了第四层次的多重世界的存在是毋庸置疑的后，提出：数学结构正是我们的外部物理实在，而不仅是它的描述。这种物理实在与数学实在之间的等价关系意味着，假如一个数学结构包含一个自知的子结构，它将会像身在真实的物理宇宙中一样，感知到自己的存在，就像你和我（尽管那个宇宙的各种特性和我们不一样）。[20]

对于泰格马克提出的第四层次多重世界，有学者评论道："从所有的物理实在是数学结构，到所有的数学结构都是物理实在；从多重宇宙是数学结构，到所有的数学结构都是多重宇宙，其逻辑跨度也太大了。"进而得出结论，泰格马克的多重世界说"只能是一种思辨的猜想"，"是一种哲学思辨"。[21]

三、暗物质与暗能量

相当一个时期以来，人类一直把可见的或可观测到的天体当作宇宙的全部，认为各星系之间是空无一物的真空。随着近代天文学的发展，人类认识到宇宙中的真空并非真的空无一物，而是存在着大量的宇宙射线、宇宙辐射以及其他宇宙物质。

20世纪30年代，天文学家在对后发座星系团进行光谱红移测量时发现，其质光比在100以上，也就是说该星系团所表现出来的质量大于可观测到的发光星体质量。由此，提出了正常物质之外可能存在着另外的物质形态，被称之为暗物质（图9-3）。[22]

20世纪70年代之后，指向暗物质普遍存在的天文观测数据越来越多，也越来越精准。2006年，钱德拉X-射线望远镜对子弹星系团的观测中，记录了其中两个子星系团发生的一次剧烈碰撞。结果发现，碰撞中体现的两个子星系团的质量中心与发光体所反映的星体物质的质量中心并不一致，较为确切地证明了暗物质与星体物质的并存。目前，天文学界普遍认为暗物质的能量占宇宙总能量的27%左右。[23]

这幅合成图像显示了星系团 Abell 1689 中的暗物质分布状况。利用 135 张引力透镜图像中的 42 个背景星系的观测位置，天文学家们计算出了聚集物质的位置和数量。这幅物质分布力的主色调是蓝色，叠压在一幅哈勃空间望远镜的图像上。如果星系团的引力仅仅来源于可见的星系，引力透镜导致的光线畸变将会弱得多。

图 9-3　星系中的暗物质线索

　　20世纪30年代以来对星系天体的观测中，发现恒星运动速度往往高于牛顿万有引力定律，比如，后发座星系团速度弥散度太高，仙女座大星云中的外围星体绕星系中心的旋转速度与距离的关系也不符合万有引力定律等。[24]更为重要的是，天文学界业已证实了宇宙各星系的分离速度正在加快，宇宙正在加速膨胀。这种推动星系分离与宇宙膨胀的必是斥力，而暗物质与星系物质所具有的都是自吸引的引力，其压强都是非负压强。[25]因而，必定有一种与之相反的负压物质提供了宇宙加速膨胀的斥力，一些星系中超出牛顿万有引力定律的弥散度以及速度与距离的关系都应与之相关。基于对负压物质尚未有任何发现，只能先认定为"暗能量"，其在宇宙总能量中的份额为69%左右。

对于暗物质的构成，人类至今也还在探索中。天文学家们对其构成提出了多种可能，有的认为是弱相互作用的大质量粒子，有的认为是常规中微子外的惰性中微子，也有的认为是一种新型粒子轴子或者是低质量的黑洞，还有的认为暗物质是由暗质子、暗中子和暗电子构成的暗原子，与星系物质拥有不同的物理逻辑定律。[26]

对于暗物质的性质主要有四种猜测：第一，它与星系物质的组成部分，比如光子、电子、质子等，不发生直接相互作用，或只有很弱的相互作用，但可以通过引力与上述物质发生作用。第二，它是暗冷的，亦即形态稳定、运动缓慢，既不吸收光，也不发出光，而且其衰变与湮灭的速度很慢。近几十年来，天文学界一直试图探测暗物质粒子湮灭后形成的标准模型粒子，或者是其衰变后产生的标准模型粒子，但至今未有突破性进展。第三，暗物质粒子既不携带负电荷，也不携带正电荷，是完全中性的，正因如此，它们不会形成自己的独有"暗区"，当然，与星系物质也只有引力上的联系。第四，暗物质或者可以相对集中于星系周边，或者可以弥漫散于物质世界。在一些星系中已经发现了暗物质云团，亦即暗物质晕（简称暗晕）。[27]有研究表明，暗晕不仅使暗物质能够相对集中，其中还能形成密度更大的"核"，而且，不同质量的暗晕中心都存在大小有限的核。就质量而言，这些暗晕包括矮星系和低表面亮度星系，也包括大质量椭圆星系和星系团。[28]另外，轴子有可能是构成暗物质的潜在粒子的推论表明，相对于弱相互作用的大质量粒子而言，轴子要轻得多，但同样很少与普通物质相互作用。如果暗物质是由轴子构成的，那么它将无处不在，在你周围每立方厘米的范围内都会有数十万亿甚至数百万亿的轴子飘来飘去。它们只能通过万有引力对宇宙中的其他物质施加作用，但它们聚集起来的质量已足以改变星系中恒星的轨道和星系团中各个星系的轨道。[29]

当然，上述认识都只是推论而已，只有发现了构成暗物质的粒子组成，才可能真正认识暗物质。

相对于对暗物质的认识，对暗能量的认识更是仍在暗黑之中。到目前为止，天文学家们只是间接观测到了其形成的强大反引力或斥力，只能抽象地认为："暗能量是一种不可见的、能推动宇宙运动的能量，宇宙中所有的恒星和行星的运动都是由暗能量与万有引力来推动的。暗能量之所以具有如此大的力量，是因为它在宇宙的结构中占68.3%，具有绝对统治地位。暗能量充溢空间，具有负压强。"[30]

基于此，我们认为，应当从三个方面去理解宇宙中的暗物质与暗能量。

首先，应当立足源头，去探讨暗物质与暗能量问题，亦即以暴胀与大爆炸为起点进行探讨。有研究者利用计算机模型重建宇宙早期结构时发现，在宇宙大爆炸之初，暗物质粒子与重子气体是混合共存的；重子气体随暗物质粒子一同坍缩后，被束缚在暗晕引力势阱中；随着温度的下降，重子气体盘也发生坍缩，逐渐形成星系。因此，星系的形成与星系物质的分布结构都是在暗物质主导下完成的。[31]

以这一逻辑思路去看暗能量，我们也会发现，暗能量不会中途进入，只能是宇宙形成之际，与星系物质、暗物质共生。目前的研究表明，在暴胀与大爆炸进程中，物质与反物质是共生的，但在此后的演化中，反物质不断消失、湮灭，以至于难觅踪迹。但若换一个思路，便会发现，暗能量的主人是不是就是人类认为不断消失的反物质呢？

其次，应当立足整体，去探索与发现暗物质与暗能量。暗物质与暗能量既然与星系物质同出一源，共同演化，它们与星系物质的关系应当就是全方位的，不一定只局限在大尺度的星际空间或星系空间，从原子内部到星系内部，都可能有它们的存在。有研究表明，地球构造运动的原动力就是地球内的暗能量，这或许可以启发我们充分拓宽探索视野。[32]

再次，应当抛开现有的物理学定律去探讨宇宙更大尺度的运行规律。现有的物理学定律都来自于星系物质运动，是对星系物质运动规律的归纳与升华，对暗物质与暗能量而言，并不适用。因此，应当转换思路与视角，将暗物质与暗能量放到与星系物质同等的地位，去构建全方位的宇宙大尺度结构。

四、黑洞的意义

宇宙中的黑洞是一种神秘的存在，因其特定的结构与存在方式，正常情况下难以纳入所有天文探测的范围，迄今为止，所有对黑洞的认识都是间接的和推论式的。

霍金曾较为全面地对黑洞进行了描述，他认为黑洞有两大特征、两大来源。黑洞的第一个特征是物质的极端致密性，他举例说，白矮星上的物质密度是每立方英寸数百吨，中子星上的物质密度是每立方英寸数亿吨，而一个具有十亿吨初始质量的黑洞，"质量和一座山差不多，却被压缩成万亿分之一英寸，亦即比一个原子核的尺度还小！如果在地球表面上你有这样的一个黑洞，就无法阻止它透过地面落到地球的中心"[33]。

黑洞的第二个特征是强大的引力，黑洞的引力可以将光完全吸纳，使其内部的所有光子无法逃离，因而对于观测者来说，它不会发出任何光线，这也是称其为"黑洞"的主要原因。黑洞强大的引力是星系运动的核心动力与保障。霍金认为，黑洞可以居于各大星系中心，以其强大的引力驱动与保障着整个星系的有序运行，银河系的中心就有一个质量为太阳10万倍的黑洞的存在；黑洞也可以成为具体恒星运动的引力源与动力源，天鹅座X–1恒星运动系统就是一颗恒星环绕另一个黑洞在旋转。[34]

黑洞的第一个来源是原初黑洞，也就是在宇宙产生的同时形成的黑洞，主要是小型黑洞，霍金认为："在极早期的宇宙的高温和高压条件下会产生这样小质量的黑洞。"[35]他还推论，原初黑洞在每立方光年空间内应在300个以内，"这个极限表明，太初黑洞最多只能构成宇宙中一百万分之一的物质"[36]。黑洞的第二个来源是星系物质的坍缩造成的物质最大化压缩，其中，有恒星在演化进程中的必然事件，如恒星演化为红巨星，红巨星坍缩为白矮星，白矮星坍缩为中子星，中子星坍缩的一个重要方向就是黑洞；又有星系的中心区域，它们遭受到引力坍缩而产生黑洞。[37]

自霍金对黑洞进行了整体描绘以来，天文学观测与研究不断取得新的进展，但霍金所描绘的基本成分未变，我们仍可以以此为基点讨论黑洞在宇宙中的意义。

霍金之后，黑洞探测的最大成就就是人类拍下了完整清晰的黑洞照片，照片对象是位于巨椭球星系M87中心的超大质量黑洞。在对其连续观测中，较为准确地测出了该星系中心距地球的距离是5480万光年，黑洞质量为太阳质量的65亿倍，这就确切验证了宇宙空间黑洞的存在（图9–4）。[38]

图 9-4　M87 黑洞

　　目前的观测与研究认为，原初黑洞不仅有霍金所言小型黑洞，而且还包括大型或超大型黑洞，这些黑洞质量相当于普通恒星的数万倍乃至数十亿倍，很难用恒星坍缩解释，而且，这些黑洞往往处于星系中心，其质量与该星系中核球质量成正比，比例因子为0.2%左右，两者应当是同时形成，同时演化。[39]

　　目前的观测与研究还认为，黑洞是一个不断发展变化的动态存在，其最突出的表现就是对星系物质与星际弥漫物质的吸纳。一些较大的黑洞可以直接撕裂并吞噬恒星。星系中的大质量黑洞都会因其强大的引力形成潮汐瓦解半径，恒星所具有的自引力因位移、质量变化等原因一旦小于黑洞的潮汐引力，就会被潮汐瓦解，半数物质会被黑洞吸积，整个过程可持续数月到数年不等。[40]有研究认为，不仅大质量黑洞有强大的潮汐瓦解半径，中小型黑洞也有各自的潮汐瓦解半径，它们中的一部分就是大质量黑洞的种子黑洞，通过吸积或并合，也可能形成大质量黑洞。[41]有学者甚至认为："由于黑洞质量是一个标量，只要吸积永远增长，则黑洞质量永远增加。"[42]

从黑洞的上述功能自然还可以得出一些新的认识，比如，具有充分潮汐引力的黑洞在宇宙空间中实际上还起到了清道夫与收容所的作用。大的星系以黑洞为中心旋转或者有的恒星以黑洞为伴星绕其旋转，它们都有相对稳定的运转空间与机制，一旦有外来者或越轨者，包括星际弥漫物质在内，都可能被黑洞清除；而一些失能的恒星在其膨胀为红巨星时或在其机能发生变化时，也有可能被黑洞收纳，不会继续坍缩成新的黑洞。有研究表明，"星系小并合可能是随机吸积的触发机制之一"[43]。

又如，黑洞在宇宙空间还扮演着"造物主"的角色。前已述及，大质量黑洞在对恒星的瓦解中，吸积一半，抛射另一半，抛射出的另一半往往会成为新的宇宙天体的物质来源。而且，黑洞在瓦解与吸积过程中，会发生大规模喷流现象，而且规模浩大，如M87星系中心黑洞产生的喷流就是跨越数百万光年的大尺度喷流，这对于物质来源、磁场与各种物质成分都具有重要意义。[44]

再如，相当一个时期以来，在宇宙学研究中过于关注核能，将核裂变与核聚变等各种核能作为宇宙演进动力的重点所在，黑洞的研究进展则展示了引力在宇宙中的巨大作用。

五、物质世界的镜像

反物质是由反粒子构成的物质。天体物理学认为，在宇宙大爆炸中形成的粒子与反粒子应当是对等的；当代高能物理实验也表明，在高能碰撞中，粒子与反粒子也都是成对产生的，不会只生成粒子或反粒子。

反粒子与粒子具有相同的性质，有关研究表明，反粒子与粒子不仅在质量与电荷上满足CPT对称性，在相互作用力上也可以满足CPT对称性。2015年，中美科学家的联合研究已确切证实了反质子间

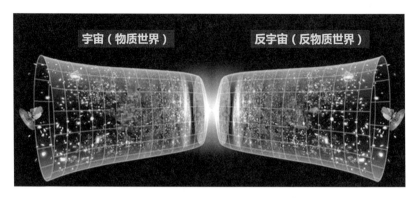

图9-5　宇宙起源时的物质与反物质世界

的相互作用力。这样，反质子就可以与反中子组合成反原子核；正电子也可以与反原子核组合成反原子。推而广之，由于反物质与物质性质的一致性，它同样可以形成类似于物质世界的一切，所以物理学界的名言就是"反物质是物质世界的镜像"（图9-5）[45]。

早在20世纪30年代，反物质概念的提出者、英国理论物理学家保罗·狄拉克在诺贝尔奖颁奖典礼上发表的获奖感言中，就描绘了反物质与物质的镜像关系。他说："如果我们在研究自然界的基本物理规律时接受粒子与反粒子完全对称的观点，我们就必须认定地球上乃至整个太阳系主要包含电子和质子的事实纯属偶然。很有可能在一些其他的星球上情况正好相反，即这些星球主要是由正电子和反质子构成的。实际情况也许是，半数的星球由物质组成，而另外半数的星球由反物质组成。这两类星系的光谱完全相同，目前的天文观测手段无法区分它们。"[46]

经过将近100年的探索，人类苦苦寻找的反物质一直未能现身。因此，多数研究者转而否定狄拉克的假说。中国科学院高能物理研究所的著名理论物理学家邢志忠曾概要介绍了其主要观点："首先，如果存在由反物质组成的星系，我们应该能够在宇宙线中观测到反质子和反原子核，就像宇宙线中存在质子和原子核一样。然而，我们从未在宇宙线中发现反原子核。虽然我们在宇宙线中观测到了少量的正电子、反质子和反中子，但这些反粒子实际上是通过质子或原子核与星系气体以及地球大气层相碰撞而产生的，它们的数量与理论计算相符合。其次，在物质与反物质相接的区域，质子和反质子的湮灭反应一定会发生，从而产生若干带电及中性的π介子。这些π介子最终衰变成γ光子、电子、正电子、中微子和反中微子。其中，γ光子的谱线很特别，其能量应在150 MeV附近取最大值。可是天文学观测并没有发现这种特殊的γ光子能谱。因此科学家得出结论：半径大约为100亿光年的可观测宇宙空间中基本不存在反物质，即宏观上根本不存在狄拉克所预言的物质与反物质之间的对称性。"在介绍完上述观点后，邢志忠先生接着又提出了随之而来的问题："然而宇宙起源的标准理论认为，物质与反物质在大爆炸之初的确是成对或等量产生的。那么原初反物质究竟是怎样消失的呢？"[47]

　　到目前为止，这一问题仍然无解，尽管产生了许多推论与解释，但一直没有一个能够完全自洽的解释体系。其中最根本的原因就是对反物质世界的探讨已超出了现有所有物理学理论的范畴。如北京大学物理系著名理论物理学家俞允强所言："在多数理论家看来，宇宙中正反物质的大尺度分离是不可能发生的。因此，三千万光年的范围内没有反物质天体，已说明宇宙中大块的反物质是不存在的。但是理论家也相信，极早期宇宙中正反物质应当等量。这样，需要做的事是寻找物理机理，来说明宇宙如何才能从正反物质等量的状态过渡到正物质为主的状态。这里，理论家也遇到了非常尖锐的困难。"[48]

　　如何认识反物质探索中面临的非常尖锐的困难？我认为应当变换角度，跳出现有物理学范畴的桎梏。

2022年8月，中国科学院高能物理研究所研究员李祖豪应《科技日报》之邀介绍了反物质的最新研究进展，有三个要点值得关注。第一，他重申了物理学界对反物质特性的共识："通常，原子核带正电，电子带负电。反物质则是正常物质的镜像，它们拥有带正电荷的电子和带负电荷的原子核。"第二，他介绍物质与反物质光谱结构的一致性，他说："欧洲核子研究中心的一项研究显示，氢原子和反氢原子的光谱结构看起来是一样的。欧洲核子研究中心还表示，到目前为止，反物质看起来就像我们所知的普通物质。"第三，关于反物质的消失之谜，"目前有两种假设：一种认为，由于大爆炸产生的正反物质在宇宙演化中的性质不同，反物质逐渐消失，只剩下正物质，不过目前的实验结果并不支持这一结论；另一种认为，大爆炸产生的物质和反物质分别处在宇宙的不同区域"。[49]

基于上述要点，我们认为，到目前为止的反物质寻找存在一些误区。首先，将量子世界的实验结论及其定理放大到宏观世界甚至反物质世界，并不妥当。长期以来，人们认为粒子与反粒子只要相遇就必然湮灭，高能物理实验也确切地证实了这一点。但人们又将此推而广之，认为不论多大尺度的反物质，只要与物质相遇，也同样会两相湮灭，因而竭尽全力去寻找湮灭的痕迹。但大家并未意识到，量子世界正负粒子的湮灭并不代表大尺度物质与反物质世界也会发生同样的湮灭。李祖豪所介绍的带正电的原子核可以与带负电的电子共存，带负电的原子核可以与带正电的电子共存，是否可以启发我们承认在一定区间内物质与反物质共存的可能？

其次，天文学界一直致力于在宇宙线中寻找反物质所产生的反质子与反原子核，但一直未有实质性收获，这是他们认为反物质已不存在的重要依据，但他们并未意识到反物质与物质不仅内容组合一致，而且在光谱结构上也完全一致，这样，即便探测到了有关信息，又如何区分它是物质产生的，还是反物质产生的？其实，20多年前，俞允强就提出了这一问题，他说："要由观测来分辨远处星系由物质构成或反物质构成并不容易。至今的天文观测只是接收远处天体所放出的光子。原则上，正物质天体若辐射光子，那么同样的反物质天体应当辐射反光子。但是光子是纯中性的粒子，因此光子与反光子是同一种粒子。这样，天文学家通过可见光、射电、X射线或 γ 射线观测，原则上无法区分他的目的物是由物质构成还是由反物质构成。恒星和星系除了辐射光子外，它们还辐射中微子。中微子与反中微子很不一样，如果天文学家能接收中微子，那么他就能区分物质天体与反物质天体。可惜中微子与任何物质的相互作用都很微弱，造一个能接收它们的仪器很困难。今天用这办法来区分物质天体和反物质天体还办不到。"[50]

最后，既然已有的探测方法并不能确定反物质的不存在，而且，如李祖豪所言，实验结果并不支持这一结论，那么，就应当重新考虑反物质的存在问题。它可能分别处在宇宙的不同区域，也可能就存在于物质世界所构建的各实体之另一面，如同粒子与反粒子同时生成、不可分离一样，物质与反物质或许也是同时生成、不可分离的。每一颗恒星都有一颗反恒星相伴，每一个人也都有另一个镜像相伴，两者之间会有作用力，但处在反向空间，不会相遇，即使相遇也未必会湮灭。

六、宇宙大尺度结构的构成

长期以来，天文学界一直以能观测到的星系构建宇宙结构，把宇宙空间划分为各种星系空间。20世纪七八十年代以来，人们突然发现了更大规模的星系结构，尤其是21世纪以来

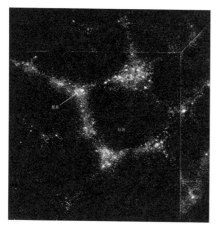

图9-6　宇宙大尺度结构

斯隆数字化巡天项目开展以来，天文学界逐步绘制出了新的宇宙结构，亦即宇宙大尺度结构。日本天体物理学家杉山直曾简明扼要地介绍这一结构：宇宙里充满了无数个巨大的"气泡"，一个气泡的直径甚至就长达1亿光年，它的"膜"由大量星系聚集而成，内部则空空如也，几乎没有星系。由星系聚集而成的类似气泡的结构被称为宇宙大尺度结构。在茫茫宇宙中，由无数个星系聚集成了一个个气泡，这些气泡又相互挤靠在一起，形成了无边无际的大尺度结构（图9-6）。[51]

在大尺度结构中，气泡膜上的星体十分密集，表现为墙结构、纤维结构与团块结构等，不同气泡上的星体甚至紧紧相连，有的甚至形成长达10亿光年的星系长城。当然，就单个气泡而言，其直径多在1亿光年左右，即使这样一个尺度，处于其上的银河系也只是极小一隅，银河系的直径只是所在气泡直径的千分之一。气泡中间的空白处被称作"空洞"，但空洞并非完全虚空，也可能有气泡结构，驻留着少许星系。

在大尺度结构中，暗物质与可观测物质是共存的，每个星系都有暗晕，每个星系都有暗物质的子结构，而且，气泡中间的空洞既有可见物质的空洞，也有暗物质的空洞。换言之，也可以说，可见物质体系一直处在暗物质的背景中，是由暗物质衍生而成的。

在宇宙之初的暴胀中，基本的量子涨落会使极小的原初宇宙中的物质密度场出现极其微小的涨落。这种微小涨落的幅度会随暴胀与大爆炸的宇宙逐渐增长，会拉大分布密度差异，密度大的区域会因其引力作用不断增强其密度，形成暗晕，通过兼并与吸积，不断扩大，逐步启动向可见星系的演进进程，如高亮先生所概括："在这个过程中，气体最初将和暗物质粒子一起成协塌缩，然后由于引力作用被加热到高温，形成一个压强和引力平衡的系统。但高温气体会通过辐射能量而降温，压强和引力平衡被打破故逐渐向暗晕中心坍缩。在坍缩过程中，气体保持角动量守恒，所以在暗晕中心形成一个薄的高密度气体盘，因为引力不稳定性，气体盘会碎裂进而形成星系。宇宙就是通过这个简单的物理图像，逐渐形成和演化到了我们今天看到的具有丰富天体的宇宙。"[52]

高亮还以银河系为例，认为星系暗晕的核心在中心位置，银河系中心就存在着是可见物质百倍重量的暗物质，与可见星系以及暗晕共同构成了一个自引力系统。在这个系统中，既包括银河系的卫星星系，如大、小麦哲伦星系，又包括"成千上万个和银河系卫星星系质量相当的暗物质子结构"[53]。此处的暗物质子结构又可以表示为"子暗晕"，它与主暗晕间的引力关系使其处在不断的被吸积中，保障着其所在的可见卫星星系与主星系间的引力平衡。

在大尺度结构中，空洞结构的体积远大于其他结构，据估算，应当占宇宙总体积的80%左右。空洞之特点是空，无论是可见物质空洞，还是暗物质空洞，其密度远低于气泡表层之膜，其内部应当由暗能量主导。

空洞的形成是与暗晕和可见星系的形成同步实现的，在暗物质密度非均匀化与部分区域加速密集化过程中，大尺度空间上必定出现大大小小的空洞；星系形成过程中同样会出现这一现象。随着暗物质与可见物质的不断坍缩，"引起相邻空洞贯通成为一个空洞，导致空洞数目减少，体积增大，形状变得更椭"。总体而言，"低红移的大尺度空洞主要是由高红移的小空洞贯通而成的"。[54]

可见星系空洞与暗物质空洞既有联系，又有明显区分，具体而言有三：第一，星系空洞的演进快于暗物质空洞，在其内涵与外在表现上更接近暗物质空洞的晚期分布形式；第二，星系空洞受暗物质密度场的抑制，其演化的被动性较强，所以其大小、椭率、叠加密度轮廓等的演化都较以暗物质示踪物找出来的空洞来得平缓；第三，星系空洞与暗物质空洞并非一一对应，其中心位置往往并不匹配，甚至偏离空洞大小的50%。[55]

在大尺度结构中，反物质结构应当也占有重要一席，无论是暗物质，还是可见物质，都有其镜像的存在。但是，到目前为止，还未见有关研究面世，所谓宇宙大尺度结构仍有一个重要缺环。

七、宇宙时空

时空一般只是指时间与空间，时间的一维性与空间的三维性共同构成了人类生存于其中的四维时空。但是，这只是人类所感知与认识的时空关系，若将其推而广之，应用于整个宇宙空间，则会带来一系列不适，难以自洽，甚至完全抵触。比如，对于量子纠缠所表现出的量子间大尺度纠缠现象，就难以与人类已知的时空观对应；又如，对于原子内部的原子核与电子间的空间运动，若以人类已知的时空观，也无法理解电子轨道的虚拟性。当然，若将对宇宙的认识由人类的时空概念构建转换为多重宇宙构建，更会得出另外的一个时空观。

美国加利福尼亚大学伯克利分校的理论物理学家野村泰纪就明确提出，在多重宇宙中并不存在时间概念。他认为："我们感受到的时间实际上是从物体之间的关联（例如棒球的位置和钟表的表针之间的关联）中涌现出来的。根据这种图景，多重宇宙状态是根据量子力学的一种特定的数学条件（也就是归一化条件，指的是量子系统的性质虽然要用概率描述，但所有可能情况的概率加在一起，一定还是等于1的）挑选出的。时间是多重宇宙（本身是稳恒）的一个分支中涌现出来的局部概念，在这些分支中，初始条件看似是精细调节的。然而，在最基本的层次上是不存在精细调节的，整个多重宇宙的状态仅仅是根据量子力学的归一化条件挑选出的。实际上，这种状况与氢原子（或者任何量子力学中的束缚态系统）类似。我们都知道，按照经典力学，氢原子是不可能存在的——因为电子绕核运动时会发出同步辐射，任何一条轨道都是不稳定的。不过，在量子力学中，氢原子的电子可以稳定地待在一系列特定的离散轨道上，也就是电子能级。从经典物理的角度看，这些轨道都是（极度）精细调节的，但按照量子力学，这些轨道只是源于一种特定的自洽条件。我们可以说，氢原子之所以存在就是由于量子力学机制。量子多重宇宙的状况可能与此类似——多重宇宙的存在是由量子力学控制的，从经典的角度看可能是精细调节的，但实际上并不是。"

野村泰纪还认为，多重宇宙无法对应真实空间，只是存在于概率空间中，他说："我们的宇宙可能对应着许多个分支，这些分支代表着这个宇宙中进行的物理实验产生的不同结果。类似的，一个分支也可能包含着多个宇宙，这些宇宙可以互相发生碰撞。量子多重宇宙图景指出，根据爱因斯坦广义相对论预言的无限多个气泡宇宙只是共存于概率空间中（而不是存在于一个真实空间里）。"[56]

多重宇宙假说到目前为止仍然只是假说，但近年来对于宇宙空间的探讨从另一个维度取得了实质性进展，这就是额外维空间的验证。

早在20世纪初，理论物理学家就着手研究四维时空之外是否还存在着更高维度的空间，亦即是否存在着额外维。德国数学家及物理学家西奥多·卡鲁扎与瑞典物理学家奥斯卡·克莱因创立了"KK理论"，提出了"五维世界"的构造（图9-7），[57]认为在这个空间维度上存在着四维粒子的伴生粒子"KK粒子"，而且，额外维的尺度应当等于或小于10^{-33}米，但这又导致KK粒子无法被检测到，只能是理论中的存在。20世纪60年代后，随着弦理论和膜世界假说的提出，额外维的研究得以推进，尤其是近年来对双黑洞合并以及引发的引力波探测的研究，为额外维研究奠定了天体物理实验基础。

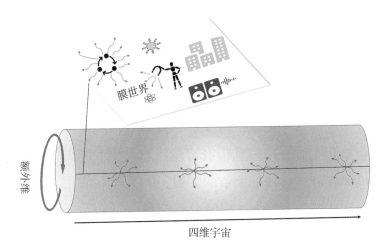

图 9-7　五维模型示意图

对2019年探测到的双黑洞合并引发的GW190521引力波的研究表明，两个黑洞的质量都明显不符合恒星演化模型所给出的理论质量，有研究者认为，其原因在于在恒星向黑洞演化过程中，其额外维空间中的KK引力子形成了标准模型外的能量耗散方式，使一些黑洞的质量与标准模型无法吻合。

另外，在对GW170817引力波与其电磁对应体的探测中发现，该引力波与电磁波到达地球的时间有明显误差，引力波较电磁波提前1.74秒到达。从理论上看，两者既然都以光速行进，不会产生如此明显的差异。因此，研究者认为两者极有可能采用了不同的行进路径。根据膜世界假说模型，电磁波只能在膜上传播，而引力子是可以在额外维中传播的，这两种波到达地球的不同速度如果就是传播路径的不同而导致的，便可以证明额外维的存在。

到目前为止，关于额外维还处在假说阶段，一些关键性问题并未得到答案，比如，额外维假说认为引力可以在整个高维时空中传递，随着维度的增加，引力力度稀释所带来的一系列问题就难以解决；又如，额外维的尺度如果要达到高维时空中的基本特征尺度，其维数就要达到26维，这种巨大数量级差异同样无法解决等。[58]

在理论问题尚未解决，也可能永远无法解决的情况下，应当如何认识宇宙中的时间与空间？我认为应当立足三个视角：

一是人类自身的视角。人类所处的就是四维时空，但这个四维时空是人类为了认识与把握所处世界的需要自行设定的，无法适应于整个宇宙。

二是无主体视角。抛开一切现实或非现实存在的视角，以一个真正旁观者的身份俯身观察，就会发现所谓时间与空间其实并不存在，整个宇宙就是各种存在形态不断组合、排列的结果，无往无来，无在无不在，一切都在不确定之中。

三是泛主体视角。从不同的主体出发，也会发现一切存在都有其特定方式，物质世界、反物质世界、暗物质世界都是如此，再具体到具象的各种存在状态，同样如此，每棵小草、每个生命、每个粒子都存在于自己的时空中，这也就是所谓的"一花一世界"。

八、恒星的尽头

恒星是宇宙中的主体物质构成，宇宙的演进与归宿首先就是恒星星系的演进与衰变，野村泰纪曾形象地描绘了这一场景："大约在几十亿年后，我们的银河系将会与仙女星系并合。在此之后，除了那些距离我们较近的星系，大多数星系会退行到宇宙视界之外，远离我们的速度超过光速（因此变得看不到了）。我们眼中的宇宙只剩下了一个由附近星系合并成的超级大星系。再经过非常长的时间，大约10^{21}年（这个数字不确定性很大）之后，这个'星系'会坍缩为一个质量超过太阳10^{15}倍的巨型黑洞。黑洞最终会通过霍金辐射蒸发掉，这个过程要用上大约10^{100}年。在这个过程期间，或者在这以后，我们的宇宙将会衰变为另一个宇宙，就像上一段描述的那样。"[59]

为了能认识从恒星到黑洞的演化，有必要从具体的恒星入手。天文学研究已经表明，当恒星内部核燃料逐步耗尽之时，首先会膨胀为巨大的红巨星，一旦不能再产生热能，会在引力作用下迅速坍缩，从而引发超强爆发，亦即超新星爆发，其亮度甚至可以达到太阳的100万倍以上。大爆发后的恒星内核因其质量不同，或成为中子星，或成为白矮星，或浪迹天涯，不知所踪。当恒星内核被强大引力造成坍缩时，电子与原子核之间的开阔间距会被挤压至零，电子也被并入原子核中，共同重组为中子；与此同时，还会生成相当数量的中微子，携带能量逃逸而去。主要由中子构成的这颗恒星也就成为中子星。中子星形成后，其内部强大的引力与中子间的排斥力相互作用，继续挤压着中子分解为更小的物质形态夸克，夸克在中子星内部不会是地球物质中的组合方式，可能是一种失去摩擦力的超流体。

　　中子星最大的特点是达到极致的密度，20千米左右直径的球体的质量就相当于2个太阳的质量，与地球上密度最大的物质相比，中子星核心的物质密度是地球最致密物质的100万亿倍以上。

　　中子星还具有强大的引力场，其发出的引力可以重塑周边时空，使其发生弯曲或其他改变，无论是它发出的光线、电磁波，还是途经其引力场的光线、电磁波，都会为此改变已有路径。这又形成了一种吸积效应，中子星的强大引力会不断吸积周边的各种物质，它们抵达中子星体时所发生的剧烈作用力，不断为其注入附加动能。当两个中子星相互吸引时，其必然结局是发生激烈的火并，合二为一。多数中子星都拥有庞大的磁气层和强有力的磁场，更拥有极高的自转速度。据测算，中子星的最快自转速度可以达到每秒1000转以上，其表面线速度则可达到每秒3万千米，相当于光速的1/10。[60]更引人注意的是，中子星除超速自转外，其在宇宙空间的行进速度也十分惊人，2019年3月，天文学家们观测到银河系中一颗J0002的脉冲星"正在以近4×10^6 km·h^{-1}的速度在宇宙中行进"。研究推测，这颗脉冲星最终会脱离银河系。[61]

　　依经典理论，除少数低质量中子星随其能量耗散，逐渐消失外，多数中子星的结局是继续坍缩，形成黑洞。当然，这样所形成的只是一些小型黑洞，星系中心的大质量黑洞应当另有其形成途径。我们所关心的是另外两个问题。第一，中子星内部超乎寻常的引力以及磁场是否可以改变物质性质，实现由物质形态向暗物质形态的转化？到目前为止，主要有两种推论：一种推论认为，在密度超过2～3倍核物质密度的核心区域，强子可能不再是基本自由度了；此时由于密度太高，直观地看，强子显著地相互重叠，表面可能消失，即出现解禁的夸克。另一种推论进而认为，中子星星体内部不仅可能发生夸克解禁，而且u和d夸克还可能通过弱相互作用产生s夸克"（图9-8）。[62]若按照此思路继续推导，在中子星内部持续引力作用下，物质形态或许可以转化为暗物质形态。

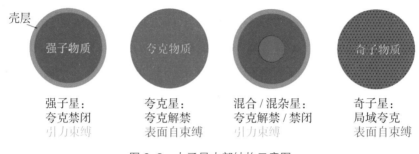

强子星：	夸克星：	混合/混杂星：	奇子星：
夸克禁闭	夸克解禁	夸克解禁/禁闭	局域夸克
引力束缚	表面自束缚	引力束缚	表面自束缚

图 9-8　中子星内部结构示意图

第二，中子星中的多数既然会走向黑洞，那么黑洞的前景又是什么？霍金所提出的"霍金辐射"原理认为，黑洞时刻在向外辐射能量，与此同时，会造成质量的减少。基于此，推导出黑洞的两个前景。一是较小质量的黑洞会在大爆炸中消失。他说："黑洞的质量越小，则其温度越高。这样当黑洞损失质量时，它的温度和发射率增加，因而它的质量损失得更快。人们并不很清楚，当黑洞的质量最后变得极小时会发生什么。但合理的猜想是，它最终将会在一次巨大的，相当于几百万颗氢弹爆炸的辐射爆中消失殆尽。"二是质量较大的黑洞会缓慢地蒸发，与宇宙空间共存。他说："一个具有几倍太阳质量的黑洞只具有一千万分之一度的绝对温度。这比充满宇宙的微波辐射的温度（大约2.7K）要低得多，所以这种黑洞的辐射比它吸收的还要少。如果宇宙注定继续永远膨胀下去，微波辐射的温度就会最终减小到比这黑洞的温度还低，它就开始损失质量。但是即使到了那时候，它的温度是如此之低，以至于要用100亿亿亿亿亿亿亿亿年（1后面跟66个0）才全部蒸发完。这比宇宙的年龄长得多了，宇宙的年龄大约只有100亿至200亿年（1或2后面跟10个0）。"[63]

另外，霍金还提出了黑洞面积定理，该定理认为，黑洞面积永不减少，而且黑洞不能分裂为2个。有研究者在此基础上提出黑洞可以向额外维空间扩展与转移，认为："当一个黑洞趋于极端条件时，时空几何分裂为一个极端黑洞外加一个（根据Carroll等的工作）不连续的紧致的AdS空间，其熵没有消失，而是转移到了额外的自由维度（弦理论或M理论预言的其余紧致的6维或7维空间）。可见一个大的黑洞时空几何'分裂'后，至少应有一个为弦理论所预言的紧致空间。当黑洞接近极端条件时，虽然熵在我们所处的四维时空减小并趋于零，但并没有消失，因此热力学第二定律依然成立。"[64]

如此一来，情况就复杂化了，对黑洞的认识更难达成一致。

九、世界何在

世界何来尚未明确，世界何在应当无从谈起，但这又的确是人类出现以来一直在发出的本原之问，因此一代又一代的人们给出了种类繁多的答案。但是，随着当代天文学与自然科学整体的迅速发展，这些答案也变得越来越混沌，越来越模糊。人类越来越不清楚自己究竟生存在一个什么样的世界中，不清楚自己身在其中的世界究竟又在何处。要回答这个问题，既要立足于尚未明确的世界何来，还要关注世界走向何处。

迄今为止，关于世界去向的答案同样汗牛充栋，最有代表性的主要有三说，即坍缩、冻结与撕裂。

坍缩说认为，宇宙膨胀到一定尺度后必然会转向坍缩，在引力作用下，温度升高，物质被挤压，甚至连原子核也会被挤压分裂，宇宙浓缩为由夸克等组成的等离子体，在最后时刻，"引力成为占绝对优势的作用，它毫不留情地把物质和空间碾得粉碎。时空曲率不断地增大。越来越大的空间区域被压缩到越来越小的体积之内。按照常规理论，这场暴缩有着无比强大的威力，所有的物质都因挤压而不复存在，一切有形的东西统统都被消灭，其中也包括空间和时间本身在内，剩下的只是一个时空奇点。这就是末日"[65]。

冻结说认为，宇宙的总质量处在不断耗散与转化中，随着恒星的生成与消失的比例失调，宇宙最终会趋于没有热力学自由能的状态，温度也会趋于绝对零度，最终，黑洞也会因霍金辐射而离散消失，整个宇宙进入大冻结中，任何物质实体与物理过程都不复存在。

撕裂说认为，在暗能量的作用下，宇宙会不断膨胀下去，最终撕裂一切存在着的物质。美国朴茨茅斯大学的理论天文学家马特·皮尔曾简明扼要地对此阐释道："年轻时期宇宙的生长因引力的影响变缓，但在过去50亿年时间里，宇宙却开始快速膨胀，原因就在于一种神秘的力——暗能量。如果暗能量不断增强且持续扩散，就会推动星系相互分离，紧接着推动行星远离恒星，并造成一系列类似变化。最终，暗能量会强大到把原子核从原子中斯扯出来，并撕裂宇宙间存在的一切，使宇宙分崩离析。"[66]

需要指出的是，上述三说在讨论宇宙演化进程及其命运时，都已意识到暗能量的作用，但对暗能量的来源缺少应有关注。暗能量既然可以占据宇宙现有总量的70%左右，其来源必定是一个强大的、超越宇宙中现有物质的存在，这个存在非反物质莫属。

其一，在关于宇宙起源的各派学说中，都认为物质是与反物质同时且等量生成的，在后来的演化过程中，物质形态不断成团、具形，反物质却无影无踪，成为宇宙演化史上最大的一个谜团。其实，反物质一直未曾离开物质，时刻以物质世界的镜像如影相随。也正因如此，它才会生成遍布物质世界各处的暗能量。

其二，宇宙在其演化进程中，是以不断耗散物质世界为代价的，物质世界中的星系及其他所有物质不断形成、爆发、变异，或转为引力能，或转为暗物质，并入黑洞或形成黑洞，最终的可能是投射到额外维上，回归其由来。在这一进程中，反物质或许未与之相伴，而是形成相对于物质世界而言不断的增量，在其与物质世界的平衡被打破，其能量大于物质世界的引力时，宇宙膨胀的速度便会加快，这一点已被20世纪90年代以来的天文观测所证实。

其三，暗能量的实质是"万有斥力"，斥力与引力互为镜像。物质世界的消失过程就是反物质镜像的独立过程，宇宙会逐渐成为反物质的世界。但当物质世界最终消失之后，斥力也将不存，反物质世界内部如物质世界般的结构会转化出充分的引力，使反物质宇宙实现坍缩，也回归到其由来之所。

此说与前三个假说一样，都是无法验证的假说。面对这个如此重大的世界终极问题，我们认为答案的验证固然重要，但更重要的还是人类对这一问题的态度。

保尔·戴维斯在其《宇宙的最后三分钟》一书中将宇宙的终结冷静地名之为"大危机"，他这样写道："就我们的理解，这场'大危机'不只是一切有形结构的末日，甚至也不仅仅是物质的末日，它是一切事物的末日。因为在大危机的瞬间，时间本身已经停止，要问以后会发生什么是毫无意义的，就像问大爆炸前发生过什么一样。对任何事物来说，根本不存在'以后'会发生什么，没有任何时间可言，哪怕是静止的时间都没有，也不存在空的空间。大爆炸时从虚无中诞生的宇宙，将在大危机中于虚无中消失，它曾经灿烂辉煌地存在了无数亿年，而现在甚至连一丝回忆也不会留下。

我们应该为这样一种前景而感到气馁吗？一种情况是宇宙永无休止地向着黑暗空虚的状态缓慢地退化和膨胀，另一种则是在剧烈的暴缩中湮灭，两者哪一种更为糟糕呢？还有，在一个注定要走到时间尽头的宇宙里，永垂不朽的希望又是什么呢？"[67]

霍金在《时间简史》中对这一世界终极问题的研究总结道："迄今为止，大部分科学家太忙于发展描述宇宙为何物的理论，以至于没工夫去过问为什么的问题。另一方面，以寻根究底为己任的哲学家跟不上科学理论的进步。在18世纪，哲学家将包括科学在内的整个人类知识当作他们的领域，并讨论诸如宇宙有无开初的问题。然而，在19至20世纪，科学变得对哲学家，或除了少数专家以外的任何人而言，过于技术性和数学化了。哲学家如此地缩小他们的质疑范围，以至于连维特根斯坦——这位本世纪最著名的哲学家都说道：'哲学余下的任务仅是语言分析。'这是从亚里士多德到康德以来哲学的伟大传统的何等的堕落！然而，如果我们确实发现了一套完整的理论，它应该在一般的原理上及时让所有人（而不仅仅是少数科学家）所理解。那时，我们所有人，包括哲学家、科学家以及普普通通的人，都能参加为何我们和宇宙存在的问题的讨论。如果我们对此找到了答案，则将是人类理智的最终极的胜利——因为那时我们知道了上帝的精神。"[68]

戴维斯与霍金的总结，都可以成为我们对世界何在这一终极之问的答案选项。除此之外，还有一个视角也可以成为这一终极之问的答案选项，这就是从王阳明到笛卡尔的人的视角。

从个体的人的视角出发，世界自然是"我"意识中的存在，我思故我在。我在思在，世界便在；我若不在，世界何在？

从整体的人的视角出发，王阳明所说"天没有我的灵明，谁去仰他高？地没有我的灵明，谁去俯他深？"堪称经典之问。译作当代话语，便是"天地都由人的感知所构建"。

从人类对世界认知的最新进展看，此言非妄！人类所谓的世界只是人类能感知到的世界，是人类依其自身思维方式与逻辑模式构建的世界。人类感知尺度有限，所能感知的世界必然不是人类主观之外的全部世界；人类思维与逻辑能力同样有限，所构建的世界只能是人类能够理解的世界。

如果人类不在，人类所用于构建世界的基本要素也就消失。从七彩颜色到冷暖变化，从软硬感觉到酸甜苦辣，从几何区分到时空抽象，统统也会随之而去。没有人类的世界，本就无色无味，无软无硬，无冷无暖，无形无影；无所谓物质与反物质的区分，能量与暗能量的区分，三维空间与高维空间的区分；甚至宇宙膨胀与大爆炸都不曾发生。

如果没有人类，世界既未来过，亦未消失，非无非有，非在非不在。如果非要赋予一个人为的概念，那就是"混沌"（图9-9）！

图9-9　世界何在

注释：

［1］参见（美）托马斯·R.斯科特著，王艳红译：《宇宙的本来面目：地球、空间、物质和时间》，人民邮电出版社，2019，第310页。

［2］李新洲、翟向华：《宇宙起源战争》，《科学》2017年第4期。

［3］参见蒋世仰：《宇宙加速膨胀、暗物质和暗能量》，《中国国家天文》2012年第11期。

［4］参见黄庆国、朴云松：《宇宙如何起源？》，《科学通报》2018年第24期。

［5］（英）史蒂芬·霍金著，许明贤、吴忠超译：《时间简史——从大爆炸到黑洞》，湖南科学技术出版社，2002，第46～47页。

［6］参见黄庆国、朴云松：《宇宙如何起源？》，《科学通报》2018年第24期。

［7］参见李新洲、翟向华：《宇宙起源战争》，《科学》2017年第4期。

［8］参见李新洲、翟向华：《宇宙起源战争》，《科学》2017年第4期。

［9］参见黄庆国、朴云松：《宇宙如何起源？》，《科学通报》2018年第24期。

［10］参见（英）迈克尔·汤普森主编，傅德谦译：《天文学与地球科学》，中国青年出版社，2006，第28页。

［11］参见阮晓钢：《广义观测相对论：时空在爱因斯坦广义相对论中为什么弯曲？》，《北京工业大学学报》（网络版，2022-04-25），https://kns.cnki.net/kcms/detail/11.2286.T.20220425.1041.002.html。

［12］王利器：《文子疏义·自然》，中华书局，2000，第346页。

［13］参见（美）迈克斯·泰格马克著，汪婕舒译：《穿越平行宇宙》，浙江人民出版社，2017，第112~113页。

［14］（美）迈克斯·泰格马克著，汪婕舒译：《穿越平行宇宙》，浙江人民出版社，2017，第123页。

［15］（美）迈克斯·泰格马克著，汪婕舒译：《穿越平行宇宙》，浙江

人民出版社，2017，第124页。

［16］（美）迈克斯·泰格马克著，汪婕舒译：《穿越平行宇宙》，浙江人民出版社，2017，第133页。

［17］（美）迈克斯·泰格马克著，汪婕舒译：《穿越平行宇宙》，浙江人民出版社，2017，第138～139页。

［18］参见季顺平：《测量角度下的平行宇宙》，《自然杂志》2018年第3期。

［19］陈学雷：《宇宙是唯一的吗？》，《科学通报》2017年第11期。

［20］参见（美）迈克斯·泰格马克著，汪婕舒译：《穿越平行宇宙》，浙江人民出版社，2017，第323页。

［21］林德宏：《多重宇宙理论是思辨物理学》，《南京林业大学学报（人文社会科学版）》2017年第4期。

［22］参见（美）Leonidas Moustakas撰，吴蕴豪译：《走出暗物质的黑暗时代》，《中国国家天文》2017年第8期；毕效军、范一中、岳骞等：《什么是暗物质？》，科学通报2018年第24期。

［23］参见毕效军、范一中、岳骞等：《什么是暗物质？》，《科学通报》2018年第24期。

［24］参见毕效军、范一中、岳骞等：《什么是暗物质？》，《科学通报》2018年第24期。

［25］参见袁学诚、姜枚、耿树方：《暗物质暗能量与地球动力学》，《地质学报》2015年第12期。

［26］参见（美）莱斯利·罗森堡撰，周小朋译：《轴子：暗物质新可能》，《环球科学》2018年第2期。

［27］参见（美）Leonidas Moustakas撰，吴蕴豪译：《走出暗物质的黑暗时代》，《中国国家天文》2017年第8期。

［28］参见王琳、陈大明：《用强引力透镜研究暗晕中心的物质分布》，《天文学进展》2018年第2期。

［29］参见（美）莱斯利·罗森堡撰，周小朋译：《轴子：暗物质新可

能》,《环球科学》2018年第2期。

[30] 袁学诚、姜枚、耿树方:《暗物质暗能量与地球动力学》,《地质学报》2015年第12期。

[31] 参见王琳、陈大明:《用强引力透镜研究暗晕中心的物质分布》,《天文学进展》2018年第2期。

[32] 参见(美)Leonidas Moustakas撰,吴蕴豪译:《走出暗物质的黑暗时代》,《中国国家天文》2017年第8期。

[33](英)史蒂芬·霍金著,许明贤、吴忠超译:《时间简史——从大爆炸到黑洞》,湖南科学技术出版社,2002,第101页。

[34] 参见(英)史蒂芬·霍金著,许明贤、吴忠超译:《时间简史——从大爆炸到黑洞》,湖南科学技术出版社,2002,第88~90页。

[35](英)史蒂芬·霍金著,许明贤、吴忠超译:《时间简史——从大爆炸到黑洞》,湖南科学技术出版社,2002,第91页。

[36](英)史蒂芬·霍金著,许明贤、吴忠超译:《时间简史——从大爆炸到黑洞》,湖南科学技术出版社,2002,第102页。

[37] 参见(英)史蒂芬·霍金著,许明贤、吴忠超译:《时间简史——从大爆炸到黑洞》,湖南科学技术出版社,2002,第81~83页。

[38] 参见吴学兵:《史上首张黑洞照片的科学与技术》,《科学通报》2019年第20期;图系"事件视界望远镜"发布,见https://eventhorizontelescope.org/blog/astronomers-image-magnetic-fields-edge-m87s-black-hole。

[39] 参见王建民:《黑洞照亮宇宙——银河系中心黑洞及其物理意义》,《物理》2021年第1期。

[40] 参见刘柱、袁为民、孙惠等:《星系中心大质量黑洞及潮汐瓦解恒星事件》,《中国科学:物理学 力学 天文学》2018年第3期。

[41] 参见蒋凝、王挺贵、窦立明:《黑洞潮汐撕裂恒星事件及其回响》,《物理》2018年第5期。

[42] 王凯、黄正鹏、王建民:《超大质量黑洞存在逆向吸积的可能证据》,《天文学报》2018年第5期。

［43］李彦荣：《星系中心超大质量黑洞的自转》，《天文学报》2012年第3期。

［44］参见吴学兵：《史上首张黑洞照片的科学与技术》，《科学通报》2019年第20期。

［45］参见邢志忠：《中微子质量起源与宇宙的原初反物质消失之谜》，《科学通报》2021年第33期。

［46］转引自邢志忠：《宇宙中的反物质消失之谜》，《科学世界》2016年第6期。

［47］邢志忠：《宇宙中的反物质消失之谜》，《科学世界》2016年第6期。

［48］俞允强：《宇宙中的反物质疑难——20世纪未决物理问题之十一》，《物理通报》2000年第1期。

［49］骆香茹：《"宇宙的另一半"消失还是隐匿？反物质恒星或是破解谜题的关键》，《科技日报》2022年8月11日第6版。

［50］俞允强：《宇宙中的反物质疑难——20世纪未决物理问题之十一》，《物理通报》2000年第1期。

［51］图文均参见（日）市田朝子撰，魏俊霞、周媛译：《宇宙大结构：横亘上亿光年的星系长城是怎样形成的？》，《科学世界》2017年第3期。

［52］高亮：《暗物质粒子属性和宇宙结构形成》，《物理》2015年第10期。

［53］高亮：《暗物质粒子属性和宇宙结构形成》，《物理》2015年第10期。

［54］赵飞、罗煜、韦成亮：《宇宙大尺度结构空洞的演化研究》，《天文学报》2019年第4期。

［55］参见赵飞、罗煜、韦成亮：《宇宙大尺度结构空洞的演化研究》，《天文学报》2019年第4期。

［56］韩晶晶：《在整个多重宇宙中，时间是不存在的》，《环球科学》2017年第7期。

［57］图参见林子超：《膜世界理论中引力势与捷径效应的研究》，博

士学位论文，兰州大学理论物理专业，2022年，第6页。

［58］以上均参见林子超：《膜世界理论中引力势与捷径效应的研究》，博士学位论文，兰州大学理论物理专业，2022年，第2～3页、第6～11页。

［59］韩晶晶：《在整个多重宇宙中，时间是不存在的》，《环球科学》2017年第7期。

［60］参见（美）Feryal Ozel撰，吴蕴豪译：《探秘中子星的内部》，《中国国家天文》2017年第7期。

［61］参见王海名：《FGST发现超高速行进的脉冲星》，《空间科学学报》2019年第3期。

［62］图文均参见来小禹、徐仁新：《中子星内部结构》，《物理》2019年第9期。

［63］（英）史蒂芬·霍金著，许明贤、吴忠超译：《时间简史——从大爆炸到黑洞》，湖南科学技术出版社，2002，第100页。

［64］李宝霖、颜骏：《双黑洞合并面积增量及放能率》，《四川师范大学学报（自然科学版）》2018年第6期。

［65］（澳）保尔·戴维斯著，傅承启译：《宇宙的最后三分钟》，上海科学技术出版社，2007，第109页。

［66］付丽丽：《宇宙的终极命运将会怎样》，《科技日报》2018年10月26日第5版。

［67］（澳）保尔·戴维斯著，傅承启译：《宇宙的最后三分钟》，上海科学技术出版社，2007，第109页。

［68］（英）史蒂芬·霍金著，许明贤、吴忠超译：《时间简史——从大爆炸到黑洞》，湖南科学技术出版社，2002，第171～172页。

后　记

　　既然来到这儿，就想知道此为何处？何以至此？随着去日益近，更是急于找到答案。

　　本以为此非难事，但全书完稿，却发现殊非易举。数年之劳，所得仅一知半解。与其说是求解之作，不如说是读书杂感。不知能否为后来者提供些许思考？

　　定稿之际，尚是夏花绚烂；写着这段话时，便入孟冬，岁时嬗代的节律总让人难以适应。这不，才入冬季，窗前白玉兰静美的秋叶还未飘下，下一个春天的花苞已挂上树梢，开始孕育新的灿烂。

　　世界如斯！

作　者

2022年冬，于玉带河畔